Springer
Berlin
Heidelberg
New York
Barcelona
Budapest
Hongkong
London
Mailand
Paris
Santa Clara
Singapur
Tokio

Lucien F. Trueb · Paul Rüetschi

Batterien und Akkumulatoren

Mobile Energiequellen für heute und morgen

Mit 78 Abbildungen

Springer

Dr. Lucien F. Trueb
In der Oberwies 9
8123 Ebmatingen
Schweiz

Dr. Paul Rüetschi
1421 Grandevent
Schweiz

ISBN 3-540-62997-1 Springer Verlag Berlin Heidelberg New York

Die Deutsche Bibliothek -CIP-Einheitsaufnahme

Trueb, Lucien F.:
Batterien und Akkumulatoren : mobile Energiequellen für heute und morgen / Lucien F. Trueb ; Paul Rüetschi. - Berlin ; Heidelberg ; New York ; Barcelona ; Budapest ; Hongkong ; London ; Mailand ; Paris ; Santa Clara ; Singapur ; Tokio : Springer, 1998
ISBN 3-540-62997-1

Einbandgestaltung: Struve & Partner, Heidelberg
Satz: Datenkonvertierung durch U. Weisgerber, Berlin

SPIN: 10629181 62/3021 - 5 4 3 2 1 0 - Gedruckt auf säurefreiem Papier

Inhalt

Teil V
Rohstoffe und Recycling

Anhang

Vorwort der Autoren

Im Abstand weniger Jahre haben wir beide am Institut für Physikalische Chemie und Elektrochemie der ETH Zürich promoviert. In Gottfried Trümpler hatten wir denselben gütigen und wohlwollenden, bei den wöchentlichen Besprechungen aber sehr anspruchsvollen, akribisch-methodisch vorgehenden Doktorvater. Keine Frage war ihm nebensächlich, keine Beobachtung irrelevant, wenn es darum ging, ein Problem einzugabeln und es von vielen Seiten her der Lösung näher zu bringen. Der viel zu früh verstorbene Norbert Ibl war am Institut unser Kollege, Freund und Ratgeber. Von seinem profunden Wissen, von seiner Fähigkeit, die schwierigsten Sachverhalte aus wissenschaftlichen Grundprinzipien herzuleiten, haben wir beide profitiert. Sein Enthusiasmus war ansteckend, wenn es um gute Wissenschaft und schwierige Probleme jedweder Art ging.

Wir haben dann ganz unabhängig voneinander äußerlich ähnliche Laufbahnen beschritten, mit vielen Jahren in den USA und der schließlichen Rückkehr in die Alte Welt. Paul Rüetschi blieb der Elektrochemie stets treu – zuerst bei Prof. Paul Delahay an der Louisiana State University, dann der Electric Storage Battery Company in Yardley, Pennsylvania, schließlich bei Leclanché in Yverdon. Lucien Trueb gelang dies nicht durchwegs, doch physikalische Metallurgie und Materialwissenschaften bei Ciba in Basel, Du Pont in Gibbstown, New Jersey und an der Universität Denver vermittelten immer wieder „Ausreden", um die alte Liebe zu pflegen. In den letzten Jahren haben sich unsere Wege zur Verwirklichung gemeinsamer Publikationen immer häufiger gekreuzt. So reifte das Projekt eines Buches über elektrochemische Energiespeicher heran, d. h., über Batterien im weitesten Sinn des Wortes.

Hauptanlaß dazu waren bemerkenswerte Veränderungen in der Batterietechnologie, wo sich besonders bei den aufladbaren Batterien einiges getan hat. Bis Anfang der 70er Jahre mußte man sich mit der schrittweisen Verbesserung bereits existierender Batteriesysteme begnügen. Allerdings handelte es sich um wirklich geniale Würfe, nämlich George Leclanchés Zink-Braunstein-Zelle und Gaston Plantés Bleiakkumulator, die beide schon im 19. Jh. auf den Markt kamen. Kurz nach der Jahrhundertwende wurde das Angebot mit den Nickel-Eisen- und Nickel-Cadmium-Akkumulatoren erweitert. Um deren Erfinderpriorität stritten sich Thomas Edison und Waldemar Jungner jahrzehntelang.

Einen ersten Innovationsschub erzwang die Mikroelektronik: Photoapparate, Filmkameras, Hörgeräte und vor allem Quarz-Armbanduhren wurden mit mehr und mehr Elektronik vollgestopft, deren Energieversorgung kleine und dennoch leistungsfähige Batterien erforderte. Diese Kriterien erfüllte die heute verpönte Quecksilberoxid-Zinkzelle im Knopfformat auf geradezu wunderbare Weise. Im Uhrensektor wurde sie schon früh von der Silberoxid-Zinkzelle abgelöst; die weltweite Jahresproduktion dieses Batterietyps beträgt weit über eine halbe Milliarde Stück.

Die Sorge um die Umwelt erzwang weitere Fortschritte: Zink-Braunsteinzellen mußten mit immer weniger Quecksilber und schließlich ganz ohne dieses toxische Schwermetall produziert werden. Langlebige Lithiumbatterien eroberten sich neue Märkte im Bereich der Uhren, Taschenrechner, Computer und Herzschrittmacher. Zink-Luftbatterien verdrängen die Quecksilberoxidzellen in ihrem letzten Bastion, den Hörgeräten. Bei den Starter- und Notstrombatterien ersetzt der wartungsfreie und gasdicht verkapselte Bleiakkumulator die klassische, belüftete Konstruktion. Nickel-Cadmium-Akkumulatoren sind der Konkurrenz durch das schwermetallfreie Nickel-Metallhydridsystem ausgesetzt. Mit der Lithiumionen- oder Shuttle-Batterie ist eine völlig neuartige Technologie auf den Markt gekommen, die wohl noch viel von sich reden machen wird.

Die in Kalifornien vom Gesetzgeber ursprünglich vorgeschriebene, dann seit 1996 nur noch erwünschte Einführung von „Zero emission vehicles" stimulierte die Weiterentwicklung an sich bereits bekannter Typen von Akkumulatoren, die den Weg zum Markt bisher nicht gefunden hatten. Dazu gehören insbesondere die Systeme Nickel-Zink, Metall-Luft und Zink-Brom sowie Hochtemperaturbatterien, Redoxbatterien, Lithium-Ionentransferbatterien, Batterien mit Kunststoffelektroden und Brennstoffzellen. Was sich mittel- bis langfristig für Traktionszwecke durchsetzen wird, ist heute noch offen. Kommerziell verfügbar sind nur Bleiakkumulatoren, Nikkel-Cadmium-Akkumulatoren und Nickel-Metallhydridbatterien.

Im vorliegenden Buch haben wir uns das Ziel gesetzt, die bewährten wie auch die neuen Batterien und Akkumulatoren in allgemeinverständlicher Sprache darzustellen. Dabei wird aber eine „Tiefenschärfe" angestrebt, die eine fundierte Orientierung im verwirrend breit gewordenen Bereich der Batterietechnologie ermöglicht. Auch die damit verbundenen Ressourcen- und Umweltprobleme werden eingehend behandelt. Damit das Buch auch als Nachschlagewerk dienen kann, ist jedes Kapitel eigenständig strukturiert. Gewisse Wiederholungen ließen sich so nicht vermeiden.

Das Buch will über eine Technologie informieren, die sich heute mit großer Dynamik entwickelt, von der aber sicher keine Wunder zu erwarten sind. Mit ganz wenigen Ausnahmen sind die Grundprinzipien der „neuen" Batteriesysteme schon seit mehreren, wenn nicht schon seit vielen Jahrzehnten bekannt. Die technisch-industrielle Verwirklichung scheiterte aber bisher an Materialproblemen oder war infolge der früher herrschenden Randbedingungen nicht möglich. Mit nüchterner, auf den neuesten Stand der Technik gebrachter Information sollte es den Lesern auch möglich sein, mühsam errungene, echte Fortschritte auf dem Batteriesektor von den allzu großartig tönenden, fast immer leeren Behauptungen selbsternannter Experten oder „verkannter" Erfinder zu unterscheiden.

Ebmatingen (Zürich) *Lucien F. Trueb*
Grandevent (Waadt) *Paul Rüetschi*

Sommer 1997

Teil I

Allgemeines und historische Aspekte

Kapitel

1

Einleitung

Die alten und die neuen Batteriesysteme

Bis weit über die Mitte des 20. Jh. hinaus dominierten zwei schon im 19. Jh. erfundene Batteriesysteme das Feld der elektrochemischen Energiespeicher. Es waren Leclanchés Zink-Kohlezelle (man müßte sie richtigerweise Zink-Mangandioxid-Zelle nennen) und Plantés Bleiakkumulator. Als drittes klassisches System kam um 1900 Jungners Nickel-Cadmium-Akkumulator dazu.

Bei Leclanchés Zink-Kohle-Zelle handelt es sich um eine nicht-aufladbare Batterie, d. h. eine sog. Primärbatterie. Die beiden anderen Systeme sind wiederaufladbare Batterien (Sekundärbatterien), die auch als Akkumulatoren bezeichnet werden. In den 60er Jahren des 20. Jh. wurde eine „heavy-duty" Variante der Leclanché-Zelle entwickelt, die Alkali-Mangan Batterie. Für althergebrachte Anwendungen wie Taschenleuchten, Radios, Kameras, Spielzeuge usw. erreicht bis heute kein anderes System das ausgezeichnete Preis-Leistungsverhältnis der Leclanché- und Alkali-Manganzellen. Man hat sie im Lauf der Jahrzehnte auf bemerkenswerte Weise verbessert: sie wurden umweltfreundlicher (d. h. schadstoffärmer), auslaufsicherer, lagerfähiger, zuverlässiger, leistungsstärker. Von ihrem Erfinder Georges Leclanché würden sie wohl kaum wiedererkannt werden.

Auf dem Gebiet der wiederaufladbaren Batterien für Anwendungen wie das Starten von Automobilen, den Antrieb von Elektrofahrzeugen und die Notstromversorgung stationärer Anlagen, ist es bisher keinem anderen Batteriesystem gelungen, den von Gaston Planté erfundenen Bleiakkumulator zu verdrängen. Dank seines verhältnismäßig niedrigen Preises und der langen Lebensdauer, ist der Bleiakkumulator der unbestrittene Spitzenreiter für diese Anwendungen geblieben, trotz der Nachteile seines hohen Gewichts. Im Lauf der Jahre wurde auch der Bleiakkumulator immer weiter verbessert. So wurde z. B. das Gewicht vermindert, die Zuverlässigkeit und die Lebensdauer erhöht, die Selbstentladung vermindert und die Säure immobilisiert.

Schließlich hat auch Jungners Nickel-Cadmium-Akkumulator seine dominierende Stellung als Energiespeicher für mobile Geräte weitgehend behauptet, zumindest bis vor wenigen Jahren. Die wichtigsten Anwendungen sind tragbare elektrische Werkzeuge und Videokameras (Camcorders).

Es ist erstaunlich, daß diese 3 klassischen Batteriesysteme nicht schon längst durch neue elektrochemische Speicher abgelöst wurden. Es wurden im Lauf der Jahre eine Unzahl von elektrochemischen Ketten auf ihre Eignung zum Einsatz in Batterien untersucht. Viele brachten es nicht weiter als zum Prototypen, vermut-

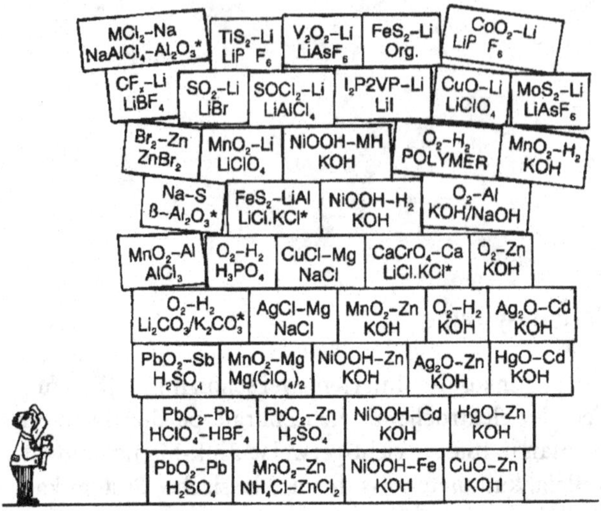

Bild 1.1 Der „Babylonische Turm" der elektrochemischen Energiespeicher. Die Bausteine des Turms illustrieren die Vielfalt der bis heute entwickelten Batteriesysteme. Angegeben ist die chemische Formel der positiven und negativen Elektrode sowie die des Elektrolyts. Hochtemperatursysteme sind mit * gekennzeichnet

lich weniger als 50 zur Serienproduktion, weniger als 20 werden heute großtechnisch gefertigt. Die neuen Systeme haben aber die klassischen Batterien nicht verdrängt. Sie haben ihr Anwendungsgebiet in neuen Produkten gefunden, die durch Entwicklungen im Bereich der Elektronik und Mikrotechnik entstanden sind. (Bild 1.1)

So hat sich z. B. Silberoxid-Zink-Batterie als Energiespeicher für die elektronische Uhr die durchgesetzt, für Hörgeräte die Zink-Luft-Zelle, für die Versorgung der Elektronik in Lenkwaffen die Thermalbatterie, für Herzschrittmacher die Lithium-Iod-Batterie. Im Mobiltelefon dürfte künftig der Nickel-Metallhydrid-Akkumulator eine dominierende Rolle spielen. Die Lithium-Ionentransferbatterie könnte zum bevorzugten Energiespeicher für Laptop-Computer werden. Es ist bemerkenswert, welche Marktanteile diese beiden neuen, aufladbaren Systeme bis heute erobert haben. In Japan, einem der wichtigsten Herstellungsländern für Batterien, ist die Produktion wertmäßig etwa wie folgt aufgeteilt:

Primärbatterien	%	Sekundärbatterien	%
Zink-Kohle	35	Bleiakkumulatoren	41
Alkali-Mangan	32	Nickel-Cadmium	27
Lithium	24	Nickel-Metallhydrid	21
Silberoxid-Zink	7	Lithium Akkumulatoren	10
Andere	2	Andere	1

Batterien für Elektrofahrzeuge

Die Anreize für Forschung und Entwicklung auf dem Gebiet der wiederaufladbaren Batterien waren im Hinblick auf den Einsatz im Elektromobil besonders groß. Für diese Anwendung spielt die massenspezifische Energie (ausgedrückt in Wattstunden pro Kilogramm Gewicht, Wh/kg) eine entscheidende Rolle. Der Bleiakkumulator und der Nickel-Cadmium-Akkumulator bringen es auf maximal 45 bzw. 55 Wh/kg. Im Vergleich zu den 12 000 Wh/kg, die beim Verbrennen von Benzin freigesetzt werden (allerdings in der Form von Wärme), sehen diese Werte äußerst bescheiden aus. Man muß sich jedoch bei diesem Vergleich von vornherein darüber klar sein, daß den elektrochemischen Energiespeichern physikalische Grenzen gesetzt sind, die beim Verbrennungsmotor nicht vorhanden sind.

In einer elektrochemischen Zelle ist die energieliefernde Reaktion aus zwei parallelen, miteinander gekoppelten Teilreaktionen zusammengesetzt: der Reaktion an der negativen Elektrode (der Anode) und der Reaktion an der positiven Elektrode (der Kathode). An der negativen Elektrode findet ein Oxidationsprozeß statt, bei welchem Elektronen freigesetzt werden; an der positiven Elektrode werden durch einen Reduktionsprozeß Elektronen aufgenommen. Die Elektronen fließen durch den äußeren Verbraucherstromkreis von der Anode zur Kathode. Dieser Elektronenfluß stellt den in der Batterie erzeugten Strom dar.

Die Kapazität der Batterie ist bestimmt durch die in den Elektroden (oder im Elektrolyt im Fall der Redoxbatterien) enthaltene Menge von aktivem Material. Jedes Atom bzw. Molekül des aktiven Materials liefert bzw. nimmt 1, 2 oder (selten) 3 Elektronen auf, je nach chemischer Wertigkeit. Je geringer das Atom- bzw. Molekulargewicht, desto höher kann die spezifische Kapazität (ausgedrückt in Amperestunden pro Kilogramm, Ah/kg) der Zelle sein. So hat z.B. Lithium mit einem Äquivalentgewicht (Atomgewicht bzw. Molekulargewicht geteilt durch Wertigkeit) von 7 g ganz wesentliche Vorteile gegenüber Blei, das ein Äquivalentgewicht von 103,5 g aufweist.

Nicht nur dadurch, daß die energieliefgernde Reaktion in zwei örtlich voneinander getrennten Teilprozessen ablaufen muß, sind den elektrochemischen Energiespeichern zusätzliche Grenzen gesetzt. Es bestehen auch Limiten für die elektrische Spannung, die pro Zelle erzielt werden kann. Bei Systemen mit wässerigen Elektrolyten (Säuren, Laugen, Salze, die in Wasser gelöst sind), ist die obere Spannungsgrenze pro Zelle max. etwa 2 V, da sich Wasser bei noch höheren Spannungen durch Elektrolyse zersetzt. Die theoretische Zersetzungsspannung beträgt sogar nur 1,23 V; etwas höhere Spannungen sind dank kinetischer Hemmungen möglich.

Die von der Zelle lieferbare Energie errechnet sich als Produkt der Kapazität (in Amperestunden, Ah) und Spannung (in Volt, V). Je höher die Zellspannung, desto höher die (spezifische) Energie. Systeme mit nicht-wässerigen Elektrolyten (z. B. organische Lösungsmittel in welchen ein Lithiumsalz gelöst ist), erlauben Zellspannungen bis über 4 V. Solche Systeme wurden in den letzten 20 Jahren intensiv erforscht. Eines der Ergebnisse ist die Lithium-Ionentransfer-Batterie, mit der heute spezifische Energien bis 140 Wh/kg erreicht werden.

Dies ist natürlich im Vergleich zur Energie, die bei der Verbrennung von Benzin oder Dieselöl im Verbrennungsmotor anfällt, immer noch sehr bescheiden. Bei der Verbrennung von Kohlenwasserstoffen mit Luftsauerstoff entstehen (vorwiegend) Kohlendioxid und Wasser. Die Reaktion läuft überall im dreidimensionalen Verbrennungsraum ab, Valenzelektronen werden zwischen den Reaktionspartnern direkt ausgetauscht oder umgruppiert: sie sind nicht als elektrischer Strom „anzapfbar". Die Energie fällt in der Form von Wärme an, deren effiziente Nutzung ein möglichst hohes Temperaturniveau voraussetzt.

Um diese Wärme (über die Volumenexpansion von Gasen) in mechanische Energie umzuwandeln, muß eine inhärente thermodynamische Begrenzung des Wirkungsgrades in Kauf genommen werden. Der Wirkungsgrad hängt direkt von der Betriebstemperatur der Wärmekraftmaschine ab; sie ist aus materialtechnischen Gründen auf einige 100 °C begrenzt. Die Erkenntnisse über den temperaturbedingten Wirkungsgrad haben wir dem französischen Physiker Sadi Carnot (1796–1832) zu verdanken. Danach beträgt der thermodynamische Wirkungsgrad eines Benzinmotors lediglich etwa 25 %; beim Dieselmotor, der bei etwas höheren Temperaturen betrieben wird, können es mehr als 40 % sein, der Rest ist Abwärme auf relativ niedrigem und deshalb kaum nutzbarem Temperaturniveau (außer für Heizungszwecke).

Allerdings muß man noch in Betracht ziehen, daß ein Verbrennungsmotor (insbesondere im Stadtverkehr) häufig nicht bei der optimalen Tourenzahl und Temperatur läuft. Zudem dreht der Motor auch, wenn das Fahrzeug kurzfristig anhalten muß. Von der theoretisch verfügbaren spezifischen Energie von mehr als 12 000 Wh/kg sind an den Rädern des Fahrzeugs letztendlich im Durchschnitt weniger als 2 000 Wh/kg verfügbar. Im Gegensatz dazu weist z. B. die Entladung eines Bleiakkumulators in Verbindung mit einem Elektromotor einen recht hohen Wirkungsgrad von über 80 % auf, weil es sich nicht um eine Wärmekraftmaschine handelt und die Begrenzung des Carnot-Kreisprozeßes entfällt. Da man aber von einer sehr niedrigen spezifischen Energie von nur etwa 40 Wh/kg ausgeht, sind schließlich an den Rädern des Fahrzeugs nur noch etwa 30 Wh/kg verfügbar, d. h. gut 50 mal weniger, als bei einem Auto mit Verbrennungsmotor.

Das kalifornische Dilemma

Der obige Vergleich zeigt eindrücklich, welchem enormen Handicap das batteriebetriebene elektrische Fahrzeug ausgesetzt ist. Zudem gibt es wenig Hoffnung für die Zukunft. Aufladbare Batterien mit wässerigem Elektrolyt bringen es (mit Ausnahme der Zink-Luft-Batterie) auf max. 70 Wh/kg. Selbst beim Zink-Brom System, bei welchem der hochgradig korrosive Elektrolyt herumgepumpt werden muß, kommt man nicht höher. Hochtemperaturbatterien wie Natrium-Schwefel, die bei einer Temperatur von über 300 °C betrieben werden müssen, bringen es auf 100–120 Wh/kg. Die vor einigen Jahren erschienenen Lithiumbatterien mit Interkalationselektroden aus Cobaltoxid und Graphit erreichen eine spezifische Energie von höchstens 140 Wh/kg.

Diese Lithiumbatterien funktionieren bei Umgebungstemperatur, sie sind relativ ungefährlich, langlebig und erschwinglich. Aber selbst mit solchen Batterien müssen elektrische Fahrzeuge im Vergleich zu den heutigen Automobilen gewaltige Abstriche in bezug auf Fahrleistung, Komfort und Sicherheit in Kauf nehmen. In La Rochelle, auf Rügen und anderswo durchgeführte, langfristige Versuche mit kleinen Flotten von Elektromobilen ergaben zwar befriedigende Ergebnisse für den städtischen Kurzstreckenverkehr sowie Pendler- und Einkaufsfahrten. Die für solche Zwecke bestimmten Fahrzeuge sind aber sehr kostspielig und benötigen wegen der kurzen Reichweite eine neue Infrastruktur von Ladeanschlüssen an den Parkplätzen.

In Kalifornien beschloß das Air Resources Board, daß ab 1998 2 % der im Staat verkauften, neuen Motorfahrzeuge überhaupt keine Emissionen abgeben dürfen. In Jahr 2002 sollte das Angebot auf 5 %, ein Jahr später sogar auf 10 % erhöht werden. Diese Bedingung kann nur das Elektromobil als echtes „Zero Emission Vehicle" erfüllen. 1996 wurde es aber klar, daß sich diese Zielvorstellungen nicht erfüllen lassen würden. Die Zahl der hergestellten Elektroautos soll darum – zumindest bis zum Deadline von 2002 – nicht mehr von einem gesetzlich vorgeschriebenen Kontingent, sondern von der effektiven Nachfrage abhängen.

Als einziger der großen amerikanischen Autoproduzenten hatte General Motors bereits die Flucht nach vorn angetreten und lancierte (nach Investitionen von 350 Mio. Dollar) Ende 1996 das erste massenproduzierte Elektromobil. Das „EV-1" genannte Modell zeigt auf konkrete Weise, was der Elektroantrieb beim heutigen Stand der Technik bieten kann. Überraschenderweise handelt es sich nicht um ein extrem „abgespecktes" und äußerst asketisches Fahrzeug, sondern um einen sportlichen Zweisitzer mit nahezu idealer Stromlinienform. Er ist mit einer Klima-Anlage ausgerüstet und beschleunigt in 9 s von 0 auf 100 km/h. Für die Energieversorgung sorgen 26 auslaufsichere 12V-Bleiakkumulatoren, die sich innerhalb von 3 h aufladen lassen. Sie vermitteln dem Fahrzeug eine Autonomie von 140 km.

Der EV-1 gilt als „Spielzeug für Wohlhabende". Er kostet 34 000 Dollar (ein Wagen der Mittelklasse wie der Toyota Camry kostet in den USA weit unter 20 000 Dollar). Er wird aber gar nicht verkauft, sondern für 500 Dollar pro Monat geleast; dazu kommem monatlich noch 50 Dollar für die Benutzung der Ladestation, die in der eigenen Garage installiert wird und 1 000 Dollar kostet. Man hofft, schon 1998 die Bleibatterien durch signifikant leistungsfähigere Nickel-Metallhydrid-Batterien (Ni-MH) zu ersetzen. Zielpublikum sind umweltbewußte, überdurchschnittlich gebildete Menschen mit einem Jahreseinkommen von mehr als 120 000 Dollar, die schon mind. 2 Autos besitzen. Um Reklamationen vorzubeugen, müssen die Händler auf Weisung von General Motors dem Kunden die Nachteile des Elektrofahrzeugs eingehend erläutern.

Honda hat Anfang 1997 nachgezogen und für den kalifornischen Markt ein Elektrofahrzeug zur Serienreife entwickelt. Es handelt sich um einen 4 m langen Viersitzer, der einen doppelten Boden zur Unterbringung der Batterien aufweist und darum auffallend hoch wirkt. Hondas Elektromobil ist von Anfang an mit den fortschrittlichen, aber sehr teuren Nickel-Metallhydrid-Batterien ausgerüstet. Sie versorgen einen Gleichstrommotor von 67 PS. Der komplette Satz von 24 Batterien zu je 12 V kostet 20 000 Dollar, dafür wird eine Reichweite von 210 km garantiert. Das Leergewicht beträgt 1630 kg, ein Viertel davon geht zulasten der Batterien.

Wie sinnvoll solche Fahrzeuge in bezug auf den Umweltschutz sind, bleibt offen. Man muß sich vergegenwärtigen, daß in Kalifornien (wie fast überall auf der Welt) der größte Teil der Elektrizität aus Kohle gewonnen wird. Bei der Verbrennung werden trotz Rauchgaswäsche große Mengen von Schadstoffen und das Treibhausgas Kohlendioxid an die Atmosphäre abgegeben. Elektromobile entlasten wohl die Luft der Ballungszentren und Großstädte, der Gesamtausstoß an Schadstoffen bleibt aber nahezu der gleiche, ob nun Benzinautos zirkulieren oder Elektrofahrzeuge. Nur in den wenigen Ländern, deren Elektrizität größtenteils aus den immissionsfreien Wasserkraftwerken und/oder Kernkraftwerken stammt, gilt das obige nicht. Dazu gehören Belgien, Frankreich, Litauen, Schweden und die Schweiz.

Teure, aber unentbehrliche Energie

Batterien jeglicher Art sind teuer; mit der vorgezogenen Entsorgungsgebühr werden oder sind sie noch teurer. Es ist interessant, sich anhand einiger Zahlen zu vergegenwärtigen, wie kostspielig der aus Batterien bezogene Strom ist. Besonders teuer ist der aus nichtaufladbaren Primärbatterien bezogene Strom: sie müssen für den einmaligen Gebrauch hergestellt, transportiert, verkauft und schließlich entsorgt werden. Allgemein gilt, daß der Energiepreis für kleine Batterien höher ist als für große.

Am teuersten ist die Energie aus den kleinen Knopfzellen, die man vor allem in Quarz-Armbanduhren benötigt (wenn man von Spezialbatterien für medizinische und militärische Zwecke absieht): sie kostet weit über 10 000 DM/kWh. Weil aber der Strombedarf einer modernen Quarzuhr winzig ist, sind einige Mark alle 3–4 Jahre durchaus zu verkraften. Die handelsüblichen Primärbatterien für Radios oder Taschenlampen liefern Energie zu einem weit „günstigeren" Preis von 100–200 DM/kWh.

Wesentlich niedriger ist der Preis für Energie aus Akkumulatoren, weil man sie ja immer wieder aufladen kann und sich die Amortisation des Herstellungspreises über viele Entladungen verteilt. Dabei spielt natürlich die Zahl der Entladungen eine wesentliche Rolle. Bei Nickel-Cadmium-Akkumulatoren, die 500 mal aufgeladen werden können, beträgt der Energiepreis noch etwa 5–10 DM/kWh. Große Bleiakkumulatoren, wie sie für den Antrieb von Gabelstaplern und anderen Elektrofahrzeugen eingesetzt werden, und die 1 000–1 500 mal aufgeladen werden können, liefern Strom zu einem Preis von weniger als 1 DM/kWh. Die Kosten des vom Netz bezogenen Ladestroms verglichen mit den Amortisationskosten der Batterie und des Ladegeräts sind sehr gering.

Batteriekonsum und Umwelt

In den Industriestaaten werden pro Kopf der Bevölkerung und pro Jahr 10–12 Batterien im Sektor „Consumer goods" verbraucht; in den weniger entwickelten Ländern sind es 4–5. Wenn auch die toxischen Schwermetalle Quecksilber und Cadmium aus den meisten Primärbatterien verschwunden sind, betrachtet man verbrauchte Batterien hauptsächlich wegen ihres hohen Zinkgehalts als Sondermüll. Das bei den Starter-, Traktions- und Stationärbatterien seit vielen Jahren praktizierte Recycling hat sich nun auch bei den Primärbatterien und den Nickel-Cadmium-Akkumulatoren etabliert. Bei den letzteren ist dies besonders wichtig, weil sie 10–20 Gew.-% Cadmium enthalten. In der Schweiz wird auf allen Primärbatterien zur Finanzierung des Recycling eine vorgezogene Entsorgungsgebühr erhoben.

Vertreter von Umweltschutzorganisationen haben zur Einschränkung des Batteriekonsums aufgerufen. In Hinblick auf die unternommenen Anstrengungen zur Reduktion der in Batterien enthaltenen Schadstoffe und zum Recycling, kann man aber Batterien - wo sie wirklich benötigt werden - ohne schlechtes Gewissen einsetzen. Daß man sich auf sinnvolle Anwendungen beschränkt, dafür sorgt der hohe Preis.

Nicht zu vergessen ist auch, daß wir den elektrochemischen Energiewandlern die wichtigsten Erkenntnisse und Errungenschaften der Elektrizitätslehre, der Elektrotechnik und der Elektronik verdanken. Von 1800, als Alessandro Volta seine „Säule" baute, bis etwa 1870, als elektromechanische Wandler verfügbar wurden, d. h. Generatoren und Dynamos, waren Batterien die einzigen brauchbaren Quellen von elektrischer Energie. Ohne Batterien wäre unser modernes Leben gar nicht möglich: es könnte kein Auto mühelos gestartet werden, es gäbe keine abgasfreien Gabelstapler, das Telefon wäre unzuverlässig, in Berghütten und an abgelegenen Orten müßte man auf die Stromversorgung durch Solarzellen oder Windturbinen verzichten, weil man den Strom nicht speichern könnte.

Mehr als einige Meter von der nächsten Steckdose hätten wir kein Licht, kein Radio, kein Fernsehen, keine Elektrowerkzeuge. Wir müßten auf unsere Laptop-Computer und Mobiltelefone ebenso verzichten wie auf die Quarzuhr, den Walkman und die Datenspeicherkapazität von CD und Minidisk; es gäbe auch keine Herzschrittmacher. Bei allen diesen Geräten ist die Batterie die „Lebensquelle", und leider manchmal auch der technische Engpaß. In der Regel denkt man erst an sie, wenn sie aufgeladen oder ersetzt werden muß. Dann empfindet man sie unweigerlich als zu teuer, zu wenig leistungsfähig und (meist zu Unrecht) als Belastung für die Umwelt. Für den technisch interessierten Anwender sollte sie aber nicht einfach eine energieliefernde „Black box" sein. Vielmehr ist es von höchster Faszination, sich mit diesem Grenzgebiet zwischen Chemie und Elektrotechnik zu befassen, die Funktionsweise der heutigen Batterien zu verstehen und die Entwicklungen zu verfolgen, die uns mittelfristig weiter verbesserte elektrochemische Speichersysteme bringen werden.

Die kleinsten und die größten Batterien

Nicht nur die große Vielfalt der heute verwendeten Batteriesysteme, sondern auch das Spektrum ihrer Dimensionen ist beeindruckend. Es reicht von den winzigen Abmessungen einer Damenuhrbatterie bis zu den mächtigen Batterieblöcken in Telefonzentralen oder Unterseebooten.

Wissenschafter der Universität Kalifornien haben gezeigt, daß kleinste Elektroden mit einem Durchmesser von weniger als 20 nm mit Hilfe eines Raster-Tunnelmikroskops (RTM) hergestellt werden können. Sie benutzten die Abtastspitze des Instruments als Gegeneleketrode, um auf einem Graphitplättchen je ein winziges Häufchen von einigen 100 000 Kupfer- bzw. Silberatomen in der Entfernung von etwa 70 nm (was dem Durchmesser eines Virus entspricht) abzuscheiden. Dazu wurden Stromstöße von 50 µs Dauer verwendet. Anschließend wurde das ganze in eine Kupfersulfatlösung getaucht.

Mit dem nunmehr als Mikroskop eingesetzten RTM wurde beobachtet, daß sich das Kupferhäufchen anodisch aufzulösen begann und gleichzeitig kathodisch (durch eine sog. Unterpotentialreaktion) auf dem Silberhäufchen sich Kupferatome abschieden. Das System entspricht einer kurzgeschlossenen Batterie. Aus der Abnahme bzw. Zunahme der Größe der Atomhäufchen kann man berechnen, daß während etwa 45 min ein Strom von einigen 10^{-18} A durch die Graphitbasis floß. Um eine spannungsliefernde „Nanobatterie" zu bauen, müßte man 2 elektrisch getrennte Graphitplättchen verwenden, das Häufchen von Silberatomen zu Silberoxid oxidieren und das Problem der winzigen Anschlüsse lösen. Statt auf Graphit, kann man Kupfer-Cluster auch auf einer Unterlage aus Gold und anderen Metallen mit dem RTM gezielt abscheiden, wie Wissenschafter der Universität Ulm gezeigt haben. „Nanobatterien" werden auch an der Universität Fribourg (Schweiz) erforscht. Ob sie in Zukunft eine praktische Anwendung finden werden, ist noch sehr ungewiß.

Die größte Batterie der Welt steht seit 1988 in Chino, Kalifornien; sie wurde vom Energieversorgungsunternehmen Southern California Edison gebaut. Die „BESS" genannte Anlage überbot das zwei Jahre zuvor in Berlin von der BEWAG ans Netz gekoppelte System von 1416 Bleiakkumulatoren von je 10 V mit einer Leistung von 17 MW und einer Speicherkapazität von 14 400 kWh; es wurde 1994 nach dem Anschluß Berlins ans europäische Netz stillgelegt. Die Anlage von Chino andererseits ist weiterhin in Betrieb; sie weist bei einer Leistung von 10 MW eine Speicherkapazität von 40 000 kWh auf. Sie besteht aus zwei Gebäuden von je etwa 2 300 m² Bodenfläche, in welchen insgesamt 8256 Bleiakkumulatoren mit Röhrchenplatten untergebracht sind. Sie werden mit Nachtstrom aufgeladen und tagsüber zur Lieferung von Spitzenlast oder als sofort verfügbare Reserve über einen Gleichstrom/Wechselstromkonverter ins Netz entladen.

Kapitel

2

Vom Bernstein zur Voltaischen Säule

Eine kurze Geschichte der Elektrizität bis 1800

Die Erscheinungen der atmosphärischen Elektrizität, der Reibungselektrizität und die Schläge elektrischer Fische waren dem Menschen seit Urzeiten bekannt. Doch erst im 16. Jh. wurde mit der wissenschaftlichen Untersuchung der Elektrizität begonnen, wobei sich das Interesse während langer Zeit auf die Effekte hoher Spannungen bei geringen Strömen konzentierte. Mit dem Bau der nach ihm benannten „Säule" machte Alessandro Volta eine Stromquelle verfügbar, die im niedrigen Spannungsbereich beachtliche Ströme lieferte. Die Voltaische Säule war der Vorgänger unserer modernen Batterien.

Gewitterwolken als „Speicherkraftwerke"

Die bei Gewittern auftretenden Blitze waren eine Erscheinung der Elektrizität, mit welcher die Menschen schon „immer" konfrontiert war. Blitze sind Funkenentladungen, die innerhalb von Wolken, zwischen Wolken, zwischen Wolken und Atmosphäre sowie zwischen Wolken und der Erde auftreten können. Ihre Lichterscheinungen sind oft spektakulär, doch ist der Energieumsatz relativ gering. Ein typischer Blitz ist durch eine Spannung von mehreren 100 Mio. V und einen Strom von einigen 10 000 A gekennzeichnet, er dauert aber nur einige μs.

Die freigesetzte Energie liegt demnach im Bereich einiger 10 kWh. Beim Bezug aus dem Netz würde diese Energiemenge nur das Äquivalent von 3–5 l Benzin kosten. Allerdings sind weltweit durchschnittlich 100 Blitzentladungen pro Sekunde zu verzeichen, was einer Leistung von 4 Mrd. kW entspricht. Dies enspricht etwa dem 50fachen des elektrischen Leistungsbedarfs der Bundesrepublik Deutschland. Eine praktische Nutzung der atmosphärischen Elektrizität ist aber undenkbar.

Im Blitzkanal, dem Weg des Blitzes in der Atmosphäre, treten Temperaturen bis 30 000 °C auf. Dabei wird Luftstickstoff mit Luftsauerstoff zu Stickoxiden umgesetzt, die mit Wasser zu Salpetersäure weiterreagieren. Letztere gelangt mit den Niederschlägen auf die Erde und trägt zur Stickstoffdüngung unserer Kulturen und Wälder bei. Bei der kurzzeitigen Erhitzung auf so extreme Temperaturen wird Luft schlagartig verdichtet. Es entstehen Schockwellen, die zu Schallwellen abgeschwächt werden und sich radial zum Blitzkanal ausbreiten; sie werden als Donner bezeichnet.

Blitze haben zwar chemische Wirkungen, wie die oben beschriebene Reaktion zwischen Stickstoff und Sauerstoff, doch handelt es sich um Elektrizität rein physikalischen (elektrostatischen) Ursprungs. Blitze entstehen vorwiegend in den turmförmigen, kilometerhohen Gewitterwolken des Typs Kumulonimbus. Solche Wolken laden sich im Kuppenbereich positiv auf, im mittleren bis unteren Bereich negativ, ihr unterster Teil ist wieder positiv. Diese Ladungsverteilung ist auf die Bildung von Eispartikeln zurückzuführen, die von einer flüssigen Wasserhaut umgeben sind.

Die starken vertikalen Winde innerhalb der Wolke reißen das Wasser vom Eiskern ab. Dabei entstehen kleine, positiv geladene Wasserströpfchen, die bis in den Oberteil der Wolke getragen werden. Die schwereren, negativ geladenen Eispartikel fallen in den unteren Teil der Wolke. Durch diese Ladungstrennung entsteht in der Wolke eine immer stärker werdende elektrische Spannung, wie in einer Elektrisiermaschine. Schließlich wird die Luft durch Ionisierung elektrisch leitend, und die Ladungen neutralisieren sich beim Durchgang des Blitzes.

Funken aus Bernstein

Schon die Griechen der Antike berichteten über künstlich erzeugte, wenn auch nicht besonders spektakuläre Funkenentladungen beim Reiben des elektrisch gut isolierenden Bernsteins mit einem wollenen Tuch. Die dabei erfolgende Ladungstrennung (der Bernstein wird mit einigen 1000 V negativ aufgeladen) führt zu Funken, die einige Millimeter weit springen. Zudem wurde schon im Altertum beobachtet, daß der geriebene Bernstein Strohhalme und Vogelfedern anzieht. Unser Wort „Elektrizität" und die davon abgeleiteten Ausdrücke gehen allesamt auf den griechischen Stamm „Elektron", d. h. Bernstein zurück. Dennoch wurde es erst dem italienischen Gelehrten Alessandro Volta (1745–1827) klar, daß es sich bei Blitzentladungen und den vom Bernstein springenden Funken grundsätzlich um dasselbe Phänomen handelt.

Nachdem das Elektron 1897 von J.J. Thomson (1856–1940) entdeckt worden war, konnte auch die Chemie auf elektrische Phänomene zurückgeführt werden. Ernest Rutherford (1871–1937) ist die Erkenntnis zu verdanken, daß das Atom aus einem elektrisch positiv geladenen, sehr kleinen Kern (Größenordnung einige Millionstel Nanometer oder 10^{-15} m) und einer weit ausgedehnten Wolke von negativ geladenen Elektronen besteht. Die Elektronen sind in Schalen angeordnet (Größenordnung: ein Zehntel Nanometer, 10^{-10} m), von denen die äußerste durch Aufnahme oder Abgabe eines oder mehrerer Elektronen einen stabileren Zustand erreichen kann. Nur bei den Edelgasen ist dies nicht (oder nur sehr bedingt) der Fall. Die Elektronenschalen ihrer Atome weisen die höchstmögliche Stabilität auf. Dem Austausch oder der Zusammenlegung von Elektronen sowie der Wechselwirkung entgegengesetzter, elektrischer Ladungen sind die verschiedenen Formen der chemischen Bindung zu verdanken.

Alle chemischen Reaktionen beruhen auf der Verschiebung elektrischer Ladungen zwischen Atomen, Ionen (d. h. elektrisch geladenen Atomen) Radikalen oder Molekülen. Nun entspricht die Verschiebung von Ladungen definitionsgemäß einem elektrischen Strom. Allerdings fließen die für gewöhnliche chemische Reaktionen verantwortlichen Ströme nur über Distanzen, die im Bereich des Atomdurchmessers liegen. Alle Ladungsträger sind gewissermassen untereinander kurzgeschlossen, die Reaktion läuft in den 3 Dimensionen des Raumes ab, aber lokalisiert zwischen den Reaktionspartnern.

Nach außen machen sich chemische Reaktionen nur in Sonderfällen durch elektrische Effekte bemerkbar. Dies ist insbesondere bei den elektrochemischen Reaktionen der Fall, die durch Anwendung eines externen elektrischen Stromes ablaufen oder Strom erzeugen. Zur ersten Kategorie gehören Prozesse, die u. a. in der Galvanotechnik, sowie für die elektrolytische Darstellung und Raffination von Metallen genutzt werden. Zur chemischen Stromerzeugung andererseits dienen Batterien, Akkumulatoren und Brennstoffzellen. Elektrochemische Reaktionen laufen grundsätzlich nur an elektrisch leitenden Flächen ab, die als Elektroden bezeichnet werden, und meistens aus Metall oder Graphit bestehen.

Damit ist der grundlegende Nachteil aller technisch-elektrochemischen Prozesse umrissen: sie sind auf die zweidimensionale Fläche der Elektroden beschränkt, die leider begrenzt ist. Zur Durchführung dreidimensionaler Prozesse (z. B. gewöhnliche chemische Reaktionen) genügt eine äußere Ummantelung des Reaktionsraums, in welchem direkte Reaktionen zwischen Atomen, Molekülen, Ionen, Radikalen ablaufen. Zweidimensionale Prozesse andererseits (insbesondere elektrochemische Reaktionen) können nur an der Fläche der Elektroden ablaufen. Der Umsatz pro Zeiteinheit wird dadurch stark begrenzt.

Elektrische Erscheinungen in der Biosphäre

In der Biosphäre dienen elektrische Potentiale und Ströme einer Vielzahl von Funktionen. Potentialdifferenzen zwischen dem Inneren und dem Äußeren einer Zelle enstehen auf Grund von Konzentrationsunterschieden von Natrium-, Kalium- und Calciumionen, die von ionenselektiven Membranen und aktiven, als „Pumpen" wirkenden Proteinmolekülen aufgebaut werden. Die Funktion der Sinnesorgane, die Nervenleitung, die Informationsverarbeitung im Gehirn und die Muskelkontraktion basieren alle auf winzigen elektrischen Strömen. Sie kommen unter dem Einfluß von Potentialen im Millivoltbereich zustande.

Diese kleinen Effekte nutzen die elektrischen Fische durch Serie- und Parallelschaltung von Hunderten bis Tausenden von flachen, nicht mehr zur Kontraktion fähigen Muskelzellen zur Verwirklichung „biologischer Batterien". Als äußeres Isolationsmaterial dieser bio-elektrochemischen Zellen dient gallertiges Bindegewebe. Jede der Zellen liefert ein Potential von 60–150 mV. Sie sind über einen Nerv mit dem Gehirn verbunden, so daß Stromstöße willentlich oder reflexartig ausgelöst werden können. Die Nilhechte bauen auf diese Weise ein schwaches elektrische Feld von einigen V/m auf. Zusammen mit besonderen Rezeptoren dient es ihnen zur Ortung sowie zum Finden von Beute auch in sehr trübem Wasser.

Der südamerikanische Zitteraal erzeugt Spannungen bis zu 550 V mit kurzzeitigen Stromstößen von 2 A, die allerdings nur einige Millisekunden dauern. Die

Leistung beträgt demnach etwas über 1 kW. Solche Stromstöße können 2–3 mal pro Minute wiederholt werden. Sie dienen zur Verteidigung sowie zur Lähmung von Beutetieren; für den Menschen können sie höchst unangenehm und sogar gefährlich sein. Eine deutlich schwächere „Spannungsquelle" sind die in warmen Meeren weit verbreiteten Zitterrochen; ihre elektrischen Organe können eine Spannung von etwa 200 V erzeugen. Damit töten sie ihre Beutetiere am Meeresboden (vorzugsweise Plattfische) durch Elektroschock.

Elektrisiermaschinen und Leidener Flaschen

Schon im 16. Jh. wurden Lehrbücher über die Elektrizität publiziert. Den Stein ins Rollen brachte wohl der englische Arzt und Mathematiker William Gilbert (1540–1603). Er prägte für die beim Reiben isolierender Materialien auftretenden Erscheinungen das Adjektiv „elektrisch". Im 17. Jh. baute der Magdeburger Bürgermeister Otto von Guericke (1602–1686) die erste Elektrisiermaschine: sie bestand aus einer Kugel aus elektrisch nichtleitenden Schwefel mit einem eisernen Griff. Sie ließ sich rasch drehen, wobei sie an Seide oder Leder rieb. Die elektrisch auf einige 1000 V aufgeladene Kugel konnte abgenommen und für Experimente verwendet werden; insbesondere ließen sich damit Vogelfedern vom Boden abheben. Auf diese Weise konnten hohe Spannungen sehr viel effizienter erzeugt werden, als beim bisherigen manuellen Reiben von Bernstein oder Glas.

Die Erkenntnis, daß es elektrische Leiter und Nichtleiter gibt, ist dem Engländer Stephen Gray (1666–1736) zu verdanken. Der Franzose Charles DuFay (1698–1739) entdeckte, daß beim Reiben von erhärtetem Harz oder von Glas jeweils verschiedenartige Phänomene auftraten. Diese 2 Arten von Erscheinungen bezeichnete er als Glas- und Harzelektrizität. Heute spricht man von positiven bzw. negativen Ladungen, die durch Elektronenmangel bzw. Elektronenüberschuß zustande kommen. Es handelt sich um rein physikalische Prozesse als Folge der Ladungstrennung.

Ebenfalls rein physikalischer Natur war der 1745 erfundene erste Speicher für elektrische Energie, der auf Zufallsbeobachtungen zurückgehende Kondensator. Er wurde ursprünglich als Leidener Flasche oder Kleistsche Flasche bezeichnet. Bei der frühesten Version bestand sie aus einer Wasser enthaltenden, mit einem Korken verschlossenen Glasflasche, die als Dielektrikum diente. In das Wasser war eine Drahtspirale eingetaucht, die mit einem durch den Korken getriebenen Messingstab verbunden war. Kontaktierte man den Stab kurzzeitig mit einer Elektrisiermaschine, so konnte man anschließend Funken von der Elektrode der Flasche abziehen; so war man von der rotierenden Maschine eine Zeitlang unabhängig. Später wurde in die Flasche Zinnfolie gestopft, ihre Außenwand wurde mit Metall belegt, um eine etwas größere Kapazität zu erhalten. Sie betrug allerdings nur einige Nanofarad, doch genügte dies, um 1747 in London eine elektrische Ladung über einen Draht von einem Ufer der Themse zum anderen zu übertragen.

Mitte des 18. Jh. beherrschte man die spektakulären Erscheinungen der Hochspannung schon recht gut, allerdings bei nur sehr geringen Stromstärken. Elektrische „Shows" kamen in Mode, wobei man sich z. B. von einer elektrisch aufgeladenen Dame auf schmerzhafte Weise küssen lassen konnte. Schießpulver und Alkohol wurden mit künstlichen Blitzen entzündet, man tötete Kleintiere mit der in Leydener Flaschen gespeicherten Ladung oder schickte einen Strom durch kilometerlange Menschenketten. Dies inspirierte den Amerikaner Benjamin Franklin (1715–1787) zu seinen lebensgefährlichen Experimenten mit der atmosphärischen Elektrizität. Mehrere Nachahmer, die ebenfalls Drachen in Gewitterwolken steigen ließen, mußten dies mit dem Leben bezahlen.

Auf Grund seiner Experimente erfand Franklin den Blitzableiter. Noch wichtiger war aber seine Erkenntnis, daß jeder Körper gleiche Mengen positiver und negativer Elektrizität enthält, deren Wirkungen sich normalerweise aufheben. Damit nahm er die erst 150 Jahre später gemachte Entdeckung vorweg, daß Materie elektrisch geladene Elementarteilchen enthält. Die gegenseitige Abstoßung elektrischer Ladungen mit demselben Vorzeichen und die Anziehung entgegengesetzter Ladungen waren damals schon bekannt. Der französische Ingenieur Charles-Augustin Coulomb (1736–1806) maß mit einer selbstgebauten Torsionswaage die dabei auftretende Kraft. Er fand heraus, daß sie umgekehrt proportional zum Quadrat des Abstands der Ladungen ist.

Galvani und Volta

Grundlegende Elemente der modernen Elektrizitätslehre sind zwei italienischen Gelehrten zu verdanken: dem Mediziner Luigi Galvani (1737–1798) und dem Physiker Alessandro Volta (1745–1827). Galvanis Name hat später als Wortstamm für die Galvanotechnik gedient, die elektrolytische Abscheidung und Oberflächenbehandlung von Metallen, die Messung von Strömen (Galvanometer) und generell die Erzeugung von Spannungen mit chemischen Systemen. Volta andererseits erfand die nach ihm benannte „Säule", die erste elektrochemische Batterie. Sein Name lebt in der Einheit der elektrischen Spannung weiter, dem Volt.

Merkwürdigerweise begannn die Nutzung chemischer Reaktionen zur Erzeugung elektrischer Energie über den Umweg physiologischer Effekte des elektrischen Stroms. Dies war seit Mitte des 18. Jh. ein Tummelplatz von „Pseudowissenschaftlern". Es galt als wenig seriös, sich mit solchen häufig falschen oder gefälschten Effekten zu befassen. Doch der äußerst gewissenhaft arbeitende Luigi Galvani beschloß, den Dingen auf den Grund zu gehen. Er untersuchte die Schläge elektrischer Fische und die Wirkungen einer Elektrisiermaschine auf die Muskeln frisch getöteter, zum Sezieren vorbereiteter Frösche. Dabei bemerkte er, daß der Schenkel krampfartig ausschlug, wenn der zugehörige Nerv mit dem Skalpell berührt wurde und gleichzeitig ein Funke an den Elektroden der daneben stehenden Elektrisiermaschine entstand.

Für uns ist die Erklärung einfach: ein Induktionsstrom floß vom Skalpell durch den Nerv, der elektrisch gereizt wurde, dies löste das Ausschlagen des Muskels aus. Dieser elementare elektrophysiologische Effekt war damals völlig neu und blieb lange unverstanden. Galvani untersuchte ihn durch systematische Variation der experimentellen Bedingungen. So fand er 1780, daß der Froschschenkelnerv auch ohne Hilfe der Elektrisiermaschine ausschlug, wenn er gleichzeitig mit zwei verschiedenen, miteinander verbundenen Metallnadeln berührt wurde. Damit hatte er die galvanische Elektrizität entdeckt. Die Verbindung eines Paares verschiedener Metalle über das als Elektrolyt wirkende Gewebe des Frosches führte zum Fließen eines kleinen Stroms, der den Nerv erregte.

Unglücklicherweise interpretierte Galvani seine äußerst bedeutsamen Entdekkungen falsch und publizierte sie erst noch mit 11jähriger Verspätung. Er war der Meinung, daß im Tierkörper positive und negative Elektrizität gespeichert war, vor allem in den Muskeln und Nerven. Die Muskeln betrachtete er als Kondensatoren, die mit einem Metalldraht zur Entladung gebracht wurden und dabei zuckten. Der Befund, daß die Intensität der Zuckungen besonders stark war, wenn zwei verschiedene, miteinander verbundene Metalle zur Nervenreizung verwendet wurden, paßte nicht in seine Theorie und er schenkte ihm keine besondere Beachtung.

Zwischen Galvani und Volta entbrannte eine jahrelange Kontroverse, die zu keinem Konsens führte: bis zum Tod war Galvani fest überzeugt, daß seine „animalische" Elektrizität etwas anderes war, als die bisher bekannte, „physikalische" Elektrizität. Volta hingegen hatte richtig erkannt, daß der Froschschenkel keine Quelle oder Speicher von Elektrizität war, sondern lediglich als Detektor einer von außen angelegten elektrischen Spannung diente. Beim Einsatz der Elektrisiermaschine war das offensichtlich, obwohl das Phänomen der Induktion und die Fernwirkung des Funkens damals noch nicht verstanden wurden.

Voltas Säule

Volta interessierte sich besonders für Phänomene, die bei der Berührung von zwei verschiedenen Metallen auftraten. Er untersuchte sie gründlich; dabei prüfte er Art und Stärke der Empfindungen, die beim Berühren aller möglichen Metallpaarungen mit der Zunge auftraten. Auf dieser Basis stellte er eine erste „Spannungsreihe" auf. Der Schweizer Johann Sulzer hatte schon 1762 ähnliche Experimente durchgeführt, aber an eine praktische Anwendung dachte er nicht. Volta jedoch begriff, daß mit verschiedenartigen Metallen elektrische Ströme erzeugt werden konnten. Ein weiterer genialer Gedankensprung war, daß durch serielle Schaltung vieler Metallpaare die schwachen Effekte der individuellen Paare summiert wurden. So kam er 1800 zum Konzept der nach ihm genannten Säule, der ersten Batterie wie wir sie heute verstehen, d. h. eine rein chemische oder besser gesagt elektrochemische Stromquelle.

Die Voltaische Säule (Bild 2.1) bestand aus abwechslungsweise übereinander gestapelten Plättchen aus Zink und Kupfer, mit dazwischenliegenden Scheiben aus Karton oder Baumwolltuch, die mit verdünnter Kochsalzlösung oder Lauge getränkt waren. Statt Zink verwendete Volta auch Zinn, statt Kupfer auch Messing oder Silber. Die besten Ergebnisse erhielt er mit den Paaren Silber-Zink und Kupfer-Zink. An den Enden der Säule konnte eine Spannung abgenommen werden,

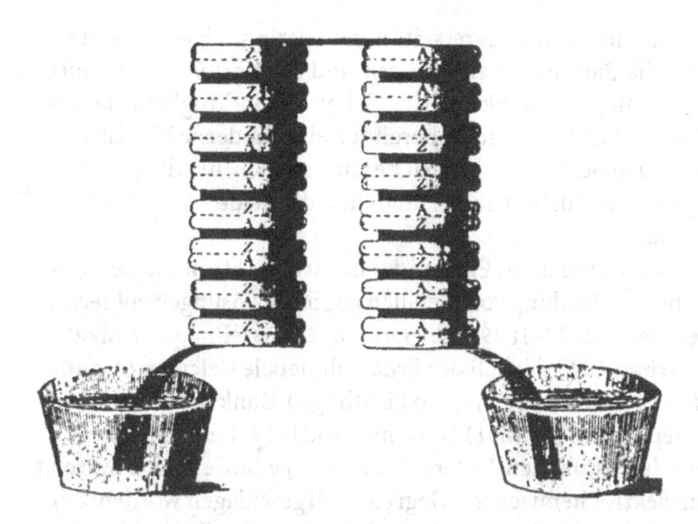

Bild 2.1 Die Voltaische Säule, wie sie in einer der ersten Publikationen vom Jahr 1800 gezeigt wurde. A steht für Silber, Z für Zink

die der Summe der Einzelspannungen der Elemente entsprach (etwa 1,1 V pro Element für die Kombination Kupfer-Zink). Im Gegensatz zur Elektrisiermaschine und zur Leidener Flasche lieferte diese jederzeit verfügbare Stromquelle beachtliche Ströme über längere Zeiträume, wie man sie für chemische, physikalische und elektrophysiologische Experimente brauchte.

Voltas Säule war eine „Batterie" im ursprünglichen, militärischen Sinn des Wortes. Sie bestand aus einer Vielzahl zusammengeschalteter Elemente identischer Bauart. Heute bezeichnet man jede elektrochemische Energiequelle als Batterie, ob sie jetzt aus mehreren Zellen oder nur aus einer Zelle besteht, wie dies häufig der Fall ist. Jedenfalls bedeutete Voltas Erfindung einen echten Durchbruch; seine Zeitgenossen bezeichneten die Voltaische Säule als „das wunderbarste Instrument, welches die Menschen jemals erfunden haben". Sie wurde sofort überall nachgebaut: 1800 konnte mit solchen Stromquellen Wasser mit größter Leichtigkeit elektrolytisch zu Sauerstoff und Wasserstoff zersetzt werden. Dies war zwar bereits 1797 mit einer Elektrisiermaschine gelungen, doch waren nahezu 15 000 Entladungen notwendig gewesen, um ganze 4 cm^3 Knallgas zu erzeugen.

Die Tassenkrone

Volta hatte schon früh bemerkt, daß seine Säule wohl sehr praktisch und kompakt war, daß sie jedoch beim Austrocknen der mit Elektrolyt getränkten Scheiben versagte. Er ersann darum das Konzept der Tassenkrone. Sie bestand aus kreisförmig angeordneten, mit Salzwasser gefüllten Gläsern, in die jeweils eine Zink- und eine Silberplatte eingetaucht war. Die einzelnen Elemente waren über die Elektrodenanschlüße in Serie geschaltet.

Mit der Tassenkrone konnte man nun langfristig und praktisch wartungsfrei

Strom erzeugen. Die Voltaische Säule andererseits mußte periodisch auseinandergenommen werden, um die Elektroden zu reinigen und die Karton- oder Stoffscheiben zu benetzen. Von dieser Tassenkrone abgeleitet war die Trogbatterie von William Wollaston (1766–1828), deren Bauart bereits an eine moderne Bleibatterie erinnerte; die Platten wurden bei Nichtgebrauch herausgehoben, um die Korrosion zu verhindern. Es gab auch Ausführungen, in denen die beiden Metallplatten spiralförmig aufgerollt waren.

Zwischen 1800 und 1802 wurde unter Einsatz der neuartigen Stromquellen vielerorts die elektrolytische Abscheidung von Metallen aus ihren Lösungen entdeckt. 1807 gelang Humphrey Davy (1778–1829) die erstmalige Darstellung der Alkalimetalle Kalium und Natrium, bald danach der Erdalkalimetalle Calcium, Strontium und Barium; er erfand auch den elektrischen Lichtbogen. Dank der Voltaischen Säule entdeckte H.C. Oersted (1777–1851) in Dänemark 1819 die magnetischen Wirkungen eines stromdurchfloßenen Leiters. Schon einige Jahre früher waren mehrere Konzepte von elektrochemischen Telegrafen vorgeschlagen worden: der Siegeszug von Elektrotechnik, Elektrochemie und Telekommunikation konnte beginnen.

Kapitel

3

Die ersten Batterien und Akkumulatoren

Nachfolger der Voltaischen Säule

Es ist eine offene Frage, ob in Mesopotamien schon vor mehr als 2000 Jahren einfache Eisen-Kupfer-Batterien gebaut wurden. Wenn ja, so hatten sie wohl nur eine zeremonielle oder kultische Bedeutung. Erst mit der Voltaischen Säule und den zahlreichen davon abgeleiteten Batterien wurden im 19. Jh. die experimentellen Grundlagen für die Entwicklung der Elektrizitätslehre, des Elektromagnetismus und der Elektrotechnik geschaffen. Die meisten dieser frühen Batteriesysteme wurden nach 1860 vom Leclanchés Zink-Braunstein-Element und von Plantés Bleiakkumulator abgelöst.

Es ist nicht ausgeschlossen, daß es in Mesopotamien schon vor 2200 Jahren galvanische Zellen gab. Im Südosten von Bagdad grub der Archäologe Wilhelm König 1936 ein länglich-ovales, etwa 15 cm hohes parthisches Tongefäß aus. Es enthielt einen Eisenstab und Reste eines Kupferzylinders, die anscheinend ursprünglich in der Mündung konzentrisch angeordnet und mit Asphalt vergossen waren. Noch vor der Publikation dieser Befunde brachte König in Erfahrung, daß ähnliche Töpfe sowie „Reserveelektroden" von E. Kühnel gefunden worden waren, die vermutlich aus der Sassanidischen Zeit stammten (5. Jh. n.Chr.).

Die eigentümlichen Gegenstände wurden als primitive galvanische Zellen interpretiert, über deren Verwendung allerdings nur spekuliert werden kann. Das Eisen-Kupfer-Paar liefert in schwach saurer, neutraler oder leicht alkalischer Lösung eine Spannung von etwa 0,8 V. Durch Serienschaltung vieler Zellen kann man entsprechend höhere Spannungen erhalten. Während der Entladung bildet sich an der Eisenanode Hydroxid oder Oxid (Rost)

$$Fe + 2\,OH^- \rightarrow Fe(OH)_2 + 2\,e^-$$

an der durch Luft oxidierten Kathode entsteht metallisches Kupfer

$$CuO + H_2O + 2\,e^- \rightarrow Cu + 2\,OH^-$$

Es ist wenig wahrscheinlich, daß die Parther und Sassaniden das elektrolytische Vergolden beherrschten, obwohl man im Mittleren Osten gelegentlich dünn vergoldeten Bronzeschmuck gefunden hat. Das dazu benötigte, chemisch gelöste Gold konnte man zwar auch ohne Königswasser durch Auflösen des Metalls in einer heißen Lösung von Alaun, Salpeter und Kochsalz erhalten. Diese sog. „Trockensäure" wird von Goldschmieden heute noch verwendet. Doch eine so attraktive und nützliche Technologie wie das elektrolytische Vergolden wäre sicher erhalten geblieben und nicht einfach wieder vergessen worden.

Naheliegender ist es, daß die erwähnten vergoldeten Gegenstände aus leicht goldhaltiger Bronze gefertigt und durch „mise en couleur" mit Gold plattiert wurden. Dazu wird das Objekt im Feuer erhitzt, bis es sich mit einer Oxidschicht bedeckt; letztere läßt sich mit Zitronensäure und Kochsalz auflösen. Nach mehrmaliger Wiederholung dieses Prozesses kann die dabei entstehende Oberflächenschicht aus hochporösem Gold durch Tempern und Schmieden in eine homogene, hochkarätige Goldbeschichtung umgewandelt werden.

Oxidation an der Anode, Reduktion an der Kathode

Die 1800 von Alessandro Volta gebaute, nach ihm benannte „Säule" mit einer bipolaren Anordnung von Kupfer und Zinkplatten sowie dazwischenliegenden, mit Salzlösung oder Säure getränkten Kartonscheiben, war die erste elektrochemische Stromquelle. Die zugrundeliegenden Prozesse waren die Auflösung (Oxidation) der negativen Zinkanode und die Reduktion von Luftsauerstoff über intermediär entstehendes Kupferoxid an der positiven Kupferkathode. Möglich ist auch die reduktive Entstehung von Wasserstoff, allerdings bei wesentlich niedrigerer Zellenspannung. Wird jedoch an der Kathode Kupferoxid reduziert, das durch Einwirkung von Luftsauerstoff entsteht, so beträgt die Zellspannung etwas über 1 V.

In alkalischer Lösung laufen demgemäß folgende Elektrodenreaktionen ab:

$$\text{Anode: } Zn + 2\,OH^- \rightarrow Zn(OH)_2 + 2\,e^-$$

$$\text{Kathode: } CuO + H_2O + 2\,e^- \rightarrow Cu + 2\,OH^-$$

Die theoretische Zellenspannung beträgt 1,14 V. Falls aber (in Abwesenheit von Luftsauerstoff) an der Kupferelektrode Wasserstoff abgeschieden wird, so beträgt die theoretischen Zellenspannung je nach pH nur etwa 0,39–0,75 V.
In saurer Lösung löst sich Kupferoxid auf in

$$CuO + 2H^+ \rightarrow Cu^{2+} + H_2O$$

An der Kathode werden dann Cu^{2+}-Ionen reduziert, während an der Anode Zink zu Zinkionen oxidiert wird:

$$\text{Anode: } Zn \rightarrow Zn^{2+} + 2\,e^-$$

$$\text{Kathode: } Cu^{2+} + 2\,e^- \rightarrow Cu$$

Die theoretische Zellenspannung beträgt in diesem Fall 1,10 V (für eine Kupferionen-Aktivität von 1).

Falls aber statt der Reduktion von Kupferoxid an der Kathode Wasserstoff abgeschieden wird, nach der Reaktion

$$2H^+ + 2\,e^- \leftrightarrow H_2,$$

so reduziert sich die Zellenspannung auf 0,76 V. In Abwesenheit von Luftsauerstoff funktionieren die Voltaische Säule und die davon abgeleiteten Zink-Kupfer-Elemente also nur sehr schlecht. (Bild 3.1)

Im ersten Drittel des 19. Jh. dominierten Varianten von Voltas Säule die Szene der elektrochemischen Energiequellen. Schon früh wurden sehr große Systeme gebaut; der Rekordhalter ist wohl eine aus 900 Elementen aus Zink und Kupfer bestehende Batterie mit einer Elektrodengesamtfläche von 50 m^2. Diese Elemente wurden in Serie geschaltet, um eine Spannung von nahezu 1 000 V zu erhalten.

Schon Volta begriff, daß er kein elektrisches Perpetuum mobile erfunden hatte. Die Zinkelektroden zeigten nach einer gewissen Zeit deutliche Anzeichen der Korrosion, sie wurden „verbraucht", d. h. oxidiert. Doch erst dank weiterer Fortschritte der Elektrochemie wurde klar, daß in jeder galvanischen Zelle stets 2 Reaktionen ablaufen: eine Oxidation an der negativen, Elektronen abgebenden Elektrode, und eine Reduktion an der positiven Elektrode, die Elekronen aufnimmt. Die beiden Reaktionssysteme müssen über den Elektrolyt, d. h. eine nicht elektronenleitende, aber ionenleitende Substanz wie z. B. eine Salzlösung (in Wasser oder einer organischen Flüssigkeit), eine Säure, eine Lauge oder einen ionenleitenden Festkörper miteinander verbunden sein. Strom fließt, wenn die Elektroden über einen externen Elektronenleiter miteinander verbunden werden.

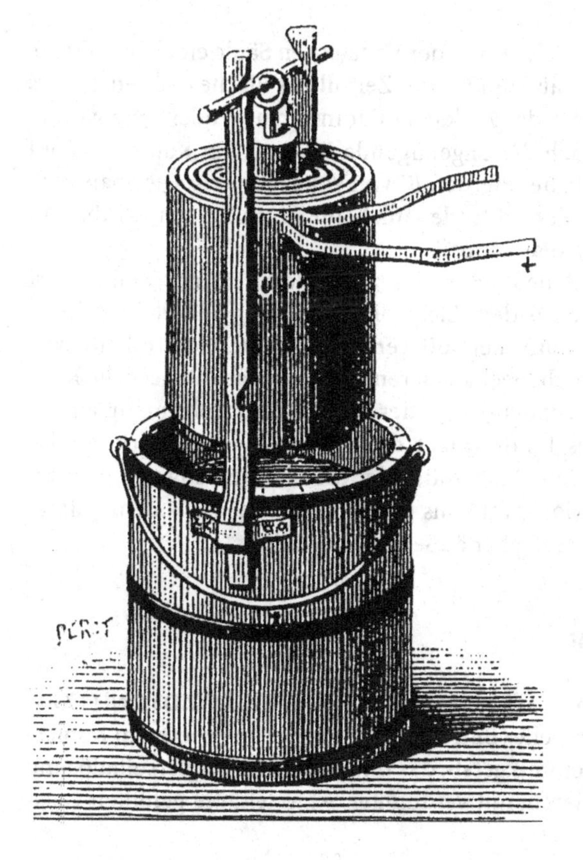

Bild 3.1 Kupfer-Zink-Batterie mit spiralförmigen Elektroden, Baujahr 1822. Um die Selbstentladung zu minimieren, wurden die Elektroden bei Nichtgebrauch aus dem Elektrolyt herausgezogen

Entwicklung der Elektrochemie

Die „Triebkraft" einer galvanischen Zelle ist die freie Energie der Bruttoreaktion, d. h. der Summe der an beiden Elektroden ablaufenden Teilreaktionen. Die quantitativen Beziehungen zwischen dem elektrischen Strom aus einem galvanischen Element und den chemischen Prozessen an den Elektroden wurden von Michael Faraday (1791–1867) ermittelt. Um ein Gramm-Äquivalent (Molekulargewicht geteilt durch Wertigkeit) umzusetzen, müssen 96 500 C durch den Stromkreis fließen. Die negative Elektrode gibt Elektronen ab, die von der positiven Elektrode aufgenommen werden, nachdem sie über den externen, an der Zelle angeschlossenen Stromkreis geflossen sind. Dabei kann die aus chemischer Energie entstehende elektrische Energie zur Erzeugung von Wärme, Licht oder von Magnetfeldern dienen, wobei letztere z. B. einen Motor antreiben.

Die negative Elektrode von Batterien jeglicher Art wird als Anode bezeichnet, weil sich dort bei der Entladung eine Oxidation abspielt. Die positive Elektrode, an welcher ein Reduktionsprozeß stattfindet, bezeichnet man als Kathode. Diese Terminologie ist manchmal verwirrend, weil ja in einer Elektrolysezelle, wie sie bei der Aluminiumherstellung oder der Kupferraffination benutzt wird, die Kathode negativ, die Anode positiv ist. Maßgebend ist jedoch, daß in jedem elektrochemischen System an der Anode stets eine Oxidation, an der Kathode eine Reduktion abläuft.

Es war schwierig, an der Zinkelektrode der Voltaischen Säule eine einheitliche Abtragung zu erreichen: Lochfraß konnte zum Zerfall des Bleches führen. Dieses Problem ließ sich durch Legieren des Zinks mit Cadmium und/oder Amalgamieren mit Quecksilber lösen. Doch die ungenügende Bildung von Kupferoxid auf der Kupferseite war der eigentliche „Pferdefuß" von Voltas Batterie. Die Spannung (genauer das Potential) der Kupferelektrode sank beim Stromfluß schnell ab. Man bezeichnete diesen Effekt als „Polarisation".

Es wurde bald bemerkt, daß die Polarisation zumindest kurzfristig eliminiert wurde, wenn man die Kathode aus dem Elektrolyt herauszog und gleich wieder eintauchte. Dadurch gelangte Luftsauerstoff vermehrt an die Elektrodenfläche. Dieser Vorgang ließ sich natürlich mechanisieren: es wurden abenteuerliche Konstruktionen verwirklicht, mit wippenden, rotierenden oder revolverartig ausgetauschten Kathoden. Mitte des 19. Jh. wurde die beschleunigende Wirkung des Platins auf die Reduktion des Luftsauerstoffs oder die Abscheidung von Wasserstoff zur Lösung des Polarisationsproblems genutzt. Kathoden aus dem katalytisch hochwirksamen Platin waren aber äußerst kostspielig.

Varianten von Voltas Konzept

Eine kostengünstige Batteriekonstruktion erfand 1836 John Frederic Daniell (1790–1845). Die nach ihm benannten Zelle (Bild 3.2) bestand aus einer zentralen Kupferelektrode in einem porösen Keramikgefäß, das mit gesättigter Kupfersulfatlösung gefüllt war und in einem größeren, mit verdünnter Schwefelsäure gefüllten Glasgefäß stand. In letzteres tauchte ein zylindrisches Zinkblech ein. An der Kupferkathode wurden Kupferionen zu Kupfer reduziert, das sich an der Elektrode niederschlug.

Einen ähnlichen Aufbau hatte die 1839 vom englischen Physiker William R. Grove (1811–1896) erfundene Zelle, die allerdings sehr kostspielig war. Anstelle von Kupfer verwendete er Platin in konzentrierter Salpetersäure. Bei der Entladung reduzierte sich die Salpetersäure zu Stickoxiden, die im kalkgefüllten Deckel des Gefäßes absorbiert wurden. Groves Batterie lieferte eine Spannung von nahezu 2 V. Robert Bunsen (1811–1899), der Mitentdecker der Emissionsspektroskopie und Erfinder des nach ihm benannten Gasbrenners, ersetzte um 1840 das Platin durch den sehr viel billigeren Graphit. Bunsens Zelle erfreute sich Mitte des 19. Jh. einer großen Beliebtheit. Im Roman „Vingt Mille Lieues sous les Mers" von Jules Verne trieb sie sogar das Unterseeboot „Nautilus" an.

Bei der 1842 vom deutschen Physiker Johann Poggendorff (1796–1877) erfundenen Bichromatzelle bestanden die Elektroden aus Zink bzw. Graphit, der Elektrolyt war eine saure Lösung von Natriumbichromat. Beim Entladen löste sich Zink auf, während an der Graphitkathode das sechswertige Chrom im Bichromat-Ion zur dreiwertigen Stufe reduziert wurde. Diese Zelle konnte hohe Ströme bei einer Spannung von 2 V abgeben. Im trockenen Zustand war sie beliebig lang lagerfähig. Sie wurde erst durch Einlassen des Elektrolyts oder Eintauchen der Zinkanode in die Lösung aktiviert, dann war aber ihre Selbstentladung relativ hoch. Diese Batterie wurde im Franco-Preussischen Krieg von 1870–71 zum Detonieren von Minen benutzt.

Zambonis Trockenbatterie

Eine wirklich tragbare Stromquelle sollte unzerbrechlich und auslaufsicher sein, und möglichst keine freie Flüssigkeit enthalten. Beide Bedingungen erfüllte die 1812 vom Italiener Guiseppe Zamboni entwickelte, von der Voltaischen Säule ab-

Bild 3.2 Frühe Ausführung der Daniell-Zelle. Die untere Flüssigkeit ist eine Kupfersulfatlösung, in die eine Kupferelektrode eintaucht. Die obere Flüssigkeit ist verdünnte Schwefelsäure mit einer Zinkelektrode

geleitete Konstruktion, die für sehr hohe Spannungen gebaut war, aber nur winzige Ströme lieferte. Sie bestand aus einem Stapel von Papierscheiben, die auf einer Seite verzinnt, auf der anderen mit Braunsteinpulver beschichtet waren. Hunderte solcher Zellen wurden übereinander gestapelt und mit Nitrocellulose zu einer Säule verklebt, die sich durch Eintauchen in flüssigen Schwefel sehr wirksam abdichten ließ.

Mit 800 Elementen erreichte man eine Spannung von 575 V; infolge des extrem hohen Innenwiderstands betrug der Strom höchstens einige Hundertstel µA. Daß eine solche Batterie überhaupt funktioniert, liegt daran, daß der Braunstein mit einer Zinkchloridlösung angeteigt wird. Auch nach dem Trocknen enthält er einige Prozent Wasser, so daß elektrochemische Reaktionen wie in einem wässerigen Elektrolyt ablaufen können, nur außerordentlich langsam.

Eine aus zwei „Stacks" bestehende Zamboni-Batterie mit einer Spannung von 2 000 Volt ist seit 1839 im Inventar des Clarendon Laboratory der Universität Oxford aufgeführt (Bild 3.3). Diese „Dry pile" ist immer noch in Betrieb und liefert die Energie zum Antrieb eines ultraleichten, an einem Seidenfaden zwischen den beiden „Stacks" hängenden metallischen Pendels. Beim Maximum des Ausschlags berührt es abwechselnd den positiven bzw. den negativen Pol, lädt sich um, wird darum abgestoßen und schwingt dann zum anderen Pol, wo sich der Prozeß wiederholt – seit über 150 Jahren! Die Pole sind als Glöckchen ausgebildet, die immer wieder angeschlagen werden.

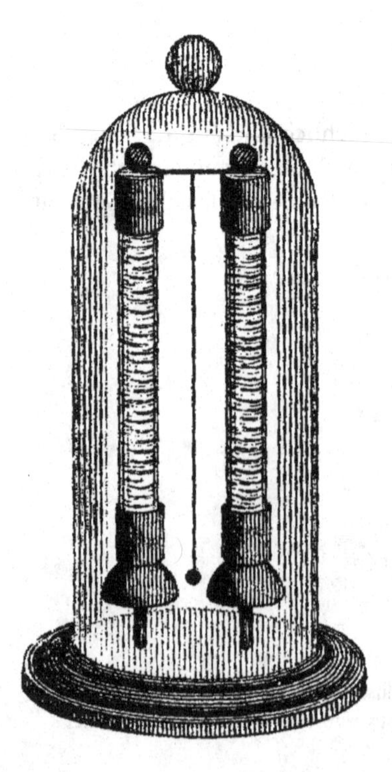

Bild 3.3 Das „ewig" schlagende Glöckchensystem vom Clarendon Laboratory in Oxford. Es wird durch eine zweisäulige Zamboni-Trockenbatterie angetrieben. Das Bild erschien in einem Lehrbuch der Elektrochemie aus dem Jahr 1814

Die „Batterie-Neuzeit"

Französische Wissenschafter entwickelten 1860 das Grundprinzip der Zink-Braunstein-Primärbatterie bezw. des wiederaufladbaren Bleiakkumulators. Georges Leclanché (1839–1882) kombinierte eine Zinkanode mit einer Graphitkathode die mit Braunstein als Depolarisator umhüllt war. Als Elektrolyt verwendete er eine Lösung von Ammoniumchlorid. Leclanchés „nasses" Element war ungeheuer erfolgreich und wurde während vieler Jahrzehnte zur Versorgung von Eisenbahntelegrafen und Hausklingeln verwendet (Bild 3.4). Zu einem wichtigen Industrieprodukt wurde dieses System, als es gelang, den Elektrolyt mit Weizenmehl zu gelieren. Dank dieser „Trockenbatterie" wurden elektrische und elektronische Geräte tragbar.

Seit ihrer Erfindung wurde die Leclanché-Batterie ständig weiterentwickelt. Statt des gelierten Elektrolyts wurden dünne, Geliermittel enthaltende Separatorpapiere eingesetzt, dem Elektrolyt wurde Zinkchlorid zugesetzt, spezielle, hochaktive Typen von Mangandioxid wurden entwickelt, der Zinkanode wurden Metalle zulegiert, mit welchen sich die Wasserstoffentwicklung hemmen ließ. Auch wurden ausgeklügelte Verschlüsse konzipiert, die Energiedichte und Lagerfähigkeit wurden vervielfacht.

Für Anwendungen, die eine besonders hohe elektrische Leistung verlangen, wurde in den 50er Jahren dieses Jahrhunderts das sog. Alkali-Mangan-Element entwickelt. Dabei wurde die klassische Leclanché-Konstruktion räumlich umgekrempelt, wobei das Zink innen, der Braunstein-Depolarisator außen angeordnet ist; als Elektrolyt dient stark alkalische Kalilauge. Das Zink liegt nicht mehr als

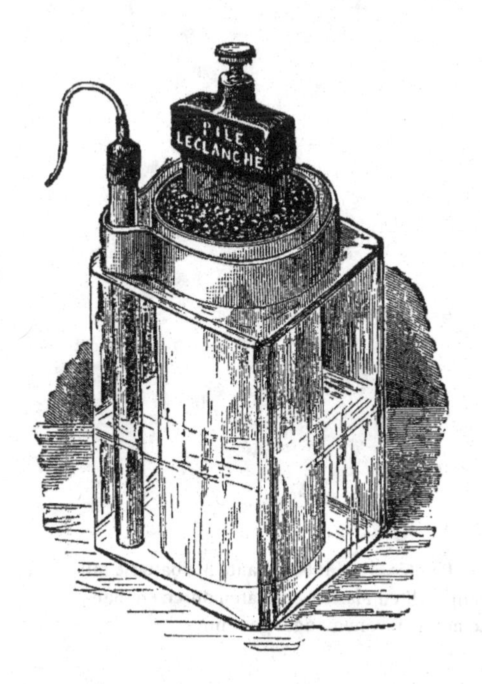

Bild 3.4 Nasses Leclanché-Element mit stabförmiger Zinkanode (links) und Braunstein-Graphit-Kathode in einem porösen Keramikgefäß

Becher vor, sondern als gelförmiges Zinkpulver, das in einer zylinderförmigen Separatortasche im Zentrum des Elements angeordnet ist.

Seitdem haben eine Reihe anderer Batteriesysteme die industrielle Reife erreicht. Dazu gehört die Zink-Luft-Batterie; sie ist in Miniaturausführungen für den Betrieb von Hörgeräten verfügbar. Sie ersetzt die aus Gründen des Umweltschutzes fast völlig verschwundenen Zink-Quecksilberoxid-Elemente. Es gibt auch große Zink-Luft-Zellen mit Kapazitäten bis 1000 Ah für Signalisierungszwecke. Zur Stromversorgung von Quarz-Armbanduhren wird vorwiegend die Silberoxid-Zink-Batterie in Miniatur-Knopfformaten verwendet, besondere Modelle werden mit knopfförmigen Lithiumbatterien ausgerüstet.

Akkumulatoren

Daß sich erschöpfte Batterien wieder aufladen lassen, wurde schon bei der Voltaischen Säule bemerkt. Man sprach dann vom Phänomen des „Sekundärstroms"; wiederaufladbare, elektrochemische Speicher bezeichnet man darum als Sekundärbatterien oder Akkumulatoren. Sie können extern zugeführte elektrische Energie speichern. Ein volles Jahrzehnt bevor es Generatoren zum Aufladen von Sekundärbatterien gab, entwickelte Gaston Planté (1834–1889) den Bleiakkumulator (Bild 3.5); er ist heute noch mit großem Abstand die verbreiteste Sekundärbatterie. Im geladenen Zustand besteht Plantés Batterie aus der Kette Blei/Schwefelsäure/Bleidioxid. Die Wiederaufladbarkeit bedeutet, daß die chemischen Reaktionen an den Elekroden umkehrbar sind. Die aktiven Metalle oder

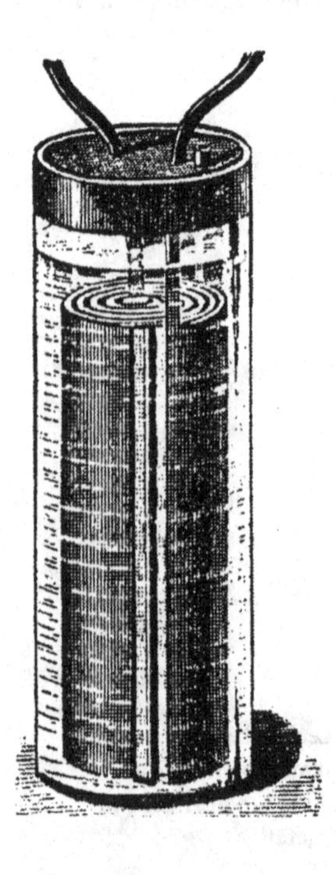

Bild 3.5 Gaston Plantés erste, 1860 gebaute Bleibatterie mit spiralförmig aufgerollten Platten. Sie waren durch ein Band aus grobem Leinentuch voneinander getrennt

Chemikalien können also viele Male wiederverwendet werden, als Produkt der Entladung erhält man an beiden Elektroden Bleisulfat.

Der Schwede Waldemar Jungner (1869–1924) kombinierte um die Jahrhundertwende eine Cadmiumanode mit einer Nickeloxidkathode und erhielt so einen äußerst robusten, relativ leichten und langlebigen Akkumulator. Im geladenen Zustand bildete sich an der Kathode dreiwertiges Nickel, an der Anode metallisches Cadmium. Die aktiven Materialien wurden zwischen feinen Nickelgittern in taschenförmige Elektroden gefüllt. Diese Konstruktion erwies sich als sehr robust, und wird zum Teil immer noch verwendet. Die meisten Nickel-Cadmium-Akkumulatoren moderner Bauart verwenden aber sog. Sinterplatten oder Schwammelektroden, in welchen Nickelhydroxid in einer porösen Nickelplatte untergebracht ist. Der eigentliche Siegeszug der Nickel-Cadmium-Akkumulatoren begann mit der Entwicklung gasdichter Ausführungen. Mittel- bis langfristig könnte der Nickel-Cadmium-Akkumulator durch den ähnlich gebauten Nickel-Metallhydrid-Akkumulator verdrängt werden. Anstelle des toxischen Cadmiums wird eine hydridbildende intermetallische Verbindung als Wasserstoffspeicher verwendet. Die Kathode ist identisch mit derjenigen des Nickel-Cadmium-Systems.

Erwähnenswert ist noch, daß sowohl Jungner wie Edison praktisch gleichzeitig am Nickel-Eisen-Akkumulator arbeiteten und um die Priorität dieser Erfindung jahrelang prozessierten. Beide gaben diesem heute eher selten gewordenen Batterietyp bessere Zukunftschancen als dem später so erfolgreichen Nickel-Cadmium-Akkumulator. Beim Nickel-Eisen-Akkumulator ist die Entstehung von Wasserstoff an der Eisenelektrode unvermeidlich, so daß dieses System nicht in gasdichter Ausführung gebaut werden kann.

Der „Gral" von 100 Wh/kg

Die aufladbaren Batterien erreichen heute im praktischen Einsatz (z. B. für Traktionszwecke) eine spezifische Energie von 30 Wh/kg (Blei) bzw. sogar 50 Wh/kg (Nickel/Cadmium); es gibt sie schon seit Anfang des 20. Jh. Die Nickel-Metallhydrid-Batterie wurde speziell zur Elimination des toxischen Schwermetalls aus der Nickel-Cadmium-Batterie konzipiert und ist nur geringfügig besser. Neue Systeme mit doppelter oder 3facher spezifischer Energie (100 Wh/kg), die sowohl langlebig als auch preisgünstig sind, ließen lange auf sich warten. In die Entwicklung der Natrium-Schwefel-, Natrium-Nickelchlorid-, Lithium-Eisensulfid- und Zink-Brom-Batterie für Traktionszwecke wurde seit den 60er Jahren dreistellige Millionenbeträge investiert. Auf Grund inhärenter Nachteile wurde bisher keines dieser Systeme in größeren Serien hergestellt.

In neuester Zeit ist ein völlig neuer Typ von wiederaufladbaren Batterien auf dem Markt erschienen: die in Japan entwickelte Lithium-Ionentransfer-Batterie, deren Anode aus Kohlenstoff besteht, in welchem Lithium interkaliert werden kann. Die Kathode besteht aus einem Metalloxid, in welches Lithiumionen eingelagert sind. Ihre Energiedichte liegt bei 100 Wh/kg oder sogar darüber; dank der formstabilen Anode erträgt sie bis zu 1000 Lade-Entladezyklen. Eine ernsthafte Konkurrenz hat sie z. Z. nicht, auch nicht seitens der mit viel Vorschußlorbeeren versehenen Polyacetylen-Lithium-Batterie, obwohl sie theoretisch eine noch höhere spezifische Energie erreicht (mehrere 100 Wh/kg). Ihre Lebensdauer ist aber für den praktischen Einsatz viel zu kurz. Es ist fraglich, ob sie infolge der Instabilität des Polyacetylens zu einem kommerziellen Energiespeicher entwickelt werden kann.

Teil II

Primärbatterien

Zink-Braunstein-Elemente

Zink-Kohle- und Alkali-Mangan-Batterien

Der französische Ingenieur Georges Leclanché (1839–1882) machte 1860 eine Erfindung, die sich als bahnbrechend erweisen sollte. Von dem seinen Namen tragenden galvanischen Element (es wird auch als Zink-Kohle-Batterie bezeichnet (Bild 4.1)) werden heute noch Jahr für Jahr mehrere Milliarden Stück hergestellt. Eine Weiterentwicklung ist die sog. Alkali-Mangan-Batterie, die etwa seit 1960 in zunehmendem Maß das Leclanché-Element ersetzt, vor allem auf Grund der wesentlich höheren spezifischen Energie und der höheren Strombelastbarkeit.
Von Volta übernahm Leclanché die negative Zinkelektrode, von Poggendorff die positive Graphitelektrode. An der negativen Elektrode werden bei der Entladung Zinkatome zu Zinkionen oxidiert, wobei pro Zinkatom zwei Elektronen abgegeben werden:

$$\text{Anode: } Zn \rightarrow Zn^{2+} + 2\,e^-$$

Die Zinkionen bilden mit dem chloridhaltigen Elektrolyt Zinkoxichloride; mit zunehmender Alkalinität des Elektrolyts fällt auch Zinkoxid (ZnO) aus. Die Amalgamierung des Zinks mit Quecksilber bewirkt eine homogene Auflösung der Anode und verhindert die spontane Wasserstoffentstehung.

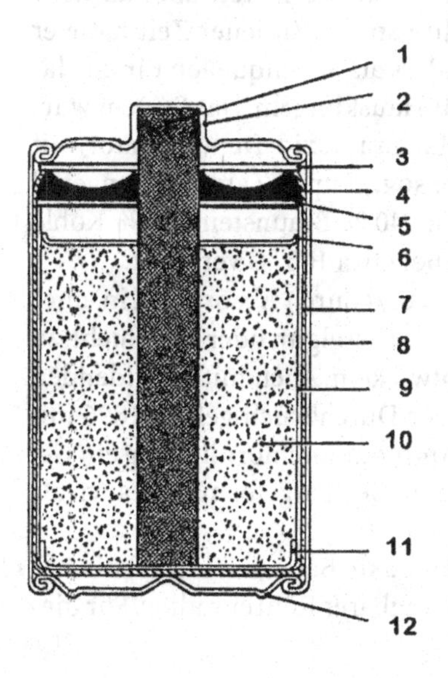

Bild 4.1 Querschnitt durch eine „Paper-lined"-Ausführung der Zink-Kohle- oder Leclanché-Zelle.
1 Kohlenstift *2* Deckel (positiver Pol)
3 Isolationsscheibe *4* Asphaltverguß
5 Dichtungsunterlage *6* Separatorscheibe *7* Zinkbecher
8 Ummantelung *9* Separatorpapier *10* positives, aktives Material (Braunstein und Graphit) *11* Bodenseparator
12 Bodenkontaktscheibe, negativer Pol

Entscheidend für den Erfolg der Leclanché-Zelle war der aus Braunstein (Mangandioxid MnO_2) bestehende Depolarisator (d. h. die aktive Masse der positiven Elektrode), der die Graphitelektrode umhüllt. Wichtig war auch der Elektrolyt: er bestand aus einer gesättigten Lösung von Ammoniumchlorid mit einem pH von etwa 4,5. Braunstein ist ein elektrisch mäßig gut leitender, stark oxidierend wirkender Festkörper. Bei der Entladung der Zink-Braunstein-Zelle wird das vierwertige Mangan im Braunstein (MnO_2) zur dreiwertigen Stufe reduziert. Dabei entsteht Manganoxyhydroxid (MnOOH):

$$\text{Kathode: } MnO_2 + H^+ + e^- \rightarrow MnOOH$$

Schon in Leclanchés „Urelement" wurde dem gemahlenen Braunstein Kohlepulver zugegeben, um die Leitfähigkeit zu verbessern. Das Gemisch wurde rund um die zentrale Graphit- oder Kohleelektrode in ein zylindrisches, poröses Keramikgefäß gepreßt. Dieses stand in einem Glasgefäß, das mit dem Elektrolyt gefüllt war. In diese Lösung tauchte ein Zinkstab oder ein zur Röhre gebogenes Zinkblech ein. Das an der positiven Elektrode gebildete MnOOH reagiert mit Zinkionen zum Mischoxid $ZnO \cdot Mn_2O_3$.

Bei diesem System „stimmte" einfach alles: die Komponenten waren durchwegs sehr preiswert, das Element lieferte eine beachtlich hohe Spannung von 1,5 V bei hoher Energiedichte, es war äußerst robust und dank geringer Selbstentladung relativ langlebig. Ein weiterer Vorteil war, das sich das Mangandioxid durch Aufnahme von Luftsauerstoff teilweise regenerierte, besonders wenn die positive Elektrode nicht ganz in den Elekrolyt eintauchte. Allerdings oxidierte das Zink bei diesen offenen Zellen das Zink rasch, was der Kapazität schadete.

Trockenbatterien

Leclanché meldete seine Erfindung 1860 zum Patent an, berichtete aber darüber in einer wissenschaftlichen Zeitschrift erst 8 Jahre später. Zu jener Zeit hatte er bereits Zehntausende von Zellen verkauft, besonders als Stromquellen für die damaligen Eisenbahn- und Posttelegraphen und für Hausklingeln. Das System wurde 1876 entscheidend verbessert, indem der Mangandioxid-Depolarisator mit Baumwollgaze umwickelt wurde. So entstand die sog. „Puppe"; auf das Tongefäß konnte verzichtet werden. Die Puppe bestand aus 40 % Braunstein, 55 % Kohle und 5 % Harz als Bindemittel. Das Ganze wurde bei etwa 100 °C verpreßt.

Schon früh wurde versucht, den flüssigen Elektrolyt durch Absorption in einer saugfähigen Substanz wie Gips, Kreide, Zinkoxid, Kieselgur oder Sägemehl zu immobilisieren und eine „Trockenbatterie" zu entwickeln. Auch mit gelbildenden Stoffen wie Kieselsäure wurde experimentiert. Der Durchbruch gelang 1896 mit gewöhnlichem Weizenstärkemehl, aus dem mit Ammoniumchloridlösung ein Gel „gekocht" wurde. Die Zinkelektrode wurde zu einem Becher geformt, der auch als Behälter für die Zelle diente.

In den 20er Jahren entstand ein Bedarf für kompakte Batterien mit relativ hoher Spannung (20 V bis über 100 V) zum Betrieb tragbarer Röhrenradios. Für die-

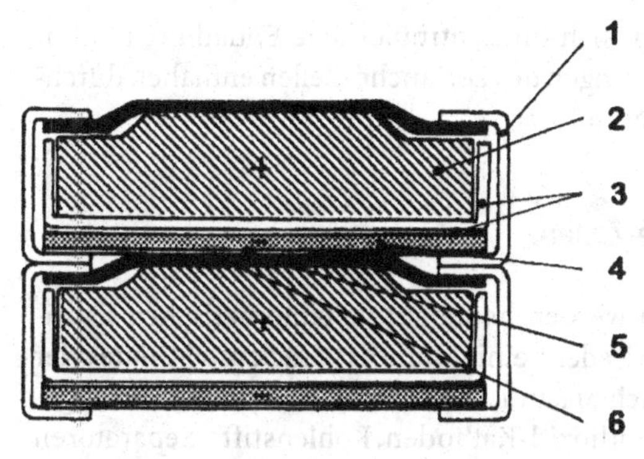

Bild 4.2 Aufbau einer Mangandioxid-Zink-Flachzelle. *1* Ummantelung aus Kunststoff *2* positive Elektrode (Mangandioxid und Ruß) *3* Separatorpapier *4* negative Elektrode (Zinkblech) *5* Leitlack *6* Trennwand aus leitfähiger Graphit-Kunststoff-Folie

se Anwendung wurden sog. Flachzellen (Bild 4.2) entwickelt. Darin wird statt eines Zinkbechers eine Scheibe aus Zinkblech verwendet, die auf der einen Seite mit einem Separatorpapier beschichtet ist, auf der anderen Seite mit einer leitfähigen Kohlenstoff-Kunststoff-Folie. Letztere dient als Kontakt zur positiven Elektrode, die aus einer Tablette aus Mangandioxid besteht. Die (bipolaren) Zellen wurden übereinander gestapelt: so erhielt man Batterien hoher Spannung und ausgezeichneter spezifischer Energie (ausgedrückt in Wattstunden pro Kubikzentimeter, Wh/cm^3). Stapelbatterien aus Flachzellen werden heute noch für Transistorradios und Funkgeräte hergestellt.

In neuerer Zeit hat sich die Leclanché-Batterie mit Zinkchlorid-Elektrolyt durchgesetzt, und zwar aus folgendem Grund: Verwendet man als Elektrolyt eine Ammoniumchloridlösung (NH_4Cl), so bildet sich als Reaktionsprodukt mit den Zn^{2+} Ionen das unlösliche Salz $Zn(NH_3)_2Cl_2$:

$$Zn^{2+} + 2\,NH_4Cl \rightarrow Zn(NH_3)_2Cl_2 + 2\,H^+$$

Die dabei entstehenden Wasserstoffionen werden bei der Reduktion von Mangandioxid an der positiven Elektrode verbraucht. Die Gesamtreaktion der Leclanché-Zelle kann vereinfacht wie folgt formuliert werden:

$$8\,MnO_2 + 4\,Zn + 8\,NH_4Cl \rightarrow 8\,MnOOH + 4\,Zn(NH_3)_2Cl_2$$

Bei der Entladung wird Wasser weder produziert noch verbraucht.

Bei schnellen und tiefen Entladungen kann die oben beschriebene Reaktion zwischen Zinkionen und Ammoniumchlorid nicht ablaufen. Es bildet sich an der Zinkelektrode eine konzentrierte Zinkchloridlösung, die hygroskopisch wirkt und aus dem Elektrolyt Wasser aufnimmt. Dadurch entsteht ein osmotischer Druck, der die Zelle zum Auslaufen bringen kann.

Anders ist die Situation, wenn als Elektrolyt eine reine Zinkchloridlösung verwendet wird. Dann kann die Gesamtreaktion wie folgt formuliert werden:

$$8\,MnO_2 + 4\,Zn + ZnCl_2 + 9\,H_2O \rightarrow 8\,MnOOH + ZnCl_2 \cdot 4ZnO \cdot 5H_2O$$

Das komplexe Chlorid-Zinkoxid-Salz, das dabei entsteht, bindet Wasser. Während der Entladung wird somit Wasser verbraucht, die Zelle trocknet aus und neigt weniger zum Auslaufen. Zinkchloridzellen sind demzufolge auslaufsicherer als

Ammoniumchloridzellen; sie eignen sich für kontinuierliche Entladung mit hohen Strömen. Die modernen Ausführungen der Leclanché-Zellen enthalten durchwegs weder Quecksilber noch Cadmium.

Fabrikationstechnik der Leclanché-Zellen.

Kohle-Zink- oder Leclanché-Zellen werden heute auf vollautomatischen Fabrikationsstraßen hergestellt, wobei die Kadenz einige hundert Stück pro Minute oder einige Millionen Stück pro Tag erreichen kann. Dabei werden die bereits fertiggestellten Teile wie Zinkbecher, Mangandioxid-Kathoden, Kohlenstifte, Separatoren und Isolationsscheiben automatisch zugeführt und assembliert.

Die Zinkbecher werden entweder durch mehrstufiges Tiefziehen aus Zinkblech oder durch schlagartige Verformung (Impact extrusion) aus sog. Zinkkalotten geformt. Es handelt sich um runde oder sechseckige Scheiben, die aus dickem Zinkblech ausgestanzt werden. Sie müssen vor dem Ziehen poliert und geschmiert werden. Nach der Extrusion werden die Becher auf die gewünschte Höhe getrimmt. Die Komponenten der Kathodenmischung sind Mangandioxid, Acetylenruß, Graphit, Ammoniumchlorid und/oder Zinkchlorid und Wasser. Sie werden zu einer homogenen Mischung verarbeitet und vor dem Gebrauch einige Tage in luftdichten Behältern gelagert.

Es gibt zwei Ausführungen von Kohle-Zink-Zellen: die sog. Pastenzelle (Pasted cell) und die papierisolierte Zelle (Paper-lined cell). In der letzteren wird keine Elektrolytpaste verwendet, sondern ein mit Geliermitteln und Elekrolytsalzen imprägniertes Separatorpapier. Infolge ihrer größeren Kapazität haben sich fast überall die papierisolierten Ausführungen durchgesetzt. Die Herstellung dieser Zellen beginnt mit dem Ausstanzen und Einlegen einer isolierenden Bodenscheibe aus Spezialpapier in den Zinkbecher. Aus der Kathodenmischung wird ein zylindrischer Körper geformt, die sog. „Puppe". Man umwickelt sie mit dem imprägnierten Separatorpapier und schiebt sie in den Zinkbecher. Dann wird der Kohlestift zentral in die Puppe gestoßen, die dabei in den Zinkbecher expandiert.

Nach einem anderen Fabrikationsprinzip wird der Zinkbecher mit Separatorpapier ausgekleidet; die zylindrische Kathode wird dann direkt in den Zinkbecher extrudiert. Die Zelle wird mit einer Kartonrondelle verschlossen, die genau zwischen Kohlestift und Zinkbecher paßt. Ein Asphaltverguß über der Rondelle schließt die Zelle luftdicht ab. Die Dichtigkeit spielt für die Lagerfähigkeit der Zelle eine entscheidende Rolle: Luftzutritt ins Innere muß unbedingt verhindert werden, weil sonst das Zink oxidiert.

Beim Entladen der Batterie löst sich das Zink anodisch auf und schließlich entstehen Löcher im Zinkblech. Um Elektrolytaustritt (sog. „Auslaufen") zu verhindern, muß die Zelle mit einem äußeren Gehäuse abgedichtet werden. Dazu verwendet man eine isolierende, zylindrische Hülse aus imprägniertem Papier oder aus Kunststoff, eine darin dicht eingepaßte Bodenscheibe aus verzinntem Stahlblech, einen Deckel aus dem gleichen Material und einen Stahlblechmantel.

Die isolierende Hülse mit der Bodenscheibe wird in den Stahlblechmantel geschoben, der unten mit einem nach innen gerichteten Flansch versehen ist. Danach wird die Zelle in die Hülse eingeführt, schließlich wird der Deckel aufgesetzt. Der Kohlestift paßt genau in eine zentrale Ausbuchtung des Deckels. Er kontaktiert auf diese Weise die positive Mangandioxid-Kathode. Die Bodenscheibe der Hülse andererseits steht in Kontakt mit dem Zinkbecher. Durch Einbördeln des oberen Rands des Stahlblechmantels wird die Zelle endgültig verschlossen. Der Stahlblechmantel ist sowohl von der Bodenscheibe (negativer Pol) als auch vom Deckel (positiver Pol) elektrisch isoliert. Leerlaufspannung und Innenwiderstand der Zellen werden laufend geprüft; die nicht-konformen Exemplare werden automatisch ausgeschieden.

Das in der Kathodenmasse eingesetzte Mangandioxid muß röntgenographisch die Struktur der sog. Gamma-Modifikation aufweisen. Es handelt sich um ein stark fehlgeordnetes Kristallgitter, das Kationenfehlstellen enthält. Zur Kompensation der fehlenden positiven Ladungen im Kationen-Untergitter enthält der Braunstein anstelle von O^{2-}-Ionen eine entsprechende Menge von OH^--Ionen. Dem natürlich vorkommenden Braunstein wird heute ein viel reineres, elektrolytisch hergestelltes Mangandioxid vorgezogen.

Die Alkali-Mangan-Batterie

Georges Leclanchés Zelle basiert auf der Oxidation von Zink bei gleichzeitiger Reduktion von Mangandioxid (Braunstein) in einem nahezu neutralen Elektrolyt (pH etwa 4,5). Die daraus abgeleitete „Trockenzelle" des Kohle-Zink-Typs weist zwar bemerkenswerte Eigenschaften auf, nachteilig ist jedoch die geringe Fläche der Zinkelektrode und die relativ schwache Leitfähigkeit des Ammoniumchlorid-Elektrolyts: sie begrenzen die maximale Stromdichte. Dazu kommt, daß die Lochfraßkorrosion des Zinks das „Auslaufen" der Batterie bewirken kann, lange bevor die Anode verbraucht ist. Dies muß wie bereits erwähnt durch eine äußere Dichtung verhindert werden, meist durch eine Hülse aus kunststoffimprägniertem Karton.

Bei der Alkali-Mangan-Zelle wurde die Konstruktion im Vergleich zur Kohle-Zink-Zelle umgekrempelt. Sie umfaßt von außen nach innen folgende Bauteile: Stahlhülse, Kathode bestehend aus einer Mischung von Mangandioxid und Graphit, Separatorhülse aus Kunststoffaserpapier (Vlies), Anode aus Zinkpulver sowie die Stromableitung (sog. Nagel) aus Messing oder Kupfer (Bild 4.3 und 4.5). Sowohl Kathode wie Separator und Anode sind mit der als Elektrolyt dienenden Kalilauge getränkt. Sie sorgt für die Ionenleitung zwischen den Elektroden und komplexiert die an der Oberfläche der Zinkpartikeln beim Entladen gebildeten Zinkionen intermediär zu einem löslichen Hydroxidkomplex. So bleibt die Zinkoberfläche frei von Passivierungsschichten, was hohe Stromdichten ermöglicht. Aus der gesättigten Lösung von Zinkhydroxidkomplex (Zinkat) entsteht als Endprodukt Zinkoxid.

Das Anodenmaterial besteht aus einem Gemisch von Zinkpulver und gelierter Kalilaugelösung. Es wird ein relativ grobkörniges Zinkpulver verwendet, die

Teilchengröße liegt zwischen 0,1 und 0,4 mm. Früher wurde das Zink vorgängig mit Quecksilber amalgamiert. In den heutigen, völlig quecksilberfreien Batterien wird das Zinkpulver mit Sondermetallen wie Indium, Blei, Bismut usw. legiert, um die Wasserstoffentwicklung möglichst klein zu halten. Das Zinkpulver wird mit einem gelbildenden Additiv (meist Carboxymethylcellulose) und Kalilauge angeteigt. Die erforderliche Menge Gel wird mit einer Dosierpumpe in die Zelle abgefüllt.

Das pulverförmige Kathodenmaterial erhält man durch Mischen von fein pulverisiertem Braunstein (Mangandioxid), Graphit und etwas Kalilauge. Oft wird ein Bindemittel, z. B. 1–2 % ultrafeine Polyethylen-Partikeln mit einem durchschnittlichen Durchmesser von 15 µm zugegeben. Sie wirken als punktuelle Verklebungen zwischen den Braunstein- und Graphitpartikeln, ohne daß elektrisch isolierende Filme entstehen. Zudem verhindern sie das Stäuben des Rohmaterials und verringern die Werkzeugabnutzung beim Verarbeiten. Der Braunstein wird zu ringförmigen Preßkörpern verformt und dann in die Zelle eingelegt. Meist besteht die Kathode aus 2–4 solcher aufeinandergelegter Ringe.

Nach einem anderen Verfahren wird die Stahlhülse der Batterie etwa zur Hälfte mit pulverförmiger Kathodenmischung gefüllt. Ein zweiteiliger Stempel komprimiert die Mischung gegen die Innenwand der Hülse, so daß sie einen Hohlzylinder bildet. Das zur Trennung von Kathode und Anode dienende Separatorpapier hat die Form einer Hülse, oder es werden zwei kreuzweise angeordnete Streifen U-förmig gefaltet, so daß sie die Innenseite der Kathode auskleiden. Nach dem Tränken mit Kalilauge wird der zentrale Teil der Batterie mit der Anodenmischung aus Zinkpulver-Kalilauge-Gel gefüllt.

Zum Abdichten der Batterie dient ein kompliziert geformter Kunststoffdeckel, dessen zentraler Teil verstärkt ist und ein kleines Loch aufweist. Durch dieses Loch hindurch wird der als Stromableiter dienende Messingnagel in die Zinkmasse gepreßt. Er ist am Metalldeckel aufgeschweißt, der aus nickelplattiertem Stahl besteht und als negativer Pol der Batterie dient. Über den Rand der Dichtung wird der Hülsenrand nach innen gebördelt, wodurch ein dichter Verschluß entsteht.

Bild 4.3 Moderne Alkali-Mangan-Batterie mit eingebauter Ladestandanzeige „Power Check"

Zur Dichtigkeitsprüfung werden die fertigestellten Batterien unter erschwerten Bedingungen bei hoher Temperatur und Feuchtigkeit 10–12 Tage gelagert. Eventuell undichte Batterien können dann leicht erkannt und entfernt werden. Weil Herstellung und Recycling undichter Batterien viel Geld kosten, ist der Anreiz sehr stark, nach dem Konzept des „Zero defect" zu produzieren. Nach der Leckageprüfung wird die bedruckte, aus metallisiertem Kunststoff bestehende Hülle aufgeklebt. Es folgt eine automatischen Videokontrolle und eine letzte Spannungsprüfung; dann werden die Batterien verkaufsfertig verpackt.

Prüfung der elektrischen Eigenschaften

Mit der elektrischen Kontrolle jeder einzelnen Batterie auf den Produktionslinien ist es noch nicht getan. Man muß auch wissen, wie sich die elektrischen Eigenschaften der Batterien in Funktion der Zeit entwickeln, sowohl beim bloßen Lagern wie beim Einsatz in der Praxis. Darum werden Batterien auf Grund statistischer Kriterien laufend von der Produktion abgezogen und im Kontrollaboratorium geprüft. Leckagetests unter extremen Temperaturbedingungen werden mit frisch von der Produktion kommenden Batterien durchgeführt. Dabei erwärmt man sie z. B. 12 h bei 71 °C bzw. 45 °C und kühlt sie anschließend ebenfalls 12 h bei –18 °C. Diese Zyklen werden etwa 30 mal wiederholt.

Zur Prüfung der Lagerfähigkeit gibt es eine Reihe von standardisierten Tests. Einer davon umfaßt mehrwöchiges Lagern bei 71 °C; während dieser Zeit werden periodisch die Klemmenspannung und die Spannung beim Anschluß an einen Widerstand in der Größenordnung von 1 Ω gemessen. Zudem mißt man den beim

Bild 4.4 Automatisches Stapeln von Alkali-Mangan-Batterien vor dem Leckagetest

kurzzeitigen Kurzschließen über einen Widerstand von 0,01–0,1 Ω (je nach Batterietyp) fließenden Strom. Schließlich entlädt man die Batterien auf genau definierte Restspannungen (z. B. 1,2 V, was einer Entladung von 33 % entspricht, sowie 0,8 V, entsprechend 90 % Entladung). Bei erhöhter Temperatur prüft man sie erneut auf Leckage und danach auf die verbleibende Kapazität.

Die Abmessungen und Kapazitäten der wichtigsten Zink-Kohle- und Alkali-Mangan-Batterien sind durch die Internationale Elektrotechnische Kommission (IEC) genormt. Für den Konsumenten ist natürlich die elektrische Leistung der von ihm gekauften Batterien und die Menge der darin gespeicherten Energie am wichtigsten. Zur Bestimmung dieser Parameter gibt es international normierte Entladetests. So wird z. B. für Zellen des IEC-Typs LR20 (Durchmesser 34 mm, Höhe 61 mm) jeweils eine Stunde pro Tag ein Widerstand von 3,9 Ω entladen, oder auch während 4 h/Tag über 39 Ω (sog. Transistortest). Bei einem weiteren Test werden die Batterien über einen Zeitraum von 8 h/Tag in Intervallen von 4 min über 2,2 Ω entladen. Heute werden sämtliche Testprogramme i.d.R. von einem Computer gesteuert, der auch gleich die Spannungs- und Stromwerte aufnimmt, speichert und statistisch auswertet.

Quecksilberfreie Batterien

Bis vor wenigen Jahren enthielten Batterien des Kohle-Zink- wie auch des Alkali-Mangan-Typs bis zu 1 % Quecksilber (bezogen auf das Gewicht der Batterie). Es verhinderte das „Gasen", d. h. die Bildung von Wasserstoff und die damit verbundene Auflösung von Zink. Zink ist ein unedles Metall, das sich selbst in Alkalien unter Bildung von Wasserstoffgas langsam auflöst. In sauren Lösungen (pH 0) liegt das Potential der Zinkelektrode 0,76 V negativer als das einer Wasserstoffelektrode. Deshalb reagiert Zink heftig mit Säuren. In alkalischen Lösungen (pH 14) ist Zink noch um 0,42 V negativer als Wasserstoff. Auch in neutralen Chloridlösungen reagiert Zink mit Wasser; dabei entstehen Zinkchlorid, Zinkoxidchloride und Zinkoxid (oder Zinkhydroxid) und Wasserstoff:

$$Zn + H_2O \rightarrow ZnO + H_2$$

Die Korrosion des Zinks führt zum Aufblähen der Zelle infolge des Wasserstoffdrucks, schließlich zu Leckagen und zum Auslaufen des Elektrolyts.

Man wußte schon früh, daß die Korrosion des Zinks stark vom Verunreinigungsgehalt des Metalls und des Elektrolyts abhängt. Hochreines Zink reagiert sehr langsam mit Wasser; die Reaktionsgeschwindigkeit wird durch Zulegieren von Schwermetallen hoher Wasserstoffüberspannung wie Cadmium, Blei, Indium, Bismut und Quecksilber herabgesetzt, wobei Quecksilber ganz besonders wirksam ist. Zudem erreichte man bei den Zink-Kohle-Zellen durch das Amalgamieren eine gleichmäßige Auflösung der Anode beim Entladen und eine höhere spezifische Energie. Andererseits wird die Reaktion des Zinks mit Wasser durch Spuren von Eisen, Cobalt, Nickel und vor allem von Platinmetallen stark beschleunigt: alle Komponenten der Batterie müssen darum besonders arm an diesen Elementen sein.

In den Kohle-Zink-Zellen wurde das Quecksilber 1987 mit der Einführung der „Green Power"-Typen eliminiert. Dies gelang durch den Einsatz von Zinklegierungen hoher Wasserstoffüberspannung. Einzelne Batteriehersteller verwendeten auch organische Inhibitoren. In einem nächsten Schritt wurden 1988 in Europa Alkali-Mangan-Batterien mit extrem niedrigem Quecksilbergehalt (0,02 %) eingeführt. Seit 1990 sind auch diese Batterien vollständig quecksilberfrei. Für ihre Herstellung sind besondere Rohmaterialien erforderlich, insbesondere ultrareines, eisenfreies Zink sowie Kalilauge und Mangandioxid hoher Reinheit. Zudem werden dem Zink i.d.R. kleine Mengen Indium, Blei oder Bismut zulegiert.

Eine quecksilberfreie Alkali-Mangan-Batterie mit signifikant erhöhter Speicherkapazität und Strombelastbarkeit wurde Anfang 1996 in Japan von Matsushita, ein Jahr später in Europa von Philips lanciert. Sie besteht, wie die bisherigen Ausführungen dieses Batterietyps, aus einer negativen Elektrode aus Zinkpulvergel und einer positiven Elektrode aus synthetischem Mangandioxid und Graphit. Dabei wird ein hochreiner Blähgraphit eingesetzt, um der Elektrode eine höhere elektrische Leitfähigkeit zu verleihen. Der Graphitanteil kann dadurch von etwa 10% auf 4–5% verkleinert werden. So läßt sich die Menge des Mangandioxids im vorgegebenen Volumen entsprechend vergrößern.

Blähgraphit wird durch Behandeln von Graphit mit oxidierenden Säuren und Erhitzen auf 650 °C hergestellt. Dabei tritt eine teilweise Oxidation der Graphitoberfläche ein, die Graphitteilchen zerfallen in dünne Blättchen. Beim Einsatz dieses Materials wird eine bessere Kontaktierung der einzelnen Mangandioxidteilchen erzielt. Zudem wird das Kompaktieren der Mangandioxid-Graphit-Mischung wesentlich verbessert. Man erzielt eine gute Masseausnützung auch bei hohen Entladeströmen, was eine hervorragende Kapazität zur Folge hat. Dank einem weiter verbesserten Zinkgel und einem neuen Separatormaterial konnte der Innenwiderstand der Alkali-Mangan-Batterien von Matsushita-Philips signifikant gesenkt werden. So erzielte man eine 1,4fache Verlängerung der Entladungszeit durch einen Widerstand von 2 Ω bis auf eine Spannung von 1,1 V.

Aufladbarkeit von Alkali-Mangan-Batterien

Zink-Kohle-Batterien sind sehr beschränkt aufladbar, und zwar unter der Bedingung, daß sie vorgängig nur geringfügig entladen wurden (z. B. 10 % oder weniger). Alkali-Mangan-Batterien (Bild 4.5) weisen eine deutlich bessere Aufladbarkeit auf, vor allem wegen der großen inneren Oberfläche der Zinkelektrode. Allerdings sind auch Alkali-Mangan-Batterien keinesfalls als Akkumulatoren zu betrachten. Aus guten Gründen stand die Industrie dem Konzept einer aufladbaren Version jahrelang skeptisch gegenüber. Eine gute Dichtigkeit zu gewährleisten ist schon bei Primärbatterien sehr schwierig; noch problematischer ist dies bei einer aufladbaren Version. Nach längerem Einsatz fürchtete man insbesondere das Austreten des aus Kalilauge bestehenden Elektrolyts, der für Haut und Augen stark ätzend wirkt und Metallteile in den Geräten korrodiert. Auch fehlte es an geeigneten Ladegeräten.

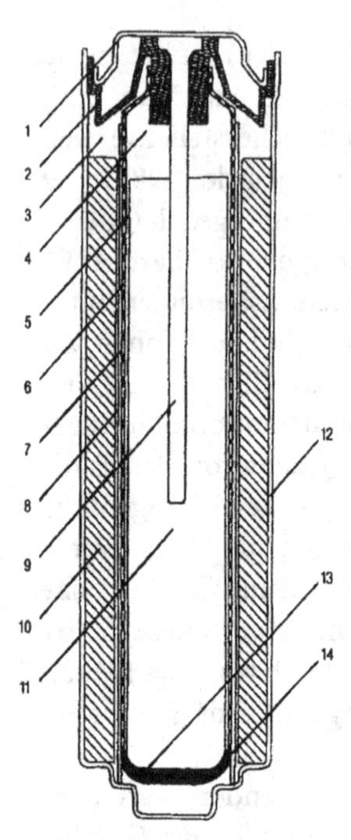

Bild 4.5 Schnittbild durch eine regenerierbare Alkali-Mangan-Batterie. *1* Negativer Pol *2* Kunststoffdichtung *3, 4* Gasräume *5, 8* Elektrolyt *6, 7* Separator, bestehend aus Kunststoffaservlies und Cellophanmembran *9* Kontaktnagel *10* positive Elektrode *11* negative Elektrode (Zinkpulvergel) *12* Gehäusebecher aus Stahl, positiver Pol *13, 14* Abdichtung durch verschmolzene Kunststoffasern. Diese Konstruktion unterscheidet sich vor allem durch den Separator von den nichtregenerierbaren Alkali-Mangan-Batterien

Dennoch wurde immer wieder versucht, „regenerierbare" Alkali-Mangan-Batterien zu entwickeln. Ein von Rayovac hergestelltes Produkt dieser Art ist seit dem Herbst 1993 in den USA unter dem Namen „Renewal" im Handel, zusammen mit einem speziellen, billigen Ladegerät. Es begrenzt den Ladestrom einer Batterie des Typs LR6 oder AA (14 mm Durchmesser, 50 mm Länge) auf 200 mA und die Ladespannung individuell auf den Bereich von 1,65–1,70 V pro Zelle. Die Risiken eines Lecks sind nicht signifikant größer als bei einer nur einmal gebrauchten Primärbatterie.

Als erste europäische Firma folgte im Frühjahr 1996 der Schweizer Batteriefabrikant Leclanché SA. Unter dem Markennamen „Boomerang" wurde eine 25 mal regenerierbare Alkali-Mangan-Batterie samt zugehörigem Ladegerät lanciert (Bild 4.6). Diese Batterie wird nicht als „aufladbar" bezeichnet, weil dieser Ausdruck für Sekundärbatterien (Nickel-Cadmium, Nickel-Metallhydrid) reserviert bleiben sollte, die hunderte von Entladezyklen ohne nennenswerte Kapazitätseinbuße ertragen. „Boomerang"-Batterien eignen sich besonders für Anwendungen in Apparaten, die einen hohen Energieverbrauch aufweisen, z. B. Walkman, Discman, Game-Boy, Kassettengeräte, Diktiergeräte, elektrisch angetriebenes Spielzeug usw.

Mechanischer Aufbau und technische Daten

Die regenerierbare Batterie ist sehr ähnlich aufgebaut wie eine normale Primärbatterie des Alkali-Mangantyps. Die positive Elektrode besteht aus Mangandioxid,

Bild 4.6 Regenerierbare Alkali-Mangan-Batterie und das zugehörige Ladegerät

dem 5–10 % Graphit zugemischt sind. Sie hat die Form eines zylindrischen Ringkörpers, der in den Gehäusebecher aus Stahlblech gepreßt ist; letzterer bildet auch den positiven Anschluß. Die negative Elektrode besteht aus einer gelförmigen Mischung aus Zinkpulver, Kalilauge und Gelierungsmittel. Durch einen Kontaktnagel aus Messing ist sie mit dem negativen Pol verbunden, der als Batteriedeckel dient.

Der zwischen den beiden Elektroden angeordnete Separator besteht aus 2 Schichten: einem dünnen Vlies aus Kunststoffasern und einer ionendurchlässigen Membran aus Cellophan. Letztere verhindert, daß die beim Laden entstehenden, lanzenförmigen Zinkkristalle (Dendriten), interne Kurzschlüsse bilden. Am unteren Ende ist der Separator durch einen Heißkleber oder durch Verschmelzen der Kunststoffasern des Vlieses dicht verschlossen. Am oberen Ende der Zelle, über der Zinkelektrode und der Mangandioxidelektrode, erleichtert ein Freiraum die Gaszirkulation. Wie alle modernen Alkali-Mangan-Batterien ist der regenerierbare Typ völlig frei von Quecksilber und Cadmium.

Elektrodenreaktionen

An der negativen Elektrode wird beim Entladen metallisches Zink zu Zinkoxid oxidiert:

$$Zn + 2OH^- \underset{\text{Laden}}{\overset{\text{Entladen}}{\rightleftarrows}} ZnO + H_2O + 2\,e^-$$

Zinkoxid ist in Kalilauge relativ gut löslich. Beim Laden bildet sich wieder metallisches Zink, jedoch nicht gleichmäßig über die Elektrodenoberfläche, und auch nicht in der ursprünglichen Teilchengröße und Form.

Während der Entladung wird an der positiven Elektrode Mangandioxid (MnO_2)

zu dreiwertigem Manganoxyhydroxid (MnOOH) reduziert. Bei der Ladung verläuft die Reaktion in umgekehrter Richtung:

$$MnO_2 + H_2O + e^- \underset{\text{Laden}}{\overset{\text{Entladen}}{\rightleftarrows}} MnOOH + OH^-$$

Das sich dabei bildende MnOOH ist in Kalilauge leicht löslich und zersetzt sich langsam zu einer inaktiven Form von MnO_2 und in ebenfalls inaktive niedrigere Oxide wie Mn_2O_3 und Mn_3O_4. Aus diesem Grund nimmt die Batteriekapazität bei jedem Entladezyklus ab, zuerst rasch, dann langsamer. Von anfänglich 2 Ah sinkt sie nach 25 Zyklen auf 0,2–0,3 Ah, ist aber dann nahezu unabhängig vom Entladestrom. Ein Nickel-Cadmium-Akkumulator gleicher Größe hat im Vergleich dazu anfänglich eine deutlich niedrigere Kapazität von etwa 0,8 Ah, doch bleibt sie über hunderte von Zyklen praktisch konstant (Bild 4.7). Um die Auswirkungen der fortschreitenden Kapazitätseinbuße zu minimieren ist es von Vorteil, die regenerierbaren Alkali-Mangan-Batterien nicht allzu tief zu entladen. Bei einem Entladestrom von 50 mA ist eine Endspannung von nicht weniger als 1,1 V empfohlen; bei 200 mA Entladestrom sollte die Endspannung nicht tiefer als 0,9 V liegen.

Zum Regenerieren wird das spezifisch dafür entwickelte Gerät verwendet; es kann 4 Zellen des Typs LR6 (AA) gleichzeitig aufladen. Dies ist mit Abstand die verbreiteste Zelle; sie hat einen Durchmesser von 14,5 mm und eine Höhe von 50,5 mm. Der Ladestrom ist auf max. 200 mA beschränkt. Parallel zu jeder einzelnen Zelle ist eine Leuchtdiode geschaltet; sie beschränkt die Ladespannung individuell auf max. 1,70 V. Bei dieser Spannung fließt der gesamte Ladestrom durch die Leuchtdiode, die als Überladeschutz dient. Falls die Diode am Ende des Ladevorgangs nicht zum Leuchten kommt, ist die Batterie defekt. Die Ladedauer hängt

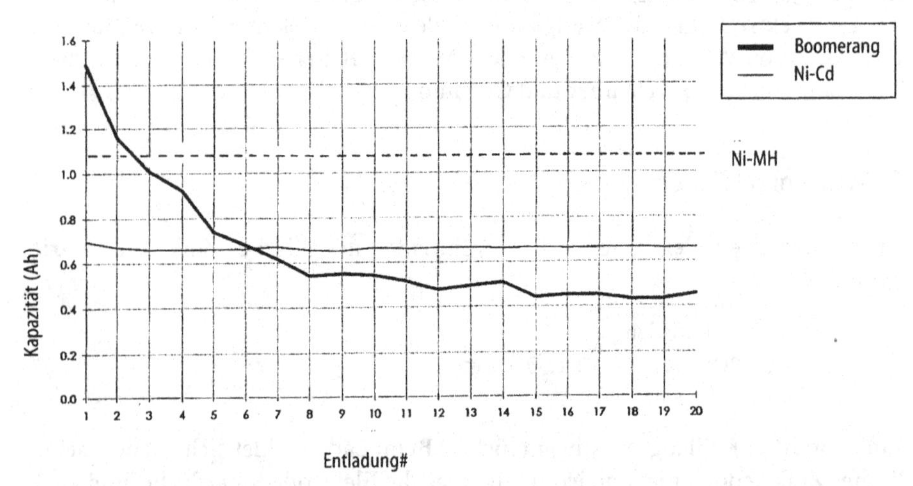

Bild 4.7 Vergleich der Kapazität der regenerierbaren Alkali-Mangan-Batterie und des Nickel-Cadmium-Akkumulators bei konstantem Entladestrom (200 mA) in Funktion der Zyklenzahl

vom Ladezustand ab; sie liegt typischerweise zwischen 4 und 24 h. Kumulativ kann eine solche Batterie über 25 Zyklen etwa gleich viel elektrische Energie liefern, wie 10 neue Alkali-Mangan-Primärbatterien.

Kapitel

5

Silberoxid-Zinkzellen

Energiequelle für Quarzarmbanduhren und Hörgeräte

Schon 1883 wird in einem Patent von Clarke eine Silberoxid-Zink-Batterie beschrieben. Um die Jahrhundertwende entwickelte Jungner, der Erfinder des Nikkel-Cadmium-Akkumulators auch einen Silber-Cadmium-Akkumulator. In den 30er Jahren dieses Jahrhunderts experimentierte Drum mit Silber-Zink-Akkumulatoren für Traktionszwecke. Aber erst durch die Arbeiten von Henri André in Frankreich um 1941, wurde die Silber-Zink-Batterie dank Cellophan-Separatoren zur brauchbaren Energiequelle.
Wegen des hohen Preises der Silberelektrode, blieben die Anwendungen zunächst im wesentlichen auf das militärische Gebiet und die Raumfahrt beschränkt, z. B. für Torpedos, kleine Unterseeboote, Militärflugzeuge, Raketen und Satelliten. Die Mondautos, mit denen amerikanische Astronauten im Rahmen der Apollo-Expeditionen die Mondoberfläche erkundeten, wurden ebenfalls mit Silberoxid-Zink-Batterien betrieben.

Die ausschl. für militärische Zwecke benutzten, aktivierbaren Silber-Zink-Primärbatterien, werden in trockenem, d. h. elektrolytfreiem Zustand gelagert. Der Elektrolyt, eine 30–40 %ige Lösung von Kalilauge, ist in einem separaten Behälter untergebracht. Erst bei der Aktivierung, unmittelbar vor dem Gebrauch der Batterie, wird der Elektrolyt durch Zündung einer Gaspatrone in die Batterie hineingepreßt. Die Aktivierung dauert weniger als eine Sekunde.

Aufladbare Silberoxid-Zink-Batterien unterscheiden sich im Aufbau nur geringfügig von Primärbatterien. Der Hauptunterschied liegt in der Verwendung zusätzlicher Separatoren, die in bezug auf die Lebensdauer von entscheidender Bedeutung sind. Sie müssen eine Membranfunktion ausüben, d. h. für OH^- Ionen durchlässig sein. Andererseits dürfen keinerlei Poren vorhanden sein, die von metallischen Zink- oder Silberdendriten durchdrungen werden könnten. Anfänglich waren einzig die von André in den 40er Jahren eingeführten Cellophan-Membranen verfügbar. Sie wurden aber von den im Elektrolyt gelösten Silberionen durch Oxidation relativ schnell zerstört. Dieser Degradation konnte nur durch den Einsatz zusätzlicher Cellophanschichten begegnet werden, oft deren 4–6. Sie fielen sukzessive der Zerstörung anheim, beginnend mit der Schicht, die der positiven Elektrode am nächsten lag. Die Separatoren waren zu Taschen gefaltet, in welche die positiven Elektroden eingeschoben wurden.

Ab den 60er Jahren wurden ionendurchlässige Membranseparatoren entwikkelt, die chemisch stabiler sind als Cellophan. Gut bewährt haben sich dünne Folien aus Polyethylen, die man durch Bestrahlung mit Elektronen aktiviert wurden. Danach wurden sie mit funktionellen Gruppen wie Methacrylsäure, Sulfonsäure oder Vinylacetat bepfropft. Solche „grafted membranes" wurden insbesondere unter dem Namen „Permion" bekannt.

Silberoxid-Zink-Akkumulatoren weisen eine hohe Leistungsdichte und spezifische Energie auf, bis zu 500 Wh/l und 100 Wh/kg. Sie haben jedoch den Nachteil einer relativ kurzen Lebensdauer, bedingt durch die Degradation des Separators beim Laden und durch die Formänderung (sog. „Shape change") der Zinkelektrode. Die erzielbare Zyklenzahl hängt sehr stark von der Entladetiefe ab. Bei tiefer Entladung sind es oft weniger als 100 Zyklen.

Negative Elektroden für große, aufladbare Zellen werden durch Aufpastieren einer Masse aus Zinkoxid, Wasser und Gelierungsmittel (z. B. Polyvinylalkohol oder Carboxymethylcellulose) auf ein dünnes Netz oder Gitter aus Kupfer oder Silber hergestellt. Das Zinkoxid wird elektrochemisch beim Formieren oder Laden zu metallischem Zink reduziert. Positive Elektroden werden durch Aufsintern von Silberpulver oder durch Aufbringen von Silberoxidpaste auf ein Silbergitter hergestellt und anschließend zu Silberoxid (AgO) formiert.

Uhrenbatterien

Die wichtigste Anwendung für Silberoxid-Zink-Batterien (Bild 5.1) ist heute die Energieversorgung von Quarzarmbanduhren und Hörgeräten. Als Anfang der 70er Jahre die ersten Quarzarmbanduhren auf den Markt kamen, war die Stromversorgung ihr schwächster Punkt und das größte Problem. Die damaligen integrierten Schaltungen und Schrittmotoren hatten einen im Vergleich zu heute immensen Stromverbrauch. Mit den leistungsfähigsten Quecksilber-Knopfbatterien, deren Kapazität zum Teil mehr als 200 mAh betrug, konnte man sie mit etwas Glück ein Jahr lang betreiben. Bei diesen Batterien diente Quecksilberoxid als kathodisches Oxidationsmittel, die Anode bestand aus Zink. Sie wurden bald durch das weit umweltfreundlichere System Silberoxid-Zink ersetzt, das eine höhere Spannung (1,55 versus 1,35 V) aber eine etwas geringere volumetrische Energiedichte (400 versus 500 Wh/l) bietet. Bis vor kurzem enthielt die Zinkelektrode noch etwa 1 % Quecksilber zur Verminderung der Wasserstoffentwicklung. In neuester Zeit ist es aber gelungen, völlig quecksilberfeie Zellen herzustellen.

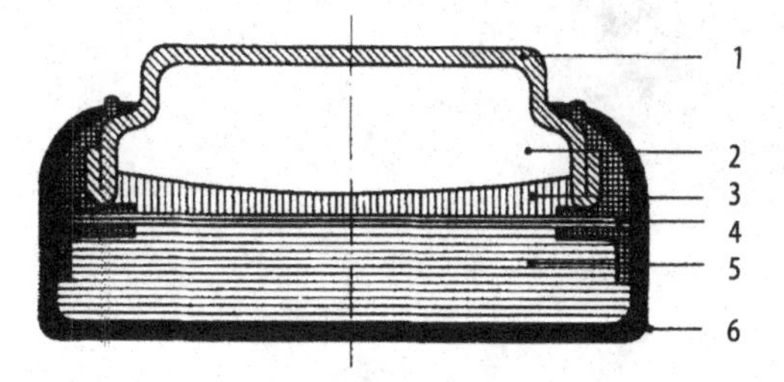

Bild 5.1 *1* Deckel, Trimetall (Kupfer, Stahl, Nickel), *2* Zinkpulveranode, *3* Elektrolyt-Vlies, *4* Scheider, *5* Kathode, *6* Zellenbecher, Stahl nickelplattiert

Lange Lebensdauer

Immer stärker miniaturisierte CMOS-Schaltungen und neue magnetische Materialien ermöglichten im Lauf der Jahre eine Reduktion des Stromverbrauchs der Quarzuhr um mehr als eine Größenordnung. Als Energiequelle hat sich die Silberoxid-Zink-Batterie bewährt, allerdings wurde das einwertige Silberoxid (Ag_2O) in einzelnen Fällen durch zweiwertiges Oxid (AgO) ersetzt. Eine Knopfbatterie mit einer Kapazität von 37 mAh versorgt z. B. eine „Pop-Swatch" während 3–4 Jahren; für ein kleines Damen-Quarzkaliber genügt eine Kapazität von 10 mAh für etwa die gleiche Betriebsdauer. Bei den modernen Quarzuhren kann man heute mit einer Gangautonomie von 2,5–4 Jahren rechnen. Statt Kalilauge wird in vielen Uhrenbatterien Natronlauge als Elektrolyt verwendet, wodurch die Dichtigkeit noch erhöht wird; allerdings muß man eine kleine Erhöhung des Innenwiderstands in Kauf nehmen.

Die Grundreaktionen der Silberoxid-Zink-Zelle sind

$$\text{Anode: } Zn + 2\,OH^- \rightarrow ZnO + H_2O + 2\,e^-$$

$$\text{Kathode: } Ag_2O + H_2O + 2\,e^- \leftrightarrow 2\,Ag + 2\,OH^-$$

mit der schematischen Bruttoreaktion

$$Zn + Ag_2O \leftrightarrow ZnO + 2\,Ag$$

Es wird ein aus 40 %iger Natron- oder Kalilauge bestehender Elektrolyt verwen-

Bild 5.2 Diverse Ausführungen von Silberoxid-Zink-Uhrenbatterien

det; die Reaktionsprodukte der Entladung sind metallisches Silber und Zinkoxid. Die Knopfzellen werden in etwa 40 verschiedenen Größen gefertigt (Bild 5.2).

Der Gehäusebecher dient als positiver Pol. Er wird aus beidseitig vernickelten Stahlrondellen tiefgezogen, die aus einem Band gestanzt und zu einem flachen Becher geformt werden. Der als negativer Anschluß dienende Deckel wird analog aus sog. Trimetall gefertigt; es handelt sich um Stahlblech, das auf der Innenseite mit Kupfer, auf der Außenseite mit Nickel plattiert ist. Das Kathodenmaterial ist Silberoxid Ag_2O (in einigen Fällen auch AgO); das schwarze Pulver wird zu einer Tablette verpreßt und in den Boden des Kathodenbechers gedrückt. Darauf wird der Separator gelegt, eine für Ionen durchlässige Kunststoffmembran, die oft mit Cellophan beschichtet ist; dazu kommt eine Rondelle aus saugfähigem Zellstoffilz, die als Reservoir für den Elektrolyt dient.

Bei der Endmontage der Batterien wird der Deckel mit einem beschichteten Kunststoffdichtungsring versehen, mit dem als Anode fungierenden Zinkpulver gefüllt und mit Elektrolyt getränkt. Dann wird der Deckel auf das Bodenteil aufgesetzt und dessen Rand um die Dichtung gebördelt. Letztere ist von kritischer Bedeutung, denn sie muß mehrere Jahre lang die Metallteile sowohl abdichten wie isolieren. Sie muß alle Oberflächenrauhigkeiten ausfüllen und die durch Schwankungen der Temperatur und des Innendrucks bewirkten Volumenveränderungen auffangen, ohne die geringste Leckage des korrosiven Elektrolyts.

Sämtliche Montageschritte werden von Automaten durchgeführt, die karussellartig oder linear angeordnet sind. Man läßt sie im Inselbetrieb laufen, die Verkettung zu Transferstraßen erwies sich beim raschem, dem jeweiligen Bedarf angepaßten Typenwechsel als nicht genügend flexibel. Zudem ist die unabdingbare, lückenlose Qualitätskontrolle ohnehin arbeitsintensiv, so daß die Maschinen auch gleich individuell betreut werden können. Kleine Serien spezieller Batterietypen müssen von Hand gefertigt werden.

Extreme Anforderungen

Die Vielfalt von Batteriegrößen widerspiegelt die Entwicklung der Quarzuhrentechnik in Richtung auf immer geringer werdenden Energieverbrauch. In den letzten Jahren hat sich eine Standardisierung auf 5–6 Batterietypen durchgesetzt, doch werden immer noch Ersatzbatterien für ältere Uhren verlangt. Die Qualitätsansprüche steigen nicht nur wegen der viel längeren Lebensdauer der Batterien, sondern auch wegen ihrer extremer werdenden Beanspruchung. Man trägt ja seine Uhr nicht nur im Büro und Zuhause, sondern auch bei körperlicher Arbeit, beim Tennis- und Golfspielen, beim Wintersport im arktischen Klima des Hochgebirges und in den Badeferien unter tropischen Bedingungen. Zudem kann eine Uhr vor dem Verkauf im sehr hell beleuchteten Schaufenster des Fachgeschäfts bis 70 °C aufgeheizt werden. Die Batterie muß während mehreren Jahren sowohl hohen Beschleunigungskräften als auch Temperaturschwankungen widerstehen. Diese Belastungen stellen enorme Anforderungen an die Dichtungstechnik, die ständig weiterentwickelt werden muß.

Bild 5.3 Quarzuhrwerk mit Silberoxid-Zink-Batterie

Die fertig montierten Batterien werden in einer Serie von Lösungsmittelbädern gewaschen, getrocknet und in bezug auf geometrische Dimensionen automatisch getestet. Spannung und Innenwiderstand werden je nach Größe der Produktionslose stichprobenartig oder bis zu 100 % geprüft. Diese Daten werden vom Computer gespeichert; dann werden die Batterien 6–8 Wochen gelagert und nochmals kontrolliert. In diesem Zeitraum sollten allfällige Defekte und Fabrikationsschäden bemerkbar werden, so daß nur einwandfreie, sehr hohe Qualitätsstandards erfüllende Batterien das Werk verlassen.

In der Verpackungsstation wird den Batterien ein Datumcode aufgedruckt; je nach Typ und Markt werden 1–6 Stück in Strip- oder Blisterpackungen für die Selbstbedienung verpackt. Großverbraucher beziehen bis zu 100 Batterien in Kunststoffschachteln. Uhrenbatterien gehören zu den wenigen Massenprodukten, die noch in der Schweiz hergestellt werden und sich im scharfen internationalen Wettbewerb behaupten, insbesondere gegen die amerikanische, japanische und deutsche Konkurrenz.

Motivierung zum Recycling

Der überwiegende Teil der Uhrenbatterien wird vom Fachhandel ersetzt. Mit Ausnahme der Swatch und anderer, preiswerter Kunststoffuhren, muß die Uhr beim Batteriewechsel geöffnet werden, wozu spezielle Werkzeuge erforderlich sind. Dabei ist das richtige Positionieren des O-Rings, bzw. dessen Ersatz für die Wasserdichtigkeit der Uhr von kritischer Bedeutung. Der Konsument ist also meistens nicht in der Lage, solche Batterien selbst zu ersetzen, erschöpfte Batterien fallen deshalb relativ zentral an. Sie werden vom Uhrenhändler gesammelt und können wegen des Silbergehalts den Edelmetall-Recyclingfirmen verkauft werden.

Nur bei der Swatch und einigen anderen Mode- und Werbeuhren kann die Batterie vom Kunden selbst ausgewechselt werden. Der weltweite Markt für solche Uhren liegt bei 30 Mio. Stück pro Jahr, was nur 3 % des globalen Uhrenmarkts entspricht. Die Recyclingquote der Swatch-Batterien dürfte in der Schweiz bei 50% liegen, doch weltweit ist sie wesentlich geringer. Interessanterweise wird bei sehr vielen Swatch die Batterie gar nie ausgewechselt. Diese Uhren haben eine Gangautonomie von etwa 3 Jahren, doch werden viele davon nicht so lange getragen. Häufig kauft der Konsument eine neue Swatch lange bevor die alte, nicht mehr „modekonforme" stillsteht. Nur stark beschädigte Swatch-Uhren enden im Abfall, viele werden wegen des potentiellen Sammlerwerts aufbewahrt. Die Zahl der Ersatzbatterien ist jedenfalls relativ gering.

Die von Fachhandel eingesammelten, gebrauchten Uhrenbatterien werden in Deutschland, in England oder in der Schweiz recycled. Dabei wird das Silber ausgeschmolzen, während Zink und Quecksilber verdampfen und getrennt aufgefangen werden. Alle 3 Metalle lassen sich anschließend wieder verwerten. Beim Verbrennen einer Batterie mit dem Kehricht geht das Silber in die Schlacke, das Zink destilliert ab und wird mit den Filterstäuben eingesammelt und rezykliert. Das gleiche gilt für das Quecksilber, das mit dem Zink der älteren Silberoxiduhrenbatterien zur Verhinderung der internen Wasserzersetzung ($Zn + H_2O \rightarrow ZnO + H_2$, sogenanntes „Gasen") amalgamiert wurde. Es ist nur eine Frage der Zeit, bis solche Batterien durch die neuen, quecksilberfreien Typen ersetzt sind.

Kapitel
6

Lithium-Primärbatterien

Langlebige Stromversorgung für Computerspeicher, Uhren, Taschenrechner, Herzschrittmacher und militärische Geräte

Lithium ist als Material für die negative Elektrode von Primärzellen hervorragend geeignet. Es ist das spezifisch leichteste aller Metalle, seine Dichte beträgt 0,53 g/cm^3. 2 l Lithium wiegen nur knapp über 1 kg. Die freie Bildungsenergie des hydratisierten Ions Li^+ in wässeriger Lösung gemäß der Reaktion

$$Li \rightarrow Li^+ + e^-$$

beträgt –42,75 kJ/g; dies ergibt ein Elektrodenpotential von –3,045 V. Lithium nimmt damit den ersten Platz in der Liste der elektrochemischen Normalpotentiale metallischer Elemente ein.

Knopfzellen

Die Fabrikation von Lithium-Primärzellen ist relativ aufwendig. Lithiummetall ist äußerst feuchtigkeitsempfindlich und reagiert mit Wasserdampf ohne Verzug zu Lithiumhydroxid und Wasserstoff. Die Montageautomaten und sämtliches zur Produktion benötigte Material müssen in großen Handschuhkästen oder begehbaren Trockenräumen installiert sein, die mit völlig trockener Luft (weniger als 1 % Feuchtigkeit) versorgt werden. Sie sind nur über Schleusen zugänglich.

Knopfbatterien, die nur kleine Mengen Lithium enthalten, werden in großen Stückzahlen hergestellt. In der Regel handelt es sich um Lithium-Mangandioxid-Zellen (Bild 6.1), manchmal auch um Lithium-Kohlenstoffmonofluorid-Zellen,

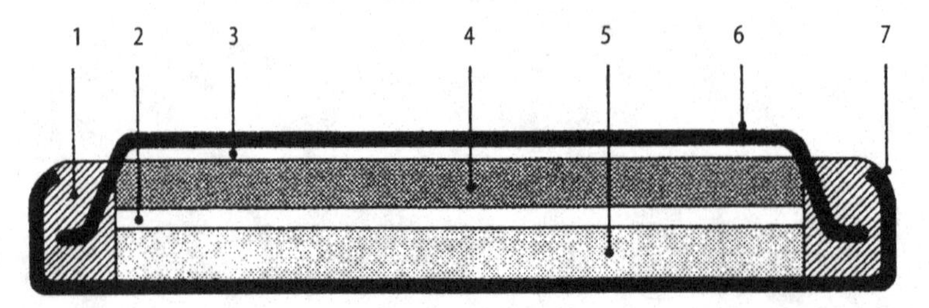

Bild 6.1 Schnitt durch eine Lithium-Mangandioxid-Knopfbatterie. *1* Dichtung *2* organischer Elektrolyt und Scheider *3* Stromsammler *4* negative Elektrode (Li) *5* positive Elektrode (MnO_2) *6* Deckel (negativer Pol, Edelstahl) *7* Becher (positiver Pol, Edelstahl)

Bild 6.2 In Kunststoff vergossene Lithiumbatterie auf einer Computerplatine

deren mechanischer Grundaufbau demjenigen der Silberoxid-Zink-Knopfbatterie sehr ähnlich ist. Als Anode dient Lithiummetall, das beim Entladen zu Li^+ oxidiert wird, bei gleichzeitiger Reduktion der Mangandioxid-Kathode zu $LiMnO_2$. Die spezifische Energie ist mit 200 Wh/kg sehr hoch; i.d.R. wird ein organischer Elektrolyt mit Lithiumperchlorat als Leitsalz in etwa einmolarer Konzentration verwendet.

Solche Batterien werden häufig zur Energieversorgung von Taschenrechnern eingesetzt; andere Hauptanwendungsgebiete sind Memory-Backups für CMOS-Schaltungen im Computer, Computerclocks, Quarzuhren, tragbare Instrumente, Alarmgeräte, Kameras Steuerungsschaltungen sowie Verriegelungsschaltungen für Autotüren. Ihre „Lebensdauer" von 6–8 Jahren entspricht in vielen Fällen nahezu derjenigen des „Original equipment", in welchem sie eingebaut werden. Die Selbstentladungsrate bei Raumtemperatur beträgt weniger als 1 %/a. Ihre Klemmenspannung von 3,0 V ist fast doppelt so hoch wie diejenige des Silberoxid-Zink-Elements, sie ist direkt kompatibel mit der weit verbreiteten 3 V-Logik.

Zur Fabrikation von Knopfzellen wird Lithium in der Form von Bändern angeliefert; man stanzt daraus Rondellen, die in den Boden der vernickelten Stahlbatteriedeckel eingespreßt werden. Das Mangandioxid wird meistens mit Teflonteilchen als Bindemittel zusammen mit einem Nickelnetz zu einer flachen Tablette verpreßst. Die Metalleinlage verringert den Innenwiderstand und wirkt auch als „Armierung" zur Erhöhung der Festigkeit. Der zwischen den Elektroden angeordnete Separator besteht aus einer Rondelle aus mikroporösem Polypropylen. Nach dem Einfüllen des Elektrolyten und der Montage des Deckels wird der Rand des Bechers durch Umbördeln gegen die Dichtung gepreßt. Auf diese Weise wird die Zelle dicht verschlossen.

Lithium-Primärbatterien für elektronische Anwendungen werden häufig mit speziellen, kundenspezifischen Anschlüssen versehen, die man durch Punktschweißen anbringt. Zur Montage auf Printplatten als Speicherchip-Backup werden sie zusammen mit den benötigten Sperrdioden und Sicherungen in Kunststoff- oder

Edelstahlgehäuse eingegossen bezw. montiert. Ihre Anschlüsse sind im Zinn-Schwallbad verlötbar, besondere Typen eignen sich für die Oberflächenmontage auf gedruckten Schaltungen (sog. SMD-Technik).

Höchste Energiedichte aller Batteriesysteme

Größere zylindrische Primärbatterien, deren Anode aus einem Lithium-Hohlzylinder oder aus aufgerollter Lithiumfolie besteht, bieten im Vergleich zu herkömmlichen Batterien außerordentlich günstige Kenndaten. Klemmenspannung und Energiedichte sind höher, die Selbstentladung geringer und sie sind in einem sehr weiten Temperaturbereich einsetzbar, je nach Typ zwischen –40 und +180 °C. Sie werden dort eingesetzt, wo ein jahrelanger, wartungsfreier Betrieb gewährleistet sein muß, und/oder wenn extreme Anforderungen an die zu liefernde Energie gestellt werden (Bild 6.3).

Die Energiedichte solcher Batterien ist bis 3 mal, ihre Kapazität in Ah (bei gleicher Größe) bis 2 mal höher als diejenige der klassischen Alkali-Mangan-Zellen. Spezielle Lithium-Primärbatterien (Bild 6.4) erreichen eine spezifische Energie von annähernd 500 Wh/kg, bei Zellspannungen zwischen 3 und 4 V. Bei konventionellen Alkali-Mangan-Zellen erreicht man 128 Wh/kg bei einer mittleren Entladespannung von 1,2 V.

Abgesehen vom medizinischen Bereich, auf den noch zurückgekommen wird, setzt man Lithium-Primärbatterien u. a. zur Versorgung von Computerspeichern (Memory backup), tragbaren Funkgeräten, Navigations- und Fernerkundungsgeräten auf Infrarot- oder Laserbasis, Wetterstationen, Wetterballons, Satelliteninstrumenten, ozeanographischen Instrumenten, Signalbojen, Notsignalgeräten, Laser-Distanzmeßgeräten, Bohrlochinstrumenten wie auch für die Wildtier-Telemetrie ein. Es handelt sich also stets um kostspielige Geräte, bei welchen die relativ hohen Kosten der Batterie nicht ins Gewicht fallen.

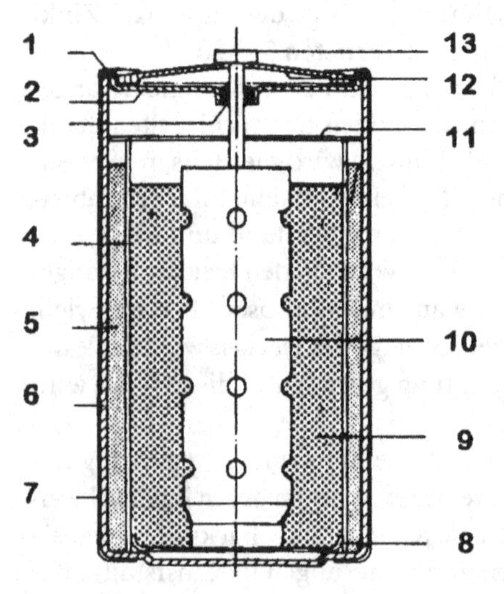

Bild 6.3 Schnitt durch eine zylindrische Lithium-Thionylchlorid-Zelle (Bobin-type). *1* Hermetische Schweißnaht *2* Deckel *3* Glasmetalldurchführung *4* Separator *5* Lithiumanode *6* Stahlbecher, negativer Pol *7* isolierender Mantel *8* Bodenisolation *9* poröse Kathode aus Kohlenstoff mit Teflonteilchen als Bindemittel, mit Thionylchlorid-Aluminiumchlorid-Lösung benetzt *10* Kathodenstromkollektor *11* Isolationsscheibe *12* Kunststoffabdeckung *13* positiver Pol

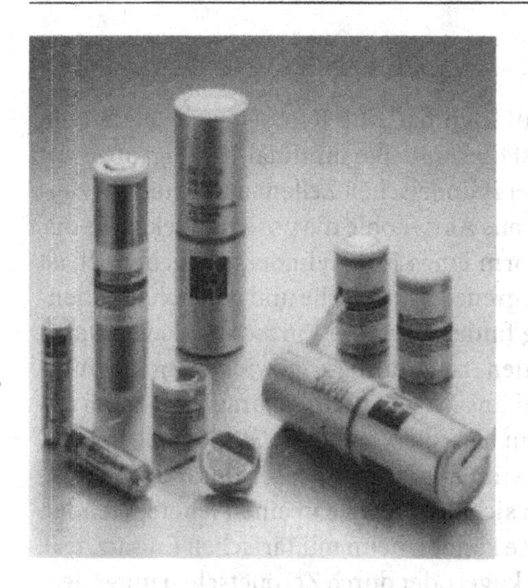

Bild 6.4 Einige Beispiele von zylindrischen Lithiumbatterien mit Thionyl- oder Sulfurychloridkathode, mit oder ohne Zusatz von Chlor und Brom. Die spezifische Energie reicht bis nahezu 500 Wh/kg

Unschlagbar hohe spezifische Energie

Es gibt mehrere Typen und ein breites Größenspektrum von Lithium-Primärbatterien. Sie unterscheiden sich durch die Zusammensetzung des Elektrolyts und des aktiven Materials der positiven Elektrode, also des sich beim Entladen reduzierenden Teils. Dieses Material kann fest sein wie im Fall der Lithium-Mangandioxid-Zellen, oder flüssig (z. B. Thionylchlorid, Sulfurylchlorid). Im Fall der Lithium-Schwefeldioxid-Zellen ist das Schwefeldioxid im Elektrolyt gelöst, der aus einer Lösung von Lithiumbromid (LiBr) in Acetonitril besteht. In Lithium-Thionylchlorid-Zellen ist das zugesetzte Leitsalz Lithium-Aluminiumchlorid ($LiAlCl_4$). Die positive Elektrode, an welcher die Reduktion von Schwefeldioxid (SO_2) oder Thionylchlorid ($SOCl_2$) abläuft, besteht bei den Zellen mit gewickelten Elektroden aus einer elektrisch leitenden Folie aus Aktivkohle hoher spezifischer Oberfläche.

Bei den sog. „Bobin-type" Zellen (vergl. Bild 6.3) hat die positive Elektrode die Form eines Zylinders. Für die kathodische Reaktion sehr gut bewährt hat sich Thionylchlorid $SOCl_2$ (eine bei -105 °C schmelzende und bei 78,8 °C siedende, ätzende und stechend riechende Flüssigkeit) für Betriebstemperaturen von -40 bis +85 °C bei einer Zellspannung von 3,6 V. Mit derartigen, druckfest ausgeführten Zellen erreicht man 360–456 Wh/kg.

Löst man Chlor- und Bromkomplexe im Thionylchlorid, so steigt die Zellspannung bis auf 3,9 V, die spezifische Energie liegt je nach Verhältnis der zugegebenen Halogene Chlor und Brom zwischen 270 und 470 Wh/kg. Anstelle von Thionylchlorid wird auch Sulfurylchlorid SO_2Cl_2 (Schmelzpunkt: -54,1 °C, Siedepunkt 69,1 °C) verwendet. Batterien mit diesem Kathodenmaterial lassen sich im Temperaturbereich -32 bis +92 °C einsetzen und ermöglichen noch höhere Stromdichten als im Fall von Thionylchlorid. Die spezifische Energie ist mit 280–480 Wh/kg vergleichbar mit derjenigen der Thionylchloridtypen.

Sicherheitsaspekte

Die hohe Energiedichte der Lithiumbatterien hat eine Kehrseite: sie stellen ein Sicherheitsrisiko dar. Bei Knopfzellen ist dieses Risiko minimal, es steigt aber mit zunehmender Batteriegröße rasch an. Bei zylindrischen Zellen in welchen ein zentral angeordneter, zylindrischer Körper aus Aktivkohle die positive Elektrode bildet, der von der Lithiumelektrode in Form eines Hohlzylinders umgeben ist, ist der maximale Entladestrom durch die begrenzte Oberfläche und den hohen Innenwiderstand begrenzt. Eine Überhitzung findet selbst bei Kurzschluß kaum statt.

Dagegen können zylindrische Zellen mit dünnen, gewickelten Lithiumelektroden sehr hohe Ströme liefern. Bei unsachgemäßem, Gebrauch, z. B. bei äußeren oder inneren Kurzschlüssen, kann sich die Batterie so stark erhitzen, daß die Lithiumanode bei 180 °C schmilzt. Dann erfolgt eine explosionsartige Reaktion mit den Kathodenmaterial, wodurch sich die Batterie in einen feuerspeienden „Vulkan" verwandelt. Innere Kurzschlüsse können beim militärischen Einsatz, z. B. infolge Durchschusses mit einer Gewehrkugel oder durch Zerquetschen unter dem Rad eines Fahrzeugs, auftreten.

Man hat versucht, die Sicherheit solcher Lithiumbatterien durch Verwendung spezieller Separatoren zu erhöhen, deren Poren sich bei erhöhter Temperatur schließen; auf diese Weise wird der Strom gedrosselt. Gerätebatterien (sog. Battery packs), die aus mehreren Zellen in Serie bestehen, werden durch strombegrenzende Sicherungen geschützt. Meist ist auch eine thermische Sicherung eingebaut, die den Strom beim Erreichen einer zu hohen Temperatur abschaltet. Zudem wird jede einzelne Zelle durch eine parallel geschaltete Diode geschützt, die das Umpolen verhindert.

1,5 V-Lithiumbatterien

Die zum amerikanischen Konzern Ralston Purina gehörende Eveready Battery Company, einer der weltweit größten Batteriehersteller, hat vor einigen Jahren eine 1,5 V-Lithiumbatterie der Größe LR6 (Durchmesser 14 mm, Länge 50 mm) auf den Markt gebracht. Die negative Elektrode besteht aus einer metallischen Lithiumfolie, die positive Elektrode aus einem dünnen, metallischen Träger, auf welchem eine Schicht Eisensulfid (FeS_2) aufgebracht ist. Die Elektroden sind mit dem dazwischenliegenden mikroporösen Separator zu einer Rolle gewickelt. Die Batterie ist etwa 30 % leichter als eine gleich große Alkali-Mangan-Zelle. Sie kann im Temperaturbereich von –20 bis +70 °C eingesetzt werden. Ihre Kapazität ist bei Raumtemperatur etwa 2 mal, bei –20 °C bis 6 mal höher als diejenige einer Alkali-Mangan-Zelle. Ihre Selbstentladung ist vernachlässigbar klein, nach 10jähriger Lagerung soll sie noch 85 % ihrer Leistung aufweisen. Trotz dieser technischen Vorteile hat die Batterie infolge des hohen Preises (sie ist 4 mal teurer als eine Alkali-Mangan-Zelle) bis heute nur einen kleinen Marktanteil erobert.

Batterien für Herzschrittmacher

Extreme Ansprüche werden an Batterien gestellt, die in den menschlichen Körper implantiert werden, um lebenswichtige medizinische Geräte wie Herzschrittmacher, Defibrillatoren, Neurostimulatoren und Dosierpumpen mit Energie zu versorgen. Neben einer quasi-absoluten Zuverlässigkeit sind eine hohe spezifische Energie und eine Lebensdauer von 5–10 Jahren gefordert. Der Ersatz eines implantierten Geräts ist zwar relativ einfach, doch ohne Narkose und einige Tage Krankenhaus geht es nicht. Das Trauma und nicht zuletzt die Kosten einer unnötigen Operation soll den Patienten möglichst erspart bleiben.

Die ersten Herzschrittmacher wurden mit Zink-Quecksilberoxid-Batterien versorgt, deren Lebensdauer lediglich 2–3 Jahre betrug. Anfang der 70er Jahre wurde eine Energiequelle verfügbar, die mind. 10 Jahre funktionierte: die thermoelektrische Plutoniumbatterie. Mehrere tausend Patienten erhielten einen solchen nuklearen Schrittmacher mit dem nicht-fissilen, nur Zerfallswärme erzeugenden Alphastrahler ^{238}Pu als Energiequelle. Technisch und medizinisch war diesem Gerät ein voller Erfolg beschieden. Dennoch konnte es sich nicht durchsetzen: die Gefahr einer unfallbedingten Freisetzung des radiotoxischen Plutoniums ließ sich nicht ganz ausschließen. Eine Zeitlang wurde auch mit Nickel-Cadmium-Batterien experimentiert, die sich induktiv durch die Haut hindurch aufladen ließen. Dieses Konzept barg aber die Gefahr der ungenügenden Einhaltung durch die Patienten; sie brachten sich in Lebensgefahr, wenn sie das Aufladen vergaßen.

Mit der Lithium-Iod-Primärbatterie (Bild 6.5) wurde 1972 eine nahezu ideale Energiequelle für implantierbare Geräte verfügbar: sie weist bei einer Körpertemperatur von 37 °C eine hohe spezifische Energie von 240 Wh/kg (900 Wh/l) auf und erfüllt alle Sicherheitskriterien eines Implantats. Zudem ist sie sehr langlebig, robust, nicht-radioaktiv und läßt sich problemlos entsorgen. Im Lauf der Jahre wurde sie stetig weiter verbessert und verkleinert. Auch fächerte sie sich in eine Vielzahl von Typen auf, je nach Fabrikat des Herzschrittmachers. Solche Batterien sind in völlig dichte Gehäuse aus laser- oder lichtbogenverschweißtem Edelstahl bzw. Titan eingebaut, das in einzelnen Fällen auch als Anschluß für eine der Elektroden dient. Der andere Anschluß besteht aus einem Molybdändraht, der in eine Glasdurchführung eingeschmolzen ist. Die Form solcher Zellen gleicht einer großen, halbierten Münze und ist so der Form des Schrittmachers angepaßt.

Das bewährte System Lithium-Iod

Lithium-Iod-Batterien haben seit etwa 15 Jahren eine Monopolstellung zur Versorgung von Herzschrittmachern inne und haben sich außerordentlich gut bewährt. Sie sind in mehreren Größen, Formen und Speicherkapazitäten verfügbar; das z. Z. kleinste Modell ist lediglich 4 mm dick. Solche Batterien müssen viele Jahre lang mittlere Ströme im mA-Bereich mit quasi-absoluter Zuverlässigkeit liefern. Sie enthalten eine zentrale, plattenförmige, häufig mit Rippen versehene Lithiumanode, die mit dem negativen Anschluß der Batterie verbunden ist. Das

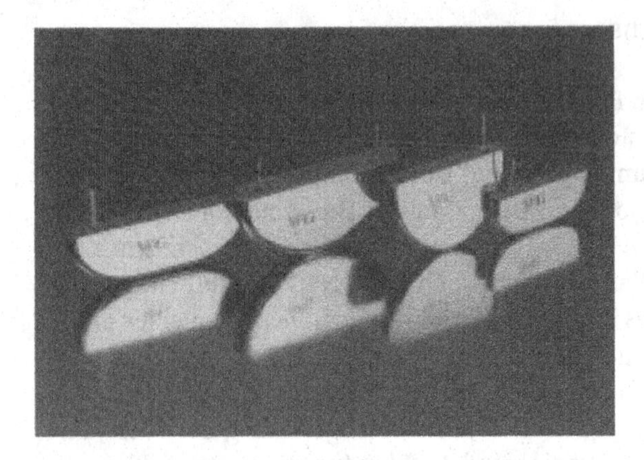

Bild 6.5 Lithium-Iod-Batterien für Herzschrittmacher sind in zahlreichen Formen und Größen erhältlich. Ihre Dicke geht von 4-8,4 mm, die Kapazität von 0,4-2 Ah. Die Lebensdauer beträgt mehr als 5 Jahre

Lithium ist mit Polyvinylpyridin beschichtet. Als ionenleitende Trennmembran (Separator) dient eine Schicht Lithiumiodid, die bei der Entladung von selbst entsteht. Das Kathodenmaterial besteht aus einem Komplex von Iod und Polyvinylpyridin, der in flüssigem Zustand in die Batterie eingefüllt wird; anschließend wird die Batterie hermetisch verschweißt. Beim Entladen entsteht an der Grenzfläche zwischen Lithiumanode und Kathode festes Lithiumiodid:

Anode: $2\,Li \rightarrow 2\,Li^+ + 2\,e^-$

Kathode: $I_2 + 2\,e^- \rightarrow 2\,I^-$

Die Bruttoreaktion ist demnach:

$$2\,Li + I_2 \rightarrow 2\,LiI$$

Lithiumiodid ist ein Ionenleiter und bildet während des Entladevorgangs eine sich stetig verdickende Schicht von Festelektrolyt an der Grenzfläche zur Anode. Der ohnehin sehr hohe Innenwiderstand der Zelle steigt dabei mit der Zeit linear weiter an. Die Lebensdauer einer solchen Batterie hängt vor allem vom Zustand des Patienten ab, weil dem Herzen häufig nur bei Bedarf mit einem Stromimpuls nachgeholfen wird. Die Klemmenspannung beträgt etwa 2,8 V, sie bleibt während der Lebensdauer der Batterie weitgehend konstant, sinkt aber anschließend in definierter Weise ab. Der Zustand der Batterie läßt sich deshalb anhand des Patienten-EKG zuverlässig abschätzen.

Lithium-Iod-Knopfzellen werden heute vermehrt auch zur Energieversorgung von Quarzarmbanduhren eingesetzt. Eine solche Batterie vermittelt der Uhr eine Gangautonomie von 15 Jahren. Das Problem des Ersatzes stellt sich überhaupt nicht, denn eine Uhr wird heute nur noch äußerst selten mehr als 10 Jahre getragen.

Batterien für Defibrillatoren

Besondere Ansprüche an die Batterie stellen die implantierbaren Defibrillatoren. Während der Herzschrittmacher bei Bedarf oder auch ständig 1 mal/s Stromimpulse von einigen 100 µA abgibt, muß der Defibrillator selten (typischerweise im Abstand von Monaten) intervenieren, wenn die koordinierte Tätigkeit des Herzmuskels in eine ungeordnete, ungleichzeitige Kontraktion der einzelnen Muskelfasern übergeht. Dann ist eine Serie von Stromstößen von je etwa 1 A erforderlich, um das Kammerflimmern zu unterbrechen und die Muskeltätigkeit zu synchronisieren, so daß das Herz seine normale Tätigkeit wieder aufnimmt.

Die Batterie des implantierbaren Defibrillators (den man häufig mit einem Herzschrittmacher kombiniert) ist demzufolge auf die Abgabe hoher Ströme während kurzer Zeit ausgerichtet (Bild 6.6). Die Anode besteht aus langen, dünnen Lihtiumfolien, die in ein Nickelnetz beidseitig eingepreßt und im Zickzak gefaltet sind. Dazwischen werden Kathoden eingelegt, die parallel geschaltet sind. Die aktive Komponente der Kathoden ist Silbervanadat, das mit Kohlenstoff, Graphit und Bindemitteln zu einer Paste verarbeitet und auf ein Titangitter aufgezogen wird.

Silbervanadat ist eine elektrisch gut leitende sog. Metalloxidbronze; sie wird durch Umsetzen von Vanadiumoxid mit einem Silbersalz bei hoher Temperatur erhalten. Anode und Kathode sind durch eine Separatorfolie aus mikroporösem Polypropylen voneinander getrennt. Das Elektrodenpaket wird in elektrisch sehr gut isolierende Teflonfolie verpackt und die negative Elektrode an das Gehäuse angeschweißt, während der positive Pol über eine Glaseinschmelzung zugänglich ist. Der Elektrolyt ist eine Lösung von Lithiumsalzen in einem organischen Lösungsmittel. Die Elektrodenreaktionen sind wie folgt:

Anode: $7\ Li \rightarrow 7\ Li^+ + 7\ e^-$ (Anode)

Kathode: $2\ AgV_2O_{5,5} + 7\ Li^+ + 7\ e^- \rightarrow 2\ Ag + 2\ Li_{3,5}V_2O_{5,5}$

Bild 6.6 Lithium-Silbervanadat-Batterien für Herzdefibrillatoren. Die 28 g wiegende Einheit kann Impulsströme von *2* A zum Aufladen eines Kondensators liefern; die Kapazität beträgt 2 Ah

Die Bruttoreaktion lautet

$$7\,Li + 2\,AgV_2O_{5,5} \rightarrow 2\,Ag^+ + 2\,Li_{3,5}V_2O_{5,5}$$

Im Silbervanadat liegt das Vanadium im fünfwertigen Zustand vor, das Silber im einwertigen Zustand. Man benötigt 5,5 Sauerstoffatome, um die positiven Ladungen zu kompensieren. Beim Entladen wird das Silberion zu metallischem Silber reduziert, während von je 4 Vanadiumionen 2 zu vierwertigem und 1 zu dreiwertigem Vanadium reduziert werden. Es entsteht ein Mischoxid, in welchem das metallische Silber okkludiert ist. Die Zellspannung beträgt 3,2 V; weil die Reduktion des fünfwertigen Vanadiums in 2 Stufen verläuft, sinkt die Zellspannung nach einiger Zeit auf ein Plateau von 2,5 V, ein rascher Abfall tritt erst am Ende der Lebensdauer ein.

Zwischen den Batterien für Herzschrittmacher und Defibrillatoren, die Stromstöße von einigen 100 mA bzw.einigen Ampere abgeben, gibt es einen Zwischenbereich bei einigen 10–100 µA. Solche Spezialbatterien sind für die Energieversorgung von Neurostimulatoren, Infusionspumpen, sowie besonderen Schrittmachern für Patienten die im Herzen ein Implantat von Muskelgewebe erhielten, das elektrisch stimuliert werden kann (sog. Cardiomyoplasie). Ebenfalls spezielle Schrittmacher benötigen Patienten mit Tachykardie, d. h. eine sehr hohe Herzfrequenz, die u. U. zum Kammerflimmern übergehen kann. Neurostimulatoren werden u.a. Epileptikern, Inkontinenten und chronischen Schmerzpatienten implantiert. Für die Stromversorgung solcher Geräte gibt es Lithium-Silbervanadat-Zellen mit massiven Lithiumanoden, die mit der zentralen Kathode eine Sandwichstruktur bilden.

Kathoden aus Kohlenstoff-Monofluorid

Lithiumbatterien mit Mangandioxid- oder Kohlenstoff-Monofluoridkathodem weisen ähnliche Eigenschaften auf. In zylindrischen Zellen sind die Elektroden normalerweise spiralförmig gewickelte Folien. Kohlenstoffmonofluorid definiert man mit der Formel CF_x, wobei $x = 1{,}1$; es gehört zu den Graphitverbindungen, wobei das Fluorid zwischen den Schichtgitterebenen eingelagert ist. Eine solche Zelle ist durch eine Spannung von 2,8 V gekennzeichnet, die Entladekurve verläuft sehr flach. Vereinfacht formuliert, wird beim Entladen die Graphitverbindung zu Kohlenstoff reduziert, wobei sich Lithiumfluorid bildet

$$Li + CF \rightarrow LiF + C$$

In Batterien für medizinische Anwendungen steht die aus Kohlenstoffmonofluorid, Ruß und Bindemittel bestehende, flache Kathode mit eingespreßtem Titangitter im Zentrum der Zelle mit beidseits angeordneter Lithiumfolie. Als Separator dient ein Polypropylenvlies. Solche Zellen können auch bei höheren Temperaturen eingesetzt werden.

Die höchste spezifische Energie und eine besonders flache Entladekurve bei der Zellspannung von 3,6 V erzielt man bei implantierbaren Batterien mit dem System Lithium-Thionylchlorid. Seine Vorteile müssen mit einer etwas höheren Selbstentladungsrate und einem erhöhten Sicherheitsrisiko erkauft werden. In diesem Fall enthält die Zelle eine massive, zentrale Lithiumanode, die von 2 hochporösen Kohlenstoffplatten umgeben ist. Als Separator dient ein Glasfaservlies, das mit dem flüssigen Kathodenmaterial Thionylchlorid getränkt ist. Das Gehäuse bildet den positiven Anschluß, ein eingeschmolzener Molybdändraht den negativen Pol. Das sehr korrosive Thionylchlorid stellt hohe Anforderungen an die Glasdurchführung.

Kapitel

7

Die Zink-Luft-Primärbatterie

Substitution der Quecksilberzellen in Hörgeräten

Zur Energieversorgung von Hörgeräten und Kameras, bei denen hohe Spitzenströme auftreten, verwendete man früher in großem Umfang Zink-Quecksilberoxid-Batterien („Quecksilberbatterien"). Kleinere Mengen davon werden heute noch vorwiegend in Form von Knopfzellen hergestellt, doch auch zylindrische Ausführungen sind erhältlich.
Die Anode der Quecksilberbatterie besteht aus amalgamiertem Zinkpulver, als Kathodenmaterial verwendet man Quecksilberoxid (HgO) oder eine Mischung von Quecksilberoxid und Mangandioxid. Zur Verbesserung der elektrischen Leitfähigkeit gibt man der Kathodenmischung einige Prozent Graphit zu. Anode und Kathode sind durch einen mind. zweischichtigen Separator getrennt. Die erste, membranartige Schicht besteht aus Cellophan, einem mikroporösem Polyolefin oder einer ionenleitenden Membran aus elektronenstrahlenbehandelter Polyethylenfolie mit aufgepfropfen Methacrylsäure-, Sulfonsäure- oder Vinylalkoholgruppen. Die zweite Schicht aus Baumwollfasern ist saugfähig und speichert den aus etwa 40 %iger Kalilauge bestehenden Elektrolyt, in welchem etwas Zinkoxid gelöst ist.

Eine solche Zelle liefert eine Klemmenspannung von 1,35–1,45 V je nach Mangandioxidgehalt der Kathode. Zellen mit reiner Quecksilberoxidkathode werden mit „MR" bezeichnet, bei Zusatz von Mangandioxid mit „NR". Die spezifische Energie beträgt etwa 100 Wh/kg bzw. 400 Wh/l. Die Kapazität ist bei gleichen Ab-

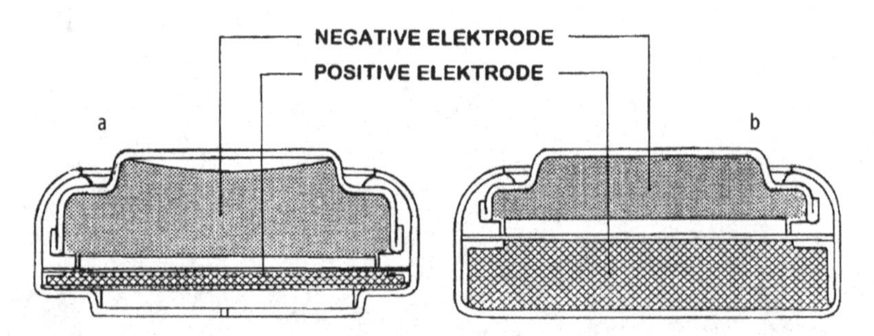

Bild 7.1 Schnittbilder durch Knopfzellen des Zink-Luft-Typs (**a**) und des Silberoxid-Zink-Typs (**b**). Die Zink-Luft-Zelle hat einen wesentlich größeren Anodenraum, enthält also mehr Zink

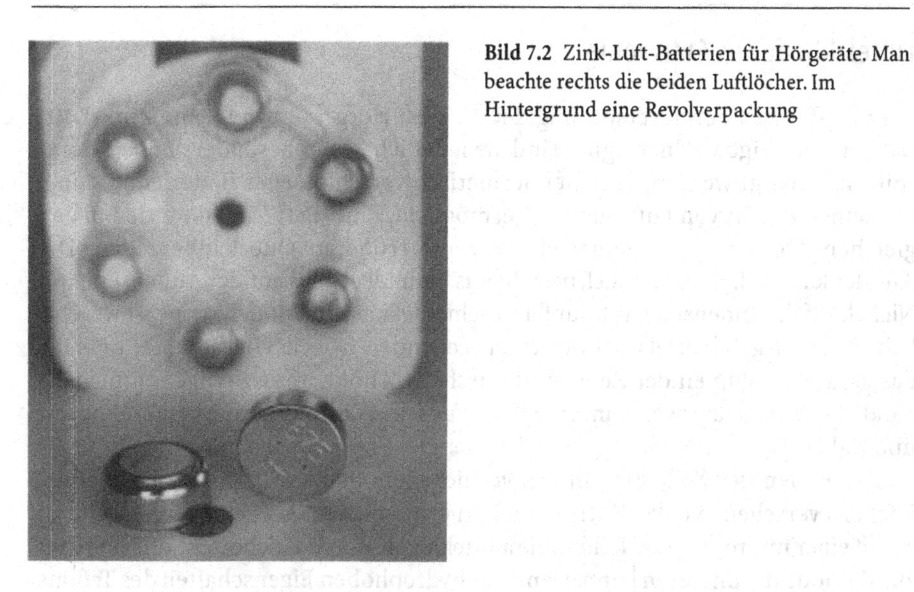

Bild 7.2 Zink-Luft-Batterien für Hörgeräte. Man beachte rechts die beiden Luftlöcher. Im Hintergrund eine Revolverpackung

messungen 5 mal höher als diejenige der Zink-Kohle-Zelle. Im Bestreben, jede Belastung der Umwelt mit toxischen Schwermetallen schon an der Quelle zu verhindern, werden Quecksilberbatterien nur noch für Sonderzwecke hergestellt, insbesondere für ältere Hörgeräte, Kameras, Personensuchgeräte und die schon antik anmutenden Stimmgabeluhren („Accutron"). Bis in einigen Jahren soll die Fabrikation von Quecksilberbatterien ganz aufgegeben werden.

Wenn immer möglich verwendet man heute umweltfreundlichere Silberoxid-Zink- oder Zink-Luft-Batterien (Bild 7.1). Diese Knopfzellen benötigen zwar weiterhin amalgamiertes Zink, doch konnte der Quecksilbergehalt des Zinkpulvers zuerst von 6 % auf 3 % halbiert werden, neuerdings kommt man mit etwa 1 % aus. Es gibt bereits Sonderausführungen, bei denen ganz auf das Quecksilber verzichtet wird. Es sind Anstrengungen im Gang, auf das Quecksilber generell zu verzichten. Die erforderliche Wasserstoff-Überspannung erzielt man durch Einsatz von indiumdotiertem, ultrareinem Zink. Infolge des stark reduzierten Einsatzes von Quecksilberbatterien, stellen sich heute nur noch geringe Umweltprobleme. Der Konsument ersetzt zwar die Batterien in seinem Hörgerät selbst, doch ist die Rücklaufquote für das Recycling recht hoch. Die Batterien (Bild 7.2) werden in Sechserpackungen mit Revolver-Dispenser im Fachgeschäft gekauft. Gebrauchte Batterien gehen in die Packung zurück, die schließlich gegen eine neue ausgetauscht wird.

Luftelektrode aus Aktivkohle

Speziell für die Energieversorgung der meisten Hörgeräte sind heute Zink-Luft-Batterien verfügbar. Ungeeignet sind sie lediglich, wenn besonders hohe Stromspitzen verlangt werden, oder bei hermetisch verschlossener Batteriehalterung, die keinen Zutritt von Luftsauerstoff ermöglicht. Zink-Luft-Zellen werden in den gleichen Abmessungen hergestellt, wie die früheren Quecksilberzellen. Die Anodenkappe, d. h. der Deckel, besteht aus Stahlblech, das auf der Außenseite mit Nickel, auf der Innenseite mit Kupfer beschichtet ist. Die Anodenkappe ist wesentlich tiefer ausgebildet als bei der entsprechenden Quecksilberbatterie; beinahe das gesamte Volumen der Zelle wird durch die Anodenmasse eingenommen. Es handelt sich normalerweise um eine Paste aus schwach amalgamiertem Zinkpulver und Kalilauge.

Der Boden der Zelle besteht aus vernickeltem Stahlblech. Er ist mit kleinen Löchern versehen, die den Zutritt von Luft ermöglichen. Auf seiner Innenseite ist er mit einer mikroporösen Teflonfolie ausgekleidet, durch welche der Luftsauerstoff zur Kathode diffundieren kann. Dank der hydrophoben Eigenschaften des Teflons wird der Austritt von Kalilauge verhindert. Die Kathode ist nur etwa 0,5 mm dick: sie besteht aus einem vergoldeten Nickelgitter, das als Träger und galvanischer Kontakt für die Katalysatormasse dient, an welcher die Reduktion von Sauerstoff zu Hydroxydionen stattfindet. Auf der Innenseite der Kathode liegt der ionendurchlässige, mikroporöse Separator, der mit Kalilauge benetzt ist. Auf der Außenseite ist eine hydrophobe, luftdurchlässige Schicht aus mikroporösem Teflon oder Polypropylen aufgebracht.

Ursprünglich bestand die Katalysatormasse der Kathode aus Aktivkohle und Mangandioxid (Braunstein). Beim Entladen wurde neben der Reduktion von Luftsauerstoff auch MnO_2 (vierwertiges Mangan) zu MnOOH (dreiwertiges Mangan) reduziert, das sich bei Nichtgebrauch der Batterie mit Luftsauerstoff teilweise wieder zu Mangandioxid oxidierte und auf diese Weise regeneriert wurde. Dieses System konnte aber keine hohen Stromspitzen liefern. Aus diesem Grund bevorzugt man heute Katalysatormassen in Form von Aktivkohle, die durch eine oxidierende Behandlung eine sehr hoher Mikrorauhigkeit erhält (über 500 m^2/g). In gewissen Fabrikaten wird der Aktivkohle weiterhin Braunstein zugesetzt.

Katalytisch aktive Luftelektrode

Der Aufbau einer solchen Luftelektrode ist sehr kritisch: sie muß porös und feucht sein, doch sollte sie sich nicht mit Elektrolyt vollsaugen, denn dies würde den Durchtritt von Luftsauerstoff hemmen. Deshalb enthält die Katalysatormasse eine Suspension von Teflonteilchen, die der Aktivkohle wasserabstoßende Eigenschaften verleiht. Der höchstmögliche, von der Batterie abgegebene Dauerstrom hängt von der eindiffundierenden Menge Sauerstoff ab. Begrenzend wirkt darum die Sauerstoffdurchlässigkeit der Abdichtungsfolie.

An den Elektroden der Zink-Luft-Zelle laufen folgende Reaktionen ab:

Anode: $Zn + 2OH^- \rightarrow ZnO + H_2O + 2\,e^-$

Kathode: $1/2\,O_2 + H_2O + 2\,e^- \rightarrow 2\,OH^-$

für die Bruttoreaktion

$Zn + 1/2O_2 \rightarrow ZnO$

Die spezifische Energie ist mit 350 Wh/kg sehr hoch. Besonders interessant ist jedoch die hohe volumetrische Energiedichte von bis zu 850 Wh/l. Zink-Luft-Zellen haben bei gleichem Volumen eine mehr als zweimal höhere Kapazität als Quecksilberoxidzellen.

Um das Eindringen von Kohlendioxid zu verhindern, das mit der Kalilauge im Elektrolyt Carbonat bilden würde, bleiben die Löcher im Batterieboden mit einer selbstklebenden, äußeren Kunststoffolie verschlossen, so lange die Zelle nicht gebraucht wird. Auf diese Weise verhindert man auch Wasseraufnahme oder Wasserverlust. Vor dem Einsetzen ins Gerät wird die Schutzfolie abgezogen, die Batterie erreicht dann innerhalb 1 min ihre volle Aktivität. Bei intakter Schutzfolie kann die Batterie 2 Jahre aufbewahrt werden, die Selbstentladung beträgt dann höchstens 5 %/a. Zink-Luft-Batterien eignen sich nicht für Anwendungen, bei welchen eine Batterieautonomie von über 6 Monaten verlangt wird. Bei sehr langsamer Entladung dringt nämlich zuviel Kohlendioxid aus der Luft in die Zelle, wodurch die Kalilauge des Elektrolyten in Kaliumcarbonat umgewandelt wird. Dies behindert den Entladeprozeß (Bild 7.3).

Die Entladekurve ist fast völlig flach : die Spannung bleibt nach einem anfänglichen Abfall von 1,4 auf 1,3 V konstant auf letzterem Wert und sinkt erst beim

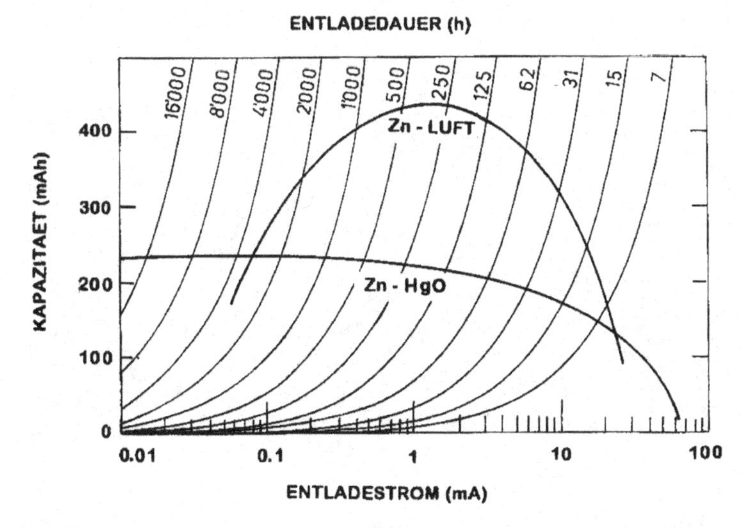

Bild 7.3 Kapazitätsvergleich zwischen Quecksilberoxid-Zink- und Zink-Luft-Knopfzellen (Durchmesser 11,6 mm, Höhe 5,4 mm) als Funktion des Entladestroms (mA) oder der Entladedauer (h)

Ende der Batterielebenszeit rasch ab. Die zulässige Dauerbelastung liegt bei einer gebräuchlichen Zelle von 11,4 mm Durchmesser und 5,4 mm Höhe zwischen 0,4 und 2 mA, mit kurzzeitigen Spitzen von 10–20 mA. In neuester Zeit sind Anstrengungen im Gang, um völlig quecksilberfreie Zink-Luft-Zellen herzustellen. Dabei gelingt es, die Bildung von Wasserstoff (das sog. „Gasen") am großflächigen Kontakt zwischen der Zinkmasse und der Innenseite des Deckels durch eine spezielle Behandlung der letzteren zu verhindern. Bei bestimmten Fabrikaten wird dazu Indium eingesetzt.

Thermalbatterien

Jahrelange Lagerung, sofortige Aktivierung

Neben dem zivilen Markt gibt es einen Bedarf für spezielle Batterien im Bereich militärischer Anwendungen mit weitgehend andersartigen, naturgemäß extremen Anforderungen. Zur Versorgung ihrer Elektronik- und Zündsysteme sind Marschflugkörper, Lenkwaffen, Raketen, Artilleriegeschosse, Bomben, Torpedos und Minen mit sehr speziellen Batterien ausgerüstet. In der Regel müssen sie nur während kurzer Zeit (Sekunden bis Minuten) elektrische Energie liefern, dies aber mit nahezu absoluter Zuverlässigkeit.
Die für den kommerziellen Einsatz bestimmten Typen von Primär- und Sekundärbatterien sind meist nicht in der Lage, die zur Energieversorgung von Waffensystemen erforderlichen Spezifikationen zu erfüllen. Typische militärische Anforderungen sind, daß man solche Batterien jahre- bis jahrzehntelang ohne Wartung und Pflege lagern kann. Bei Bedarf müssen sie selbst unter extremen Bedingungen sofort Strom liefern, und zwar mit einer Zuverlässigkeit von 99,0–99,9 %. Konventionelle Kriterien wie Wirtschaftlichkeit, Umweltfreundlichkeit und Recycling werden nicht vernachlässigt, doch haben Leistung und Zuverlässigkeit den Vorrang.

Für militärische Anwendungen wurde nach dem Zweiten Weltkrieg viele Jahre das sehr zuverlässige Zink-Silberoxid-System bevorzugt, das heute vorwiegend zur Energieversorgung von Quarzuhren verwendet wird. Bei der Fabrikation und langfristigen Lagerung wurde die Batterie trocken belassen. Der Kalilaugelektrolyt befand sind in einem getrennten Behälter und wurde erst kurz vor dem Einsatz unter der Druckwirkung einer Gaspatrone zwischen die Elektroden gepreßt.

Die „aktivierbaren" militärischen Zink-Silberoxid-Batterien wurden von den 70er Jahren an weitgehend von Thermalbatterien abgelöst, deren Elektrolyt eine Salzschmelze ist. Beim Lagern ist das Salzgemisch fest und elektrisch nichtleitend. Die Aktivierung erfolgt pyrotechnisch durch Abbrand eines sog. Hitzepapiers oder einer Hitzetablette aus einem pyrotechnischen Gemisch, um das Elektrolytsalz innerhalb von Sekundenbruchteilen aufzuschmelzen. So wird es zum Ionenleiter, die Batterie kann Strom liefern. Thermalbatterien sind äußerst stoßfest und widerstehen Beschleunigungskräften von mehreren 1000 mal die irdische Fallbeschleunigung. Je nach den Anforderungen sind Thermalbatterien für Betriebszeiten von 10–1000 s ausgelegt, es gibt Ausführungen, die bis zu 1 h Strom abgeben. Die energieliefernden elektrochemischen Reaktionen laufen an den Elektroden ab, solange der Elektrolyt flüssig bleibt und aktive Masse vorhanden ist.

Einsatz beim Mondflug

Thermalbatterien können etwa gleich lang gelagert werden, wie gewöhnliche Munition (d. h. 20–25 Jahre) und lassen sich zwischen –50 bis +75 °C aktivieren. Ihr Anwendungsbereich hat sich in den letzten Jahrzehnten stark erweitert. So werden sie heute auch zum Auslösen von Schleudersitzen und Fallschirmen sowie zur Stromversorgung von Radarstörsendern und gewisser, nur einmal benötigter Subsysteme in Raumsonden eingesetzt. Auch während den Apollo-Expeditionen zum Mond haben sie gute Dienste geleistet.

Als Anodenmaterial bevorzugte man ursprünglich das hochreaktive, auf ein Stahlsubstrat aufgedampfte oder aufgewalzte metallische Calcium. Als Elektrolyt diente ein bei etwa 350 °C schmelzendes Gemisch von Lithium- und Kaliumchlorid mit einem Zusatz von Kalium- oder Calciumchromat zur Passivierung der Calciumelektrode. Mit diesem Salzgemisch wurde ein poröses Glasfaserband imprägniert. Später benutzte man auch Aluminiumoxid, Kaolin oder Magnesiumoxid zur Immobilisierung des Elektrolyts. Dieser wurde in Pulverform zusammen mit den Zusätzen zu einer Tablette gepreßt. Die Zellen wurden übereinander gestapelt, wobei als Verbindungselement die metallische Unterlage der Calciumelektrode diente. Auf der gegenüberliegenden Seite war das Hitzepapier oder die Hitzetablette angeordnet.

Das Hitzepapier bestand aus Keramik- und Glasfasern, zwischen denen ein Gemisch von Zirkoniumpulver und Bariumchromat eingelagert war. Die Hitzetablette bestand aus einer pyrotechnischen Mischung von Eisenpulver und Kaliumperchlorat. Es gab später auch Ausführungen, in denen die Wärmequelle in einer runden Metallkapsel untergebracht war. Mit einem elektrisch oder mechanisch aktivierten Zünder wurde die Oxidation des Zirkoniums mit Bariumchromat oder des Eisens mit Perchlorat ausgelöst. Die dabei entstehende Wärme schmolz das Salzgemisch. Die Aktivierung konnte innerhalb von 40–600 ms erfolgen, die Betriebstemperatur lag zwischen 550 und 600 °C.

Bei einer besonders in den USA früher häufig angewendeten, Ausführung der Calcium-Thermal-Batterie bestand jede Zelle aus einem U-förmig gebogenen Stahlblech, dessen eine Seite mit Calcium beschichtet war. Die andere Seite bildete den Kontakt zur positiven Elektrode aus Calciumchromat. Zwischen der positiven Elektrode und der darüber liegenden Calciumelektrode war der Elektrolyt angeordnet. Letzterer bestand ursprünglich aus einem Glasfaserband, in welchem das Salz eingelagert war.

Später bestand der Elektrolyt aus einer gepreßten Tablette aus Salzpulver mit bindenden Zusätzen aus Oxiden wie Magnesiumoxid und Siliciumoxid. Als pyrotechnische Wärmequelle diente ein Filz keramischer Fasern, der mit Zirkoniummetall als Brennstoff und Bariumchromat als Oxidationsmittel imprägniert war. Diese Kombination ist durch einen besonders schnellen Abbrand gekennzeichnet. Die pyrotechnische Wärmequelle war auf der Innenseite der U-förmigen Stahlbleche angeordnet. Zellen dieser Bauart mit Calciumchromatkathode liefern eine Spannung von 2,2 V. Sie wurden in Serie zu Batterien mit einer Klemmenspannung von 10–60 V zusammengebaut, für Stromdichten von bis zu 1 A/cm^2

während Zeiträumen von 100 ms bis zu einigen 10 min. Für Sonderzwecke wurden Serienschaltungen Hunderter von Zellen gebaut, mit Klemmenspannungen bis zu 1000 V.

Lithium-Eisensulfid-Batterie

Seit 1980 werden für militärische Zwecke fast nur noch Thermalbatterien mit Anoden aus einer Lithium-Aluminium- oder Lithium-Silicium-Legierung, Kathoden aus Eisendisulfid und einem Salzschmelzenelektrolyt aus Lithium-/Kaliumchlorid verwendet. Als pyrotechnische Mischung dient Eisenpulver/Kaliumperchlorat. Die Aktirungszeit reicht je nach Größe von 0,05–2 s. Es können Stromdichten bis 1 A/cm^2 aufrecht erhalten werden. Das elektrochemische System entspricht fast genau dem Hochtemperaturakkumulator, der vom Argonne National Laboratory bei Chicago für Traktionszwecke entwickelt wurde.

Die Form der Thermalbatterien ist meist zylindrisch, ihr Durchmesser reicht von 13 mm–15 cm. Die Batterien sind bipolar aufgebaut, wobei die einzelnen Zellen wie bereits beschrieben scheibenförmig übereinander gestapelt werden (Bild 8.1). Die positive Elektrode besteht aus einer Tablette aus verpreßtem Eisensulfidpulver (FeS_2). Darüber kommt der Elektrolyt aus Lithiumchlorid/Kaliumchlorid oder Lithiumchlorid/Lithiumbromid/Lithiumfluorid; er wird durch Magnesiumioxid immobilisiert. Zuoberst befindet sich die Anodentablette aus Lithium-Aluminium oder Lithium-Silicium. Zwischen jedem Element ist eine Scheibe der pyrotechnischen Mischung Eisenpulver/Kaliumperchlorat angeordnet. Alle diese Ele-

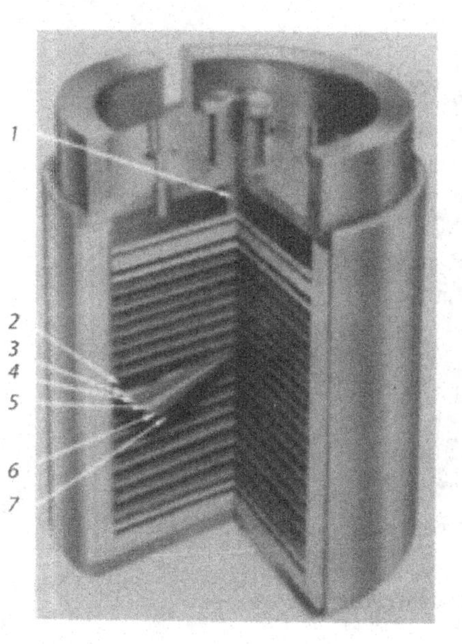

Bild 8.1 Schnitt durch eine amerikanische Lithium-Eisensulfid-Thermalbatterie. *1* Elektrischer Zünder *2* Hitzetablette *3* Anodenkollektor *4* Anode *5* Elektrolyt und Bindematerial *6* Kathode *7* Kathodenkollektor

mente weisen in vielen Fällen ein zentrales Loch auf, durch welches die Stichflamme des Zünders die Hitzetabletten in Brand setzt. Die Zuverlässigkeit solcher Thermalbatterien beträgt über 99,8 %; sie sind bis zu 25 Jahre lang haltbar.

Dank der hohen Leitfähigkeit der als Elektrolyt verwendeten Salzschmelze, weisen Thermalbatterien einen sehr niedrigen inneren Widerstand auf. Dies ermöglicht viel höhere Stromdichten als bei den üblichen Batterien mit wässerigem Elektrolyt. Die Einzelzelle einer Thermalbatterie ist nur 1–2 mm hoch, wobei die scheibenförmigen Elemente (Anode, Elektrolyt, Kathode, Hitzetablette) je 0,2–0,4 mm dick sind.

Aufwendige Fabrikation

Für die Herstellung von Thermalbatterien sind Tablettenpressen mit sehr hohem Druck erforderlich. Um die Thermalbatterie möglichst kompakt zu bauen und eine hohe Energiedichte zu gewährleisten, werden vielfach sog. Doppeltabletten verwendet, die alternierend mit Zündtabletten übereinander gestapelt werden. Sie bestehen auf der einen Seite aus dem Elektrolyt (Magnesiumoxidkeramik getränkt mit Lithiumchlorid und Kaliumchlorid), auf der anderen aus Kathodenmaterial (Eisensulfid mit zusätzlichen Lithiumchlorid/Kaliumchloridelektrolyt).

Thermalbatterien werden unter Ausschluß von Luftfeuchtigkeit in sog. Trokkenräumen mit weniger als 1 % Feuchtigkeit zusammengebaut. Das zylindrische, metallische Gehäuse wird mit dem Deckel gasdicht verschweißt (Bild 8.2). Metall-Glas-Durchführungen dienen als elektrische Anschlüsse für den Entladestrom und die Zuführung des Aktivierungsimpulses. Neuere Entwicklungen auf dem Gebiet der Thermalbatterien betreffen Elektrolyte aus Lithiumchlorid/Lithiumbromid/Lithiumfluorid sowie Kathoden aus cobaltmodifiziertem Eisensulfid.

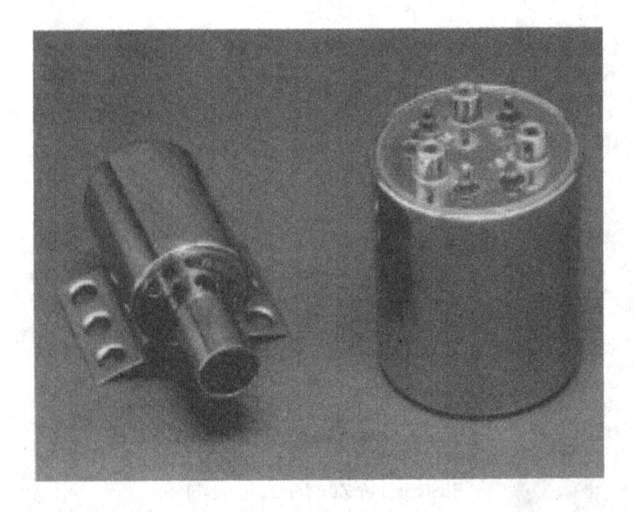

Bild 8.2 Thermalbatterien für die „Dragon"-Panzerabwehrrakete

Eine Variante der Thermalbatterie war die schockwellenaktivierte Batterie. Mechanische Impulse oder eine kleine Sprengstoffladung bewirken die Aktivierung innerhalb von Bruchteilen von ms. Als Elektrolyt dient wiederum ein Kaliumchlorid-Lithiumchlorid-Gemisch niedrigen Schmelzpunkts, das unter der Wirkung der Schockwelle schmilzt und zum Ionenleiter wird. Dann liefert die Batterie einen kräftigen Stromstoß, der einige Sekunden dauert. Die Technik der Schockwellenaktivierung wurde vor allem aus Sicherheitsgründen wieder aufgegeben. Benötigt man beim Ausklinken einer Bombe oder einer Rakete bei der Trennung vom Bordnetz des Flugzeugs eine ununterbrochene Stromversorgung, so überbrücken Kondensatoren hoher Kapazität die kurze „Anlaufzeit" der Thermalbatterie.

Teil III

Sekundärbatterien

Kapitel

9

Der Bleiakkumulator

Universelle Starter-, Traktions- und Notstrombatterie

Schon Anfang des 19. Jh. wurde entdeckt, daß die damals verfügbaren elektrochemischen Stromquellen wiederaufgeladen werden konnten. So wurde 1801 entdeckt, daß sich eine „erschöpfte" Voltaische Säule mit einer neuen Säule teilweise wieder aufladen ließ; die gleiche Beobachtung wurde später beim Leclanché-Element gemacht. Eine Elektrolysezelle mit Platinanode und Platinkathode in verdünnter Schwefelsäure, in welcher Wasserstoff und Sauerstoff abgeschieden wurde, konnte nach Beendigung der Elektrolyse für kurze Zeit einen „sekundären" Strom in umgekehrter Richtung liefern.

Seither spricht man von Sekundärbatterien, wenn wiederaufladbare Batterien gemeint sind. Allerdings war das Wiederaufladen anfänglich nur eine experimentelle Spielerei; Generatoren, die mechanische Energie in Elektrizität umwandelten und Sekundärbatterien aufladen konnten, gab es auf kommerzieller Basis erst ab etwa 1870. Doch schon 10 Jahre zuvor hatte der Franzose Gaston Planté (1834–1889) den Bleiakkumulator entwickelt, die heute am weitesten verbreitete Sekundärbatterie.

Plantés Batterie setzte sich sehr schnell durch. Noch heute dominiert der Bleiakkumulator das Feld der Starter-, Traktions und Notstrombatterien; er versorgt auch das Telefonnetz. Die Weltproduktion von Starterbatterien allein liegt zwi-

Bild 9.1 Moderne Starterbatterien in Polypropylengehäuse

schen 50 und 100 Mio. Stück pro Jahr, Hunderte von Millionen sind in Betrieb (Bild 9.1). Plantés „Urbatterie" bestand aus 2 zusammengerollten Bleiblechen, die mit je einem Anschluß versehen waren; isolierende Abstandhalter sorgten für die Trennung der Bleche. Sie tauchten in einen Elektrolyt aus 10 %iger Schwefelsäure ein. Diese Batterie mußte mit großer Mühe unter Einsatz von Bunsenzellen formiert, d. h. immer wieder aufgeladen und dann entladen werden. So entstand auf den Elektroden eine genügende Menge des zur Speicherung elektrischer Energie erforderlichen porösen Bleis bzw. Bleidioxids.

Im geladenen Zustand besteht das aktive Material der positiven Elektrode aus Bleidioxid, die negative Elektrode aus Blei. 1873 wurden solche Batterien erstmals auch mit Hilfe eines von Hand angetriebenen Gleichstromgenerators aufgeladen; beim Entladen funktionierte der Generator als Motor. Auf diese Weise gelang es erstmals auf überzeugende Weise zu zeigen, daß mechanische Energie elekrochemisch gespeichert werden kann. Damit verfügte man über „tragbare" und „nachtankbare" Elektrizität. Im Gegensatz zur Primärbatterie mußte man nun nicht mehr ständig Metalle und Chemikalien verbrauchen. An beiden Elektroden laufen umkehrbare chemische Reaktionen ab, die Bleisulfat als Entladungsprodukt liefern.

Der Bleiakkumulator erträgt Hunderte oder gar Tausende von Lade-Entladezyklen, die Selbstentladung ist gering, die Spannung des Blei/Bleidioxidelements ist mit knapp über 2 V sehr hoch. Auch in bezug auf den Preis ist der Bleiakkumulator schwer zu schlagen. Weil das Plattenpaket nur aus Blei und Bleiverbindungen besteht, ist das Recyceln relativ einfach. Durch Reduzieren und Einschmelzen kann das Blei zurückgewonnen und zu neuen Elektroden aufgearbeitet werden. Etwa 70 % des in der ganzen Welt vorhandenen Bleis steckt in Akkumulatoren und unterliegt einem geschlossenen Kreislauf der Wiederverwertung. Seit den 80er Jahren verfügt man zudem über Ausführungen, die verschlossen und gasdicht sind: sie kommen mit einer minimalen Wartung aus.

Elektrische „Black Box"

Der Bleiakkumulator ist bis heute die einzige Sekundärbatterie, bei welcher sowohl die positiven wie die negativen Elektroden aus dem gleichen Grundstoff bestehen, Blei in metallischer bzw. oxidierter Form. Beim Entladen entsteht aus beiden Elektroden dasselbe Endprodukt, nämlich Bleisulfat. Die Lade-Entladereaktion läßt sich wie folgt formulieren:

$$Pb + PbO_2 + 2H_2SO_4 \underset{\text{Laden}}{\overset{\text{Entladen}}{\rightleftarrows}} 2PbSO_4 + 2H_2O$$

Bleisulfat hat in Schwefelsäure eine Löslichkeit von nur etwa 10^{-6} mol/l. Die Bildung von Bleisulfat beim Entladen und die Rückreaktion zu metallischem Blei bzw. Bleidioxid beim Laden findet also an Ort und Stelle in der Elektrode statt. Dies ist der Grund für die gute Zyklenstabilität. Man erreicht je nach Batterietyp 200–2000 Zyklen, bei nur teilweiser Entladung können es noch deutlich mehr sein.

Die höchste Zyklenzahl erzielt man mit sog. Röhrchenplatten-Batterien, in welchen das positive, aktive Material in senkrecht angeordneten, aus Polyester gewebten Röhrchen von etwa 9 mm Durchmesser eingeschlossen ist. Im Zentrum jedes Röhrchens ist ein etwa 3 mm dicker Bleistab als Stromableiter angeordnet.

Die reversible Gleichgewichtsspannung des Blei/Bleidioxidsystems hängt von der Säuredichte ab. Bei 20 °C erhält man bei einer Säuredichte von 1,24 g/cm^3 eine theoretische Spannung von 2,088 V. Bei 1,28 g/cm^3 beträgt die Spannung 2,126 V. Die Spannung steigt um 10 mV für eine Dichteerhöhung um 0,01 g/cm^3. Bei der Entladung sinkt die Säuredichte und damit auch die Gleichgewichtsspannung. Um letztere exakt zu messen, muß aber der Strom mind. 24 h unterbrochen werden, weil die Polarisationeffekte nur langsam abklingen. Die Gleichgewichtsspannung könnte dann als Anzeige des Ladezustands dienen, doch ist dies offensichtlich unpraktisch. Die gebräuchliche Art, den Ladezustand zu messen, ist darum die Kontrolle der Säuredichte.

Wie alle Sekundärbatterien kann man den Bleiakkumulator als „Black box" betrachten, aus der die vorgängig eingespeicherte elektrische Energie jederzeit wieder bezogen werden kann. Dabei muß ein Verlust von 20–25 % in Kauf genommen werden. Leider ist dieses immer noch konkurrenzlos dastehende Batteriesystem mit einem grundlegenden Nachteil behaftet: seine spezifische Energie ist mit 25–35 Wh/kg gering. Wohl beträgt der theoretische Wert für die o. g. Lade-Entladereaktion etwa 175 Wh/kg, doch läßt sich in der Praxis eine Steigerung der spezifischen Energie auf mehr als 35 Wh/kg nur auf Kosten der Lebensdauer erzielen. Bei den in neuester Zeit entwickelten „Horizon"-Batterien, in welchen als Elektrodengerüst bleiüberzogene Glasfasern verwendet werden, soll eine spezifische Energie von 45 Wh/kg erreichbar sein. Diese Batterien müssen aber ihre Lebensdauer und Zuverlässigkeit im praktischen Einsatz noch unter Beweis stellen.

Die Elektroden müssen zur Gewährleistung der garantierten Lebensdauer ein Bleigitter genügender Festigkeit aufweisen, um die meist rauhen Betriebsbedingungen zu ertragen. Zudem „zehren" Korrosionsvorgänge mit einer Abtragungsrate von 0,03 mm/a dauernd am Gitter, auch wenn die Batterie nicht gebraucht wird. Ein weiterer Nachteil des Bleiakkumulators ist die relativ lange Ladezeit, auch erträgt er den total entladenen Zustand schlecht. Die beste Lebensdauer wird erzielt, wenn er dauernd mit einem kleinen Strom geladen wird.

Vollständige technische Erneuerung

Die Konsumenten sind sich kaum bewußt, daß fast alle Komponenten des Bleiakkumulators unter der Motorhaube ihrer Autos im Lauf der letzten 10–20 Jahre von Grund auf neu entwickelt wurden. Nur der aus Schwefelsäure bestehende Elektrolyt ist der gleiche geblieben. Der Kasten selbst ist nicht mehr wie früher aus schwarzem Hartgummi gefertigt, sondern aus schlagfestem, viel leichterem und recyclebarem Polypropylen, das beliebig eingefärbt werden kann. Der Deckel wird nicht mehr mit Asphalt vergossen; vielmehr wird er absolut dicht mit dem Kasten thermisch verschweißt.

Auch die Gitterelektroden aus Hartblei, in welche eine Paste aus Bleioxid und Schwefelsäure eingestrichen wird, haben sich drastisch verändert. Anstelle der klassischen Blei-Antimon-Legierungen mit 4–6 % Antimon verwendet man heute selenhaltige Bleilegierungen mit nur 1–2 % Antimon, oder Blei-Calcium-Zinn-Legierungen. Zudem wurden die Pasten für die Platten noch weiter optimiert. Besonders auffällig sind die Veränderungen bei den Separatoren oder Scheidern, mit denen die Platten voneinander getrennt werden. Früher verwendete man mit Phenolharz gebundene Cellulosefasern, dann poröses PVC oder Glasfaserfilze, heute hauptsächlich mikroporöses Polyethylen. Diese modernen Separatoren tragen zur Kapazitätserhaltung signfikant bei. Von großer Bedeutung war auch die Optimierung der Reifungs- oder Kristallisationsprozesse an der positiven Oxidelektrode, ohne welche die Lebensdauer im Zyklusbetrieb völlig ungenügend wäre.

Der „gasdichte", wartungsfreie Akkumulator

In den letzten Jahren sind verschlossene, praktisch wartungsfreie Bleiakkumulatoren auf dem Markt erschienen, die über ihre gesamte Lebensdauer kein destilliertes Wasser benötigen. Sie sind zur Sicherheit mit einem Ventil versehen, das sich bei einem Überdruck von 0,5 bar reversibel öffnet. Man hat sich schwergetan, für diese Batterien einen Namen zu finden. „Gasdicht" durfte man sie nicht nennen, weil dieser Ausdruck bei Nickel-Cadmium-Akkumulatoren eine hermetisch dichte Ausführung bezeichnet. Schließlich haben sich die Fabrikanten auf die Bezeichnung „ventilgesteuerter" Bleiakkumulator („Valve-regulated battery") geeinigt.

Diese Batterien sind das Endprodukt einer jahrzehntelangen Entwicklung zur Verminderung der Wartung. Es ging im wesentlichen darum, das „Gasen" des Akkumulators zu verringern, d. h. insbesondere die Entwicklung von Wasserstoff

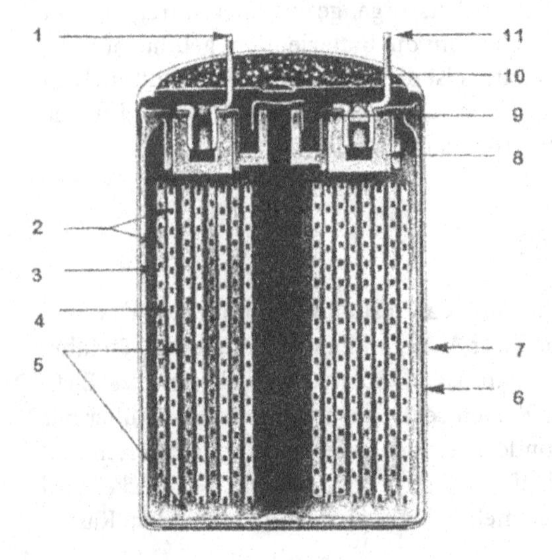

Bild 9.2 Schnitt durch einen zylindrischen, gasdichten Bleiakkumulator mit spiralförmig gewickelten Elektroden. *1* Positiver Anschluß *2* Reinbleigitter der Elektroden *3* positive Elektrode (Bleidioxid) *4* negative Elektrode (Bleischwamm) *5* Separator aus Mikroglasfaserfilz *6* verschlossenes Kunststoffgehäuse *7* äußerer Metallmantel *8* Dichtung des Anschlusses *9* Sicherheitsventil *10* äußerer Kunststoffdeckel *11* negativer Anschluß

an der negativen Elektrode zu vermeiden. Zudem galt es, den an der positiven Elektrode entstehenden Sauerstoff durch Reduktion an der negativen Elektrode zum Verschwinden zu bringen. Dies gelang durch die Verwendung völlig antimonfreier Gitter in den Platten sowie das „Immobilisieren" des Elektrolyten durch Gelieren oder Aufsaugen. Im letzteren Fall werden zwischen den Platten Separatoren aus Mikroglasfasern verwendet, deren Durchmesser 1–2 µm beträgt (Bild 9.2).

Akkumulatoren mit Mikroglasfaser-Separatoren können auch in Horizontallage verwendet werden, ohne daß Säure ausläuft. Das Gehäuse besteht aus stoßsicherem ABS-Kunststoff oder Polypropylen, der Deckel ist mit Hilfe des sog. Spiegelschweißverfahrens dicht auf das Gehäuse geschweißt. Hierzu werden der obere Rand des Gehäuses und der untere Rand des Deckels mit einer teflonbeschichteten Heizplatte bis zum Schmelzen erhitzt, worauf die Heizplatte zurückgezogen und unmittelbar danach der Deckel auf das Gehäuse gepreßt wird (Bild 9.3).
Die als Separator eingesetzte Glasmikrofibermatte umhüllt die Platten und saugt die benötigte Menge Säure vollständig auf. Letztere kann darum niemals auslaufen, selbst wenn der Batteriekasten aufbricht. Man sättigt diesen Separator aber nicht vollständig mit Säure, sondern nur soweit, daß er eine gewisse Gasdurchlässigkeit beibehält. So kann nämlich der bei der Ladung an der positiven Elektrode sich entwickelnde Sauerstoff durch den Separator hindurch zur negativen Elektrode gelangen, wo er durch folgende Vorgänge zu Wasser reduziert wird:

$$O_2 + 4\,H^+ + 4\,e^- \rightarrow 2\,H_2O$$

Die dazu benötigten Wasserstoffionen H^+ werden der Schwefelsäurelösung entnommen; die Elektronen e^- werden durch die elektrochemische Oxidation von Blei erzeugt

$$2\,Pb + 2\,SO_4^{2-} \rightarrow 2\,PbSO_4 + 4\,e^-$$

Bild 9.3 Wartungsfreie Traktionsbatterie „Dryfit". *1* Sicherheitsventil *2* Polzapfen *3* Deckel *4* Verbindung durch die Zellenwand *5* Plattenverbinder *6* Gehäuse *7* positive Elektrode *8* Separator *9* negative Elektrode

Die Summe dieser beiden elektrochemischen Prozesse führt zur Gesamtreaktion

$$O_2 + 2\,Pb + 4\,H^+ + 2\,SO_4^{2-} \rightarrow 2\,PbSO_4 + 2\,H_2O$$

Die Sauerstoffproduktion würde an sich also zu einer Entladung der negativen Elektrode führen. Durch den Ladeprozeß wird aber Bleisulfat ständig wieder zu Blei reduziert

$$2\,PbSO_4 + 4\,e^- \rightarrow 2\,Pb + 2\,SO_4^{2-}$$

So bleibt als Gesamtreaktion nur Sauerstoffentwicklung an der positiven Elektrode

$$2\,H_2O \rightarrow O_2 + 4\,H^+ + 4\,e^-$$

Dazu kommt die Sauerstoffreduktion an der negativen Elektrode

$$O_2 + 4\,H^+ + 4\,e^- \rightarrow 2\,H_2O.$$

Diese Reaktionen bezeichnet man als den sog. Sauerstoffkreislauf.

Die ventilgesteuerten wartungsfreien Bleiakkumulatoren werden hauptsächlich in sog. „Ununterbrochenen Stromversorgungsanlagen" (USV) eingesetzt und erleben einen richtigen Nachfrageboom. Sie werden zur Versorgung von Computern, Telefonzentralen und Rechenzentren eingesetzt. Mit einer Schwebeladung werden solche Batterien ständig im voll geladenen Zustand gehalten. Dabei wird der Ladestrom so reguliert, daß eine Schwebespannung von 2,27 V pro Zelle resultiert.

Sobald das Netz ausfällt, übernimmt die Batterie die Stromversorgung. Anschließend wird sie direkt bei der Schwebeladungsspannung von 2,27 V pro Zelle wieder aufgeladen. Je nach der Leistung des Ladegeräts kann der anfängliche Ladestrom recht hoch sein und bis zu 30 % des Nominalwerts der Kapazität erreichen. Für eine Batterie von 150 Ah Kapazität könnte der maximale Ladestrom also 50 A betragen. Nach Erreichen der Spannungsgrenze von 2,27 V pro Zelle sinkt der Strom. Die Ladezeit bis zur 90 %igen Ladung beträgt 10–40 h, bis zur völligen Ladung sogar bis 72 h, je nach Ladegerät.

Die Fabrikation des ventilgesteuerten Bleiakkumulators erfordert genaue Kontrollen, besonders in bezug auf Dichtigkeit und Säurevolumen. Ihre Lebensdauer im Schwebeladungsbetrieb beträgt je nach Gebrauchsmodus sowie Ladungsart und Temperatur 3–10 Jahre. Sie ist bedeutend geringer als diejenige der stationären Batterien mit sog. Röhrchenplatten. Besonders die Betriebstemperatur bestimmt die Lebensdauer; je höher die Temperatur, desto kürzer die Lebensdauer.

Akkumulatoren mit Röhrchenplatten

Die heutigen Traktionsbatterien für Gabelstapler, Elektrokarren, selbstfahrende Rollstühle, Spitalbetten und andere Elektrofahrzeuge sind meist sogenannte Röhrchenplatten-Akkumulatoren. Sie werden auch für stationäre Anwendungen eingesetzt, insbesondere zur Stromversorgung von Telefonzentralen. Sie sind nicht völlig wartungsfrei, muß doch das Säureniveau gelegentlich kontrolliert werden. Bei modernen, antimonarmen Röhrchenplatten-Akkumulatoren ist der Wasserverlust bei Schwebeladung (2,23 V pro Zelle) so gering, daß nur alle 5–10 Jahre Wasser nachgefüllt werden muß. Akkumulatoren dieses Typs ertragen ohne Kapazitätsverlust 1 000–2 000 Tiefentladungen; bei stationären Anwendungen beträgt die Lebensdauer mehr als 15 Jahre.

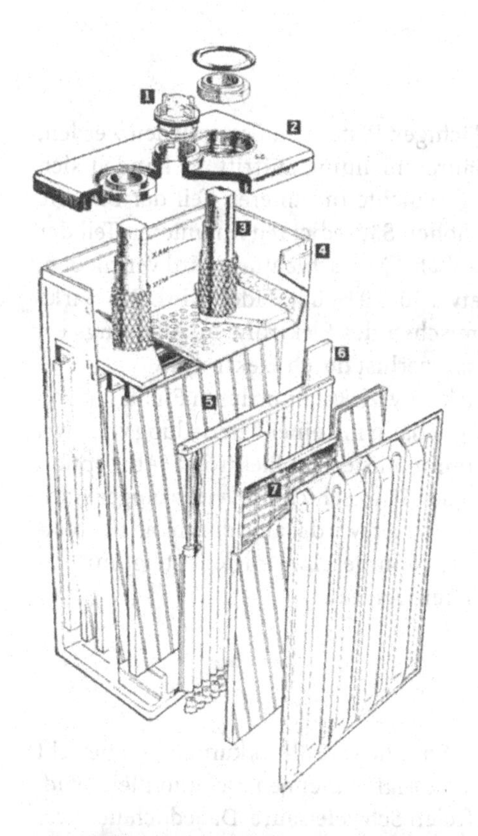

Bild 9.4 Aufbau einer stationären Bleibatterie mit positiven Röhrchenplatten in durchsichtigem SAN-Kunststoffgehäuse. *1* Entlüftungsventil *2* Deckel *3* Polzapfen *4* Kunststoffgehäuse *5* Separatortasche *6* positive Röhrchenplatte *7* negative, pastierte Gitterplatte

Bild 9.5 Stationäre Bleibatterie mit positiven Röhrchenplatten zur Notstromversorgung von Kraftwerken und Telefonzentralen

Zur Herstellung der negativen Elektroden geht man von einem gegossenen Bleigitter aus, in dessen Zwischenräume eine aus oxidiertem Bleistaub und Bleisulfat bestehende Paste gepreßt wird. Diese Platte wird zum Formieren in ein Säurebad gehängt und negativ geschaltet. Dabei werden die Bleiverbindungen in der Paste zu Bleischwamm reduziert, der eine Porosität von etwa 50 % aufweist (Bild 9.4, Bild 9.5).

Das Problem der Säurestratifikation

Beim Zyklen von Bleibatterien mit großflächigen Platten muß vermieden werden, daß eine sog. Säurestratifikation oder Säureschichtung auftritt. Es handelt sich um eine Erscheinung, bei welcher die Säuredichte im unteren Teil der Batterie ansteigt und im oberen Teil absinkt. Die hohen Säuredichten im unteren Teil der Batterie sind der Lebensdauer nicht zuträglich. Säureschichtung wird vermieden, wenn die Batterie bei jedem Zyklus um etwa 10–20 % überladen wird. Die starke Gasentwicklung führt dann zum Durchmischen des Elektrolyten. Allerdings ergibt sich dann auch ein relativ hoher Wasserverlust durch Elektrolyse.

Für gewisse Traktionsbatterien wird Elektrolytzirkulation durch Einblasen von kleinen Luftmengen erzwungen. Man kommt dann mit einer Überladung von etwa 5 % aus. In wartungsfreien Batterien mit immobilisiertem Elektrolyt (Absorption in Glas-Mikrofaser-Filz) tritt das Problem der Säureschichtung viel weniger stark in Erscheinung. Die Lebensdauer der Bleibatterien wird i. allg. durch die Korrosion der positiven Gitter bestimmt. Die Korrosionsgeschwindigkeit steigt mit zunehmender Spannung und zunehmender Temperatur.

Spezifische Energie

Der theoretische Wert für die spezifische Energie des Bleiakkumulators bezieht sich nur auf das Gewicht der theoretisch benötigten Mengen Blei und Bleidioxid, sowie der theoretisch benötigten wasserfreien Schwefelsäure. Da jedoch nur verdünnte, etwa 30 %ige Säure verwendet werden kann (um übermäßige Korrosion zu vermeiden), beträgt die theoretische spezifische Energie in Wirklichkeit weniger als 120 Wh/kg. Batteriegehäuse, Deckel, Plattenverbinder, Bleigitter, Mikrofasern und Säureüberschuß, die an sich nichts zur Energiespeicherung beitragen, vermindern die theoretische spezifische Energie weiter auf etwa 70 Wh/kg.

Die aktiven Massen (Bleischwamm und Bleidioxid) können im günstigsten Fall nur bis max. 65 % ausgenützt werden, weil das bei der Entladung entstehende Bleisulfat den Widerstand zwischen den einzelnen Partikeln der aktiven Masse so stark erhöht, daß keine Stromentnahme mehr möglich ist. Deshalb erreicht man in der Praxis nicht mehr als 45 Wh/kg, und auch dies nur auf Kosten der Lebensdauer, weil sehr dünne Bleigitter verwendet werden müssen.

Lebensdauer und Ladebetrieb

Die durchschnittliche Lebensdauer beträgt heute für Starterbatterien 3–5 Jahre, für Röhrchenplatten-Traktionsbatterien 5–7 Jahre, für die besten wartungsfreien (ventilgesteuerten) Akkumulatoren 7–10 Jahre und für stationäre Röhrchenplatten im Schwebeladungsbetrieb (2,20 V pro Zelle) 15–25 Jahre. Diese Werte gelten für Normaltemperaturen von durchschnittlich 20 °C . Die Lebensdauer hängt stark von den Betriebsbedingungen ab, d. h. Ladespannung, Temperatur und Zyklenzahl.

Um eine optimale Lebensdauer bei minimalem Unterhalt zu erzielen, ist sachgemäßes Laden von größter Bedeutung. Die besten Ladeverfahren basieren auf der Begrenzung der Ladespannung. Stationäre Röhrchenplatten-Batterien werden normalerweise mit einer Spannung von 2,23 V pro Zelle geladen. Für antimonarme Ausführungen ist eine Spannung von 2,20 V besser, weil der Wasserverbrauch dann noch geringer ist und man die Lebensdauer weiter verlängert. Für wartungsfreie, ventilgesteuerte Akkumulatoren wird vorzugsweise 2,27 Volt pro Zelle verwendet. Die o. g. Werte gelten für eine Temperatur von 20 °C. Bei höheren Temperaturen sollte die Ladespannung gesenkt werden, und zwar um 3 mV/°C Temperaturanstieg (Bild 9.6).

Durch die in den heutigen Automobilen verwendeten Ladegeräte (Alternatoren) wird auch bei Starterbatterien die Ladespannung reguliert, bei einem 12 V-Akkumulator auf 14,4–14,8 V. Dies entspricht einer mittleren Zellenspannung von etwa 2,40–2,45 V. Die Starterbatterie verbringt ja normalerweise über 90 % der Zeit im offenem Stromkreis. Das Aufladen beim Fahren muß auch die durch Selbstentladung verlorene Kapazität wieder ausgleichen.

Traktionsbatterien mit Röhrchenplatten (für Hubstapler und andere Elektro-

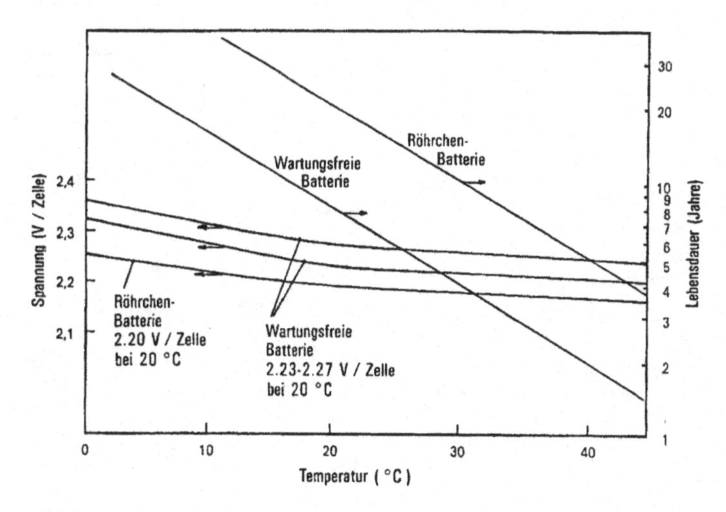

Bild 9.6 Optimale Schwebeladungsspannung und optimale Lebensdauer von stationären, ventilgesteuerten, wartungsfreien Akkumulatoren im Vergleich mit der klassischen Röhrchenplattenbatterie

fahrzeuge) können anfänglich mit hohem, konstantem Strom geladen werden. Man rechnet mit einem Wert in Ampere, der 1/4–1/5 der Nominalkapazität (in Ah) entspricht, allerdings nur bis zu einer Spannung von 2,30–2,40 V pro Zelle. Nachher sollte mit einem kleineren Strom weitergeladen werden, bis die Spannung auf 2,5 V pro Zelle steigt. Nach Erreichen dieses Werts wird die Spannung konstant gehalten, wodurch der Strom nun laufend abnimmt. Am Ende der Ladung kann nochmals für begrenzte Zeit ein konstanter Strom von 2 % der Nominalkapazität angelegt werden, was der Säuredurchmischung zuträglich ist.

Bleibatterie-Speicherkraftwerke

Deckung von Spitzenlast und Stabilisierung von Verbundnetzen

Der Einsatz einer großen Zahl von zusammengeschalteten Bleibatterien zur Speicherung von elektrischer Grundlast und zur Erzeugung von Spitzenlast ist seit etwa 100 Jahren bekannt. Solche Batteriespeicher wurden mit der Verwirklichung kontinentweiter Verbundnetze fast überall überflüssig. Doch dank moderner Leistungselektronik und pflegeleichten Batterien erlebt das Konzept vor allem in den USA eine Renaissance.

Ein Energieversorgungsunternehmen kann sich nicht mehr einfach mit der Erzeugung und dem Anbieten von elektrischer Energie begnügen. Die Kunden verlangen nicht nur die quantitative Deckung ihrer Bedürfnisse, sondern qualitativ hochwertige Elektrizität. Diese muß ununterbrochen verfügbar sein, und in bezug auf Spannung und Frequenz eine hohe Konstanz aufweisen. Es sollten auch keine niederfrequenten, parasitären Schwingungen im Netz auftreten. Sie werden zwar von dem Kunden kaum wahrgenommen, doch können sie zu Schäden, im Extremfall sogar zum Zusammenbruch von Verbundnetzen führen.

Um die verlangte Stabilität ihres Produkts zu gewährleisten, müssen die Energieversorgungsunternehmen eine Reihe von technischen und administrativen Maßnahmen treffen; dazu kann u. a. der Bau von Batteriespeichern gehören. Solche Anlagen im Leistungsbereich von einigen 10 bis einigen 100 kW waren zu Beginn des Jahrhunderts in den damaligen, relativ schwachen und im Inselbetrieb arbeitenden Gleichstromnetzen weit verbreitet. Sie wurden vor allem in Industriebetrieben mit stark schwankender Leistungsaufnahme eingesetzt. In den 30er Jahren waren die Elektrizitätswerke von sieben Großstädten in Deutschland mit Batteriespeichern ausgerüstet; sie deckten Lastspitzen und dienten als kurzzeitige Reserve bei Ausfällen im Netz.

Die klassischen Batteriespeicheranlagen verschwanden nach dem Zweiten Weltkrieg, als kontinentweite Verbundnetze verwirklicht wurden. Man verfügte damit über genügend Reservekapazität, um unter fast allen Bedingungen die Energieversorgung zu gewährleisten. Batteriespeicher wurden deshalb nicht mehr benötigt, zumal als sie sehr kostpielig waren. Dies war nicht nur dem Wartungsaufwand zuzuschreiben, sondern der Notwendigkeit, den Batteriegleichstrom mit relativ störungsanfälligen rotierenden Maschinen wieder in Wechselstrom umzusetzen. Erst mit dem Aufkommen der Leistungselektronik, insbesondere der GTO-Thyristoren, wurde die nahezu verlustlose Umwandlung von Gleichstrom in Wechselstrom und umgekehrt ohne mechanisch bewegte Teile möglich.

Dies führte in den 80er Jahren zu einer bescheidenen Renaissance der Batteriespeicher für den Netzlastausgleich. In Deutschland, den USA und Japan wurden mind. 5 solcher Anlagen mit Spitzenleistungen von 300 kW-1 MW und Energiespeicherung von einigen hundert bis einigen tausend Kilowattstunden (bei 5stündiger Entladung) gebaut. Heute werden Batterie-Speicherkraftwerke im Leistungsbereich von 1–20 MW auch als Leistungsreserve, zur Regelung der Netzfrequenz und zur Dämpfung von niederfrequenten Schwingungen eingesetzt.

Die Berliner Pionierleistung

Der Sprung zu einer Leistung von über 10 MW wurde 1986 in Berlin gemacht. Die vom Rest der Bundesrepublik damals abgeschnittene Stadt von über 2 Mio. Einwohnern mußte im Inselbetrieb mit elektrischer Energie versorgt werden. Zur Frequenzkontrolle und als sofort verfügbare Energiereserve wurde 1986 von der Berliner Kraft- und Licht AG BEWAG ein System von Röhrchenplatten-Bleibatterien mit einer Leistung von 17 MW und einer Speicherkapazität von 14,4 MWh angeschafft. Es bestand aus 1416 Moduln zu je 5 Zellen und einer Spannung von 10 V.

Diese Anlage hat sich gut bewährt. Es gab trotz intensiver Nutzung keine nennenswerten Pannen. In den ersten 6 Betriebsjahren gab sie über 100000 MWh ins Netz ab. Mit der Wiedervereinigung der beiden deutschen Staaten und dem Anschluß Berlins ans europäische Netz wurde die Batterieanlage der BEWAG unwirtschaftlich; sie ist seit 1994 stillgelegt. In Deutschland weiterhin in Betrieb ist die 1980 gebaute, 400 kW/750 kWh-Anlage der Hammermühle in Selters sowie die 5 Jahre jüngere 500 kW/7 MWh-Anlage der Hagen Batterie AG in Berlin.

Der Bau des Batteriespeichers der Southern California Edison (SCE) auf dem Gelände der Unterstation Chino etwa 50 km östlich von Los Angeles, profitierte in mancher Hinsicht von den in Berlin gemachten Erfahrungen. Die 1988 in Betrieb genommene Anlage ist die weltweit größte. Ihre Leistung beträgt 10 MW bei einer Speicherkapazität von 40 MWh bei 5stündiger Entladung. Im Guinness Buch der Weltrekorde ist sie als „größte Batterie" der Welt eingetragen. ähnliche Anlagen wurden seither in Puerto Rico (20 MW/14 MWh, 1993) und Hawaii (10 MW/ 15 MWh, 1994) gebaut. Kalifornische Energieversorgungsunternehmen betreiben 6 kleinere Anlagen im Leistungsbereich von 250–500 kW. In Japan wurde 1986 eine experimentelle Anlage von 1 MW in Betrieb genommen. In Alaska sind Batteriespeicher von 20 MW/10 MWh (Chugach Electric, Anchorage) bzw. 70 MW/ 17 MWh (Golden Valley Electric, Fairbanks) geplant.

BESS in Chino

Der BESS (Battery Energy Storage System, Bild 10.1) genannte Batteriespeicher in Chino (Kalifornien) wurde von der Firma Westinghouse in Zusammenarbeit mit dem International Lead-Zinc Research Institute erstellt. Die Anlage besteht aus 2 Gebäuden mit einer Fläche von je etwa 2 300 m², in welchen die Batterien auf zweistöckigen Gestellen in Moduln von je 6 Zellen angeordnet sind. Die Gestelle bilden je 4 Reihen pro Gebäude, jede Reihe umfaßt 172 in Serie geschaltete 12 V-Moduln. So wird eine Spannung von mind. 2 112 V erreicht bei einem Strom von 795 A. Die insgesamt 8 256 Bleibatterien mit Röhrchenkathoden sind auf tiefe Entladung optimiert. Sie liefern zusammen eine Leistung von 10 MW: nach 4 vollen Betriebsstunden sind sie zu 70% entladen. Sie sind bei der Inbetriebnahme für eine Betriebsdauer von 8 Jahren oder 2 000 Lade/Entladezyklen garantiert. Der Energiewirkungsgrad beträgt 75 %, die restliche vom Netz bezogene Energie wird in Wärme umgewandelt.

Das Laden erfolgt nachts, das Entladen tagsüber während der Spitzenzeiten über eine einzige, beiden Gebäuden gemeinsame Thyristor-Wandlereinheit. BESS ist auf dem Spannungsniveau von 12,5 kV mit der Unterstation Chino verbunden, die ihrerseits über Transformatoren mit den kalifornischen Hochspannungsnetzen von 66 bzw. 230 kV gekoppelt ist. Jede Reihe von Batterien ist individuell geschützt und kann, wenn nötig, vom System getrennt werden; zudem sind die Batterien auch einzeln abgesichert. Die ganze Anlage ist computergesteuert. Über den Bildschirm kann aber, wenn nötig, manuell interveniert werden, insbesondere zum Einstellen der Lade- und Entladeströme.

Die GTO-Thyristoren der Gleichstrom-Wechselstromwandler werden mit der Batteriespannung von nominell 2 000 V betrieben, die Schaltzeit vom ausgeschalteten Zustand zur vollen Leistung beträgt lediglich 16 ms. Die Verluste des Wandlers betragen 3 %. Seit ihrer erstmaligen Koppelung mit dem Netz durchlief BESS bedeutend weniger Lade/Entladezyklen als ursprünglich geplant war. Dies war vor allem durch technische Probleme mit der Wandleranlage und dem Versagen meh-

Bild 10.1 Das Batterie-Speicherkraftwerk „BESS" in Chino, Kalifornien. Die Leistung beträgt 10 MW, die Speicherkapazität 40 MWh

rerer Thyristoren bedingt. Seit der Behebung des Fehlers (1992) gab es keine Thyristorausfälle mehr.

Relativ gravierend war jedoch das Versagen zweier Batteriezellen, wobei eines dieser Ereignisse zu einer Explosion mit Schäden am Gebäude führte. Säureleckagen ereignen sich gelegentlich, sie werden durch Abdichten der Batteriekästen behoben. Der insbesondere beim Laden der Batterien entstehende Wasserstoff wird örtlich abgesaugt, so daß in den Gebäuden keine explosiven Gasgemische entstehen können.

Ausgleich von dynamischen Instabilitäten

Die SCE verfügt bei weitem nicht über eine genügende Zahl von eigenen Kraftwerken, um ihr dicht bevölkertes und stark industrialisiertes Einzugsgebiet zu versorgen. Über ein weit ausgedehntes Verbundnetz bezieht sie Strom aus Kohle- und Kernkraftwerken in den Südweststaaten (Arizona, New Mexico, Utah, insgesamt 7400 MW) sowie von Wasserkraftwerken in Oregon, Washington, Idaho und Montana (7900 MW).

Diese Importe sind trotz ausreichender Kapazität der Hochspannungsleitungen durch das Auftreten von Oszillationen im Frequenzbereich von 0,25–1 Hz begrenzt. Sie können sich unter ungünstigen Bedingungen zu hohen Amplituden aufschaukeln und zu Netzzusammenbrüchen führen. Zudem überlasten sie die Kondensatoren, die zum Ausgleich induktiver Impedanzen bestimmt sind, und verkürzen deren Lebensdauer.

Bild 10.2 Anordnung der Akkumulatoren des BESS-Speicherkraftwerks auf doppelstöckigen Regalen

Vereinfacht dargestellt verhält sich das Verbundnetz der SCE wie ein System von Gewichten (Kraftwerke) und Federn (Hochspannungsleitungen), die entsprechend den jeweils fließenden Strömen auf variable Weise miteinander gekoppelt sind. Jedes der Feder-Gewichtssysteme hat eine Reihe von Eigenfrequenzen, die sich auf das Gesamtsystem übertragen und chaotisches Verhalten induzieren können.

Normalerweise sorgt die Trägheit des Netzes für eine gute Dämpfung dieser dynamischen Instabilitäten innerhalb von 10–15 s. Bei sehr hoher Leistungsübertragung oder raschen Lastwechseln kann aber die Dämpfung unwirksam werden, mit u. U. unkontrolliertem Anwachsen der Schwingungsamplitude. Dies kann zur unerwünschten Übertragung großer Leistungsblöcke zwischen verschiedenen Kraftwerksystemen führen. Aus diesem Grund wurden schon früh Stabilisierungsmaßnahmen getroffen. Sie wirken auf die Erregerwicklungen der Generatoren und können durch Modulation der Spannung dynamische Instabilitäten im Netz teilweise ausgleichen.

Im Prinzip ist ein Batterie-Speicherkraftwerk mit seiner äußerst flexiblen Regelung und extrem schnellen „Anfahrzeit" besonders gut zur Kontrolle von dynamischen Instabilitäten geeignet. Die durch parasitäre Schwingungen bedingte Abweichung der Netzfrequenz wird zum Modulieren der Lade- und Entladeleistung verwendet, um gegenläufige Frequenzabweichungen zu erzeugen. Die in Chino verfügbare Leistung von 10 MW ist völlig ungenügend, um das riesige Leitungssystem der SCE zu stabilisieren. Die mit BESS bisher durchgeführten Versuche zeigten aber eindeutig, daß die gewünschte Wirkung wenigstens teilweise erzielt werden kann.

Kapitel

11

Nickel-Cadmium-Akkumulatoren

Extreme Robustheit und hohe Energiedichte

Die Nickel-Cadmium-Zelle basiert auf der Oxidation von metallischen Cadmium bei gleichzeitiger Reduktion von Nickel(III)Oxid-Hydrat in einem alkalischen Elektrolyt. Beim Laden laufen diese Reaktionen in umgekehrter Richtung ab. Solche Akkumulatoren sind in bezug auf spezifische Energie, Robustheit, Kältefestigkeit und Lebensdauer dem Bleiakkumulator deutlich überlegen. Zum direkten Ersatz von Primärbatterien und zum Bau von Battery-Packs werden zylindrische Nickel-Cadmium-Zellen in gasdichter Ausführung in riesigen Stückzahlen produziert. Sie ersetzen die üblichen Primärzellen, wenn wiederholt hohe Entladeströme verlangt werden.

Die Lalande-Chaperon-Zelle

Der Nickel-Cadmium-Akkumulator und der heute als veraltet geltende Nickel-Eisen-Akkumulator weisen als gemeinsames Merkmal einen alkalischen Elektrolyt auf. An den Elektrodenreaktionen nimmt er nicht direkt teil, sondern fungiert als flüssiger Ionenleiter praktisch gleichbleibender Konzentration. Dieses Konzept tauchte schon sehr früh auf. Als „Urahne" des Nickel-Cadmium-Akumulators gilt die von Félix de Lalande und Georges Chaperon 1881 in Frankreich zum Patent angemeldete Zink-Kupferoxid-Batterie mit Kali- oder Natronlauge als Elektrolyt. Der Nachteil dieser Zelle war, daß ihre Spannung lediglich 0,85 V betrug, daß sie sich kaum wiederaufladen ließ und daß die Selbstentladung relativ hoch war.

Um eine brauchbare, wiederaufladbare Zelle dieses Typs herzustellen, benötigte man eine stabile aber permanent poröse Kupferoxidkathode mit hoher spezifischer Oberfläche. Dies gelang bei der sog. Waddell-Entz-Batterie, die 1893 in New York zum Antrieb einer Straßenbahn eingesetzt wurde. Ihre Kathode bestand aus einem dicken, mit Kupferoxid beschichteten Kupferdraht, der in einer aus feinem Kupferdraht gewobenen, zylindrischen Ummantelung steckte. Der Zwischenraum war mit einer Mischung von Kupferoxid und Schwefelpulver vollgestopft. Beim Erhitzen reduzierte der Schwefel das Oxid unter Bildung von flüchtigem Schwefeldioxid. Zurück blieb eine hochporöse metallische Struktur, die sich beim Laden mit Kupferoxid beschichtete. Aus solchen „Kabeln" fertigte man flache Kathodenplatten; als Anoden dienten Zinkbleche.

Batterien mit alkalischem Elektrolyt

Eine interessante Variante der Lalande-Chaperon-Zelle wurde 1886 von H. Aron entwickelt, der anstelle von Kupferoxid eine Kathode aus Quecksilberoxid verwendete. Das Zink wurde durch Spuren von Quecksilber vor der Auflösung im alkalischen Elektrolyt geschützt. Dieses Konzept blieb jahrzehntelang vergessen, feierte aber schließlich von den 50er Jahren an, hauptsächlich dank der Arbeiten von Sam Rubens, eine Renaissance in den Knopfbatterien für Hörgeräte und Kameras. Auf Grund der Toxizität des Quecksilbers wurden solche Primärbatterien in neuester Zeit weitgehend durch Zink-Silberoxid- oder Zink-Luft-Batterien ersetzt.

Der amerikanische Erfinder Thomas Alva Edison (1847–1931) erkannte die Vorteile des alkalischen Elektrolyten und ließ 1900 eine Variante der Lalande-Zelle patentieren, in welcher anstelle von Zink das viel edlere Cadmium als Anodenmaterial verwendet wurde, das ein in Kalilauge unlösliches Oxid bildet. Er blieb aber beim Kupferoxid als Kathodenmaterial. Hätte er an dessen Stelle Nickeloxid eingesetzt, so wäre er der Erfinder des Nickel-Cadmium-Akkumulators geworden. Tatsächlich erwähnte Edison das Oxidhydrat des dreiwertigen Nickels (NiOOH) als Kathodenmaterial in gewissen Patenten, aber nicht im Zusammenhang mit einer Cadmiumanode.

Die Entwicklung des Nickel-Cadmium-Akkumulators war eindeutig das Werk des Schweden Waldemar Jungner (1869–1924), der völlig unabhängig von Edison arbeitete. Um die Jahrhundertwende kombinierte er Eisen-Cadmium-Schwamm als Anodenmaterial mit einer Kathode aus Nickeloxidhydrat. Beide Materialien wurden in perforierte Taschen aus Nickel oder vernickeltem Stahl eingebracht. Diese Konstruktion wird im Prinzip heute noch verwendet.

Erwähnenswert ist noch, daß sowohl Jungner als auch Edison praktisch gleichzeitig auch am Nickel-Eisen-Akkumulator arbeiteten. Er war sehr ähnlich aufgebaut wie das Nickel-Cadmium-System, doch anstelle von Cadmium wurde Eisenschwamm in sog. Taschenplatten als Anodenmaterial verwendet. Später wurden auch Sinterkörper aus Kupfer- und Eisenpulver eingesetzt. Um die Priorität des Nickel-Eisen-Akkumulators prozessierten Jungner und Edison jahrelang. Beide gaben diesem Batterietyp bessere Zukunftschancen als dem Nickel-Cadmium-Akkumulator. Dabei werden zumindest in der westlichen Welt seit Jahren keine Nickel-Eisen-Akkumulatoren mehr hergestellt.

Sagenhafte Robustheit

Trotz seines relativ hohen Preises wird der Nickel-Cadmium-Akkumulator seit bald einem Jahrhundert in großen Stückzahlen hergestellt. Den Markt der Kleinakkumulatoren dominierte er bis vor kurzem nahezu vollständig. Dies ist vor allem seiner hohen spezifischen Energie (bis 50 Wh/kg versus 35 Wh/kg beim Bleiakkumulator) und seiner Robustheit zu verdanken. Als Plattenakkumulator ist er ein ausgezeichneter Energiespeicher für die Luft- und Raumfahrt sowie spezielle

Traktionsanwendungen, insbesondere automatisch gesteuerte Flurförderzeuge. Massive Anschlüsse ermöglichen das kurzzeitige Ableiten von Spitzenströmen im Bereich von 500–1000 A.

Die französischen Staatsbahnen rüsten seit vielen Jahrzehnten ihre Lokomotiven und Waggons zur Sicherstellung der Beleuchtung mit Nickel-Cadmium-Akkumulatoren aus. Sie sind zwar teurer als Bleibatterien, doch weisen sie eine wesentlich längere Lebensdauer auf und benötigen wenig Wartung. In Frankreich durchgeführte Versuche mit Elektromobilen bezeugen zudem die Überlegenheit des Nickel-Cadmium-Speichers gegenüber der Bleibatterie für Traktionszwecke. Doch schon die zum Antrieb eines Kleinwagens benötigten Nickel-Cadmium-Akkumulatoren sind so kostspielig, daß sie vom Konsumenten nicht gekauft, sondern geleast werden sollen. Die Betriebskosten sind dann etwa vergleichbar mit denjenigen eines „Benziners".

Die Robustheit und Belastbarkeit des Nickel-Cadmium-Akkumulators wird von keinem anderen elektrochemischen System übertroffen. Er erträgt über 1 000, im Extremfall sogar 2 000 Lade-Entladezyklen, die vollständige Entladung schadet ihm nicht. Man kann ihn fast beliebig lang im entladenen Zustand lagern, ohne daß er Schaden nehmen würde. Er entlädt sich allerdings innerhalb von wenigen Monaten, auch wenn er nicht gebraucht wird. Er bleibt bis zu Temperaturen von –30 °C und sogar –40 °C funktionsfähig, jedoch nicht ohne Einbußen im Vergleich zum Betrieb bei Normaltemperatur. Nickel-Cadmium-Akkumulatoren mit dünnen Sinterlektroden liefern bei 10stündiger Entladung bei –20 °C noch 80 % ihrer Nominalkapazität (bezogen auf +20 °C). Bei Bleiakkumulatoren sind es nur noch 50% der Nominalkapazität, bei Temperaturen unter –20 °C sind sie nur noch beschränkt einsetzbar. Nickel-Cadmium-Starterbatterien sind in den russischen Lastwagen und militärischen Fahrzeugen die Regel, weil sie auch noch bei sehr tiefen Temperaturen gestartet werden müssen.

Ubiquitäre Kleinakkumulatoren

Sehr weit verbreitet sind Nickel-Cadmium-Kleinakkumulatoren. Sie werden vor allem in der Form von Knopfzellen und in den Standardformaten der zylindrischen Primärbatterien gefertigt. Dazu kommen weitere zylindrische und prismatische Formate, die zum Bau von Battery-Packs verwendet werden. Die prismatisch gewickelten Zellen eignen sich besonders für flache Battery-Packs. Die sich ständig erweiternden Anwendungsmöglichkeiten solcher Kleinakkumulatoren sind der Eigenschaft zu verdanken, daß sie in gasdicht verschlossener Ausführung gebaut werden. Sie versorgen Laptop-Computer, Videorecorder, Funkgeräte, Handy-Telefone, schnurlose Telefone, Halogentaschenlampen und eine Fülle weiterer, tragbarer Geräte mit Energie.

Bei vielen professionellen Anwendungen hat es sich als wirtschaftlich (und ökologisch) sinnvoll erwiesen, anstelle von Wegwerfbatterien die damit direkt austauschbaren Kleinakkumulatoren einzusetzen. Man muß dann allerdings eine etwas geringere Klemmenspannung (1,2 versus 1,5 V), eine etwa dreimal kleinere spezifische Energie und eine rasche Selbstentladung in Kauf nehmen. Die geringere Klemmenspannung macht sich aber nur bei geringen Entladeströmen bemerkbar. Bei stärkerer Belastung, wie sie z. B. bei Handy-Telefonen oder auch bei ferngesteuerten Spielzeugautos auftritt, ist der Akkumulator vorzuziehen.

Auf Grund der Toxizität des Cadmiums sollte der Nickel-Cadmium-Kleinakkumulator am Ende seiner Lebensdauer nicht weggeworfen, sondern dem Recycling zugeführt werden. Mittel- bis langfristig dürfte er durch den etwas teureren Nickel-Metallhydridrid-Akkumulator (NiMH) verdrängt werden, der nur unbedenkliche Materialien enthält und eine um 20–50 % höhere spezifische Energie aufweist. Ökologisch problematisch ist die Verwendung mobiler Geräte mit fest eingebauten Nickel-Cadmium-Zellen. Solche Geräte werden häufig an Ende ihrer Lebensdauer nicht sachgemäß entsorgt.

Fertigung der Elektroden

An der Anode des Nickel-Cadmium-Akkumulators wird beim Entladen metallisches Cadmium zu Cadmiumhydroxid oxidiert. An der Kathode wird dreiwertiges Nickel in Form von Nickel(III)oxid-Hydrat ($Ni_2O_3 \cdot H_2O$ oder NiOOH) zu Nickel(II)hydroxid reduziert. Beim Laden werden diese Reaktionen umgekehrt

$$\text{Anode: } Cd + 2OH^- \underset{\text{Laden}}{\overset{\text{Entladen}}{\rightleftarrows}} Cd(OH)_2 + 2\,e^-$$

$$\text{Kathode: } 2NiOOH + 2H_2O + 2e^- \underset{\text{Laden}}{\overset{\text{Entladen}}{\rightleftarrows}} 2Ni(OH)_2 + 2OH^-$$

Für die Gesamtreaktion ergibt sich

$$Cd + 2NiOOH + 2H_2O \leftrightarrow Cd(OH)_2 + 2Ni(OH)_2$$

Diese Formulierung ist eine grobe Vereinfachung. In Wirklichkeit sind insbesondere die Vorgänge an der positiven Elektrode sehr viel komplizierter. Im geladenen Zustand enthält die Kristallstruktur des aktiven, positiven Materials auch noch Ni^{4+} Ionen und K^+ Ionen. Die chemische Zusammensetzung des vollständig geladenen, positiven, aktiven Materials kann man formal etwa wie folgt beschreiben:

$$4NiO_2 \cdot 2NiOOH \cdot 2KOH \cdot 2H_2O$$

Anode und Kathode der Nickel-Cadmium-Zelle sind ähnlich aufgebaut. Sie bestehen aus vernickeltem, fein gelochtem Stahlblech, das typischerweise 0,1 mm dick ist und mit der aktiven Masse beschichtet wird, d. h. Cadmiumschwamm im Fall der Anode, Nickeloxidhydrat im Fall der Kathode. Weil es sich aber um unterschiedliche Materialien handelt, läuft die Fertigung ganz andersartig ab. Im folgenden werden die Fabrikationstechnologien der Varta Batterie AG in Hagen (BRD) beschrieben.

Im Fall der Kathode beschichtet man das auf Spulen angelieferte Stahlband

Bild 11.1 Aufrollen der mit porösem Nickel beschichteten Stahlbänder nach dem Sintern

mit einer dickflüssigen Paste aus Nickelpulver (die Partikelgröße liegt bei 30 μm) und der als Verdickungsmittel dienenden Carboxymethylcellulose. Zu diesem Zweck wird das Stahlblechband kontinuierlich durch die Paste gezogen und mit Hilfe eines dünnen Schlitzes überflüssiges Material abgestreift, wodurch eine gleichmäßige beidseitige Beschichtung erreicht wird. Anschließend wird das Band getrocknet und durch einen Ofen geführt, in welchem das Nickelpulver bei 900–1000 °C zu einer porösen Struktur versintert wird, unter Zersetzung des organischen Bindemittels (Bild 11.1).

In der porösen Nickelschicht wird aus Nickelnitratlösung mit Kalilauge ein gleichförmiger Niederschlag von Nickelhydroxid ausgefällt. Anschließend wird das Elektrodenband in langen Elektrolysezellen mit endständig abgedichteten Durchführungen anodisch oxidiert. Man führt den Strom so zu, daß auf der ganzen Fläche die gleiche Stromdichte herrscht. Dieser Prozeß wird in einer Kalilaugelösung durchgeführt. Das oxidierte Segment des Bandes läuft durch die Dichtung aus der Elektrolysezelle heraus, während ein neues Segment in die Zelle hineingezogen wird. Anschließend wird das Band abgebürstet, gründlich mit Wasser gewaschen, getrocknet und wieder aufgespult.

Die negative Elektrode ist einfacher aufgebaut und wird in nur 2 Schritten hergestellt. Man geht wie bei den Kathoden von vernickeltem, fein gelochtem Stahlblech aus, das als Träger fungiert und elektrolytisch mit Cadmiummetall plattiert wird. Das Cadmium wird in Form von Kugeln von etwa 4 cm Durchmesser und 300 g Gewicht von einem Recyclingbetrieb geliefert und in einen Anodenkorb aus

Titan eingefüllt. Die Auflösung des Cadmiums und dessen Abscheidung als hochporöser Schwamm auf das Stahlblech erfolgt in einem Schwefelsäureelektrolyt bei sehr hohen Stromdichten. Dieser Schwamm wird gewaschen, getrocknet, kalandriert und durch Oxidation mit Wasserstoffperoxid zu teilweise entladenem Anodenmaterial umgesetzt.

Assemblieren der Zellen

Aus den gewaschenen und getrockneten Anoden- und Kathodenbändern werden Elektroden für die verschiedenen Zelltypen gestanzt. Die Fläche der Anode ist stets größer als diejenige der Kathode, weil man für das Funktionieren der Zelle im verschlossenen Zustand eine gewisse Überkapazität der Cadmiumelektrode benötigt. Der Batterie-Assembliermaschine werden Anoden und Kathoden in Magazinen gestapelt zugeführt. Weiter benötigt wird der Separator, ein hochporöses Vlies aus verfilzten und heißkalandrierten Nylonfasern. Der aus vernickeltem Stahl gefertigte Zellenbecher dient als negativer Pol. Er wird an der inneren Oberseite, der künftigen Dichtungszone mit einer Lösung von Asphalt besprüht, um auffällige Kratzer an der Metalloberfläche auszufüllen und eine 100 %ige Dichtung im Kontakt mit dem Dichtring zu gewährleisten.

Die vollautomatische Wickelmaschine fertigt sowohl aus den beiden mit Anschlußfahnen versehenen Elektroden (Anode und Kathode) als auch dem Separator einen Wickel und stößt ihn in den Becher; die Produktion einer solchen Ma-

Bild 11.2 Mikrodosierung der Kalilauge bei der Fabrikation von Nickel-Cadmium-Kleinakkumulatoren

Bild 11.3 Fertiggestelle Nickel-Cadmium-Kleinakkumulatoren vor dem Verschließen und Bördeln

schine beträgt 20–25 Stück/min. Der separat gefertigte Zellendeckel umfaßt einen Dichtring aus Polyamid, den positiven Zellenanschluß und das Sicherheitsventil. Letzteres ist ein federnder Gummikörper, der Bohrungen im Zellendeckel so verschließt, daß bei einem Überdruck von mehr als 15 bar Gas entweichen kann. Dann wird der Kalilaugeelektrolyt mit Hochpräzisionspumpen zudosiert; er wird gänzlich von den Elektroden und dem Separator aufgesaugt. Anschließend wird der Deckel in den Becher gepreßt; durch Einfalten und Bördeln erfolgt die Abdichtung. Dabei muß der Einhaltung international normierter Dimensionen der kompletten Zelle Rechnung getragen werden (Bild 11.2 und 11.3).

Die fertig assemblierten Zellen werden mit Wasser gewaschen und kommen für 14 Tage ins Standzeitlager. Dann werden bei jeder Zelle die Ruhespannung und die Spannung unter Belastung gemessen. Aus diesen Werten läßt sich eine allfällige Fehlerhaftigkeit feststellen, die nicht zufriedenstellenden Zellen werden ausgeschieden. Zudem werden Stichproben entnommen, an denen die Speicherkapazität sowie das Lade- und Entladeverhalten geprüft werden, um sie mit der Werksnorm zu vergleichen. Schließlich werden die industriellen Zellen mit einem grauen Schrumpfschlauch isoliert, während die Zellen für den Konsumenten ein bunt bedrucktes Kunststoffetikett erhalten. Für Sonderzwecke, bei denen es auf eine möglichst platzsparende Ausführung ankommt, werden flache Zellen hergestellt und in Gehäuse mit rechteckigem Querschnitt eingebaut.

Power-Packs

Power-Packs für Bohr- und Schraubmaschinen sowie zum Antrieb von Elektrofahrrädern sind eine sehr wichtige, aber auch sehr anspruchsvolle Anwendung von Nickel-Cadmium-Akkumulatoren. Die relativ kleinen Zellen müssen sehr hohe Ströme liefern, selbst bei sehr tiefen Umgebungstemperaturen. Sie lassen sich mit besonderen Ladegeräten innerhalb von 15 min wieder aufladen; dabei werden Klemmenspannung und Temperatur der Batterie automatisch gemessen, um den

Verlauf der Ladung zu verfolgen. Gegen Ende der Volladung wird der Strom reduziert, um eine Überladung zu vermeiden und dadurch die Lebensdauer zu optimieren. Power-Packs für Handy-Telefone, Laptop-Computer und Videokameras werden mit ziemlich viel „Intelligenz" versehen: sie erhalten einen Temperatursensor, der eine allfällige Überhitzung feststellt, sowie ein Bimetallkontakt, der die elektrische Überlastung verhindert (Bild 11.4 und 11.5.).

Die Nennspannung einer Nickel-Cadmium-Zelle beträgt 1,2 V. Sie ist also deutlich niedriger als diejenige der Alkali-Mangan-Primärzelle, die 1,5 V beträgt. In der Praxis wirkt sich das allerdings nur bei kleinen Entladeströmen aus, d. h. bei Entladezeiten von mehr als 2 h. Bei kürzeren Entladezeiten ist die Betriebsspannung der Nickel-Cadmium-Zelle höher als diejenige der Primärzelle, denn der Innenwiderstand einer Nickel-Cadmium-Zelle ist sehr viel kleiner. Deshalb lassen sich Alkali-Mangan-Zellen in den meisten Fällen problemlos durch Nickel-Cadmium-Zellen ersetzen. Theoretisch ist der Einsatz des mind. 1000 mal wiederaufladbaren Akkumulators sehr viel wirtschaftlicher als die Verwendung von Wegwerfbatterien. Leider kommt man durch unsachgemäßes Laden in der Praxis häufig nur zu einem Bruchteil der optimalen Lebensdauer.

Bei Geräten, die nur in größeren Zeitabständen verwendet werden, ist der Akkumulator im Nachteil, denn er entlädt sich bei Zimmertemperatur innerhalb von 3 Monaten auf 20 % Restkapazität. Wiederholte Selbstentladung bis zum fast völlig entladenen Zustand, besonders bei höheren Temperaturen, ist der Lebensdauer nicht zuträglich. Bei längerem Nichtgebrauch sollten Nickel-Cadmium-Zellen vorzugsweise im entladenen Zustand gelagert werden. Für den Stand-by-Betrieb bestimmte Nickel-Cadmium-Akkumulatoren müssen einer Dauerladung unterworfen werden. Bei –20 °C kommt die Selbstentladung praktisch zum Stillstand, bei über +30 °C wird sie stark beschleunigt.

Bild 11.4 Nickel-Cadmium-Power-Pack mit Sensoren und Schaltern zur Vermeidung der Überhitzung und Überbelastung

Bild 11.5 Komplette Battery-Packs aus gasdichten Nickel-Cadmium-Batterien

Eine zuverlässige Ladestandanzeige für Nickel-Cadmium-Akkumulatoren ist sehr schwierig zu verwirklichen. Wenn die Klemmenspannung größer als 1,22 V wird, so ist der Akkumulator nahezu vollständig aufgeladen. Sinkt sie auf unter 1,12 V, so ist der Akkumulator bereits zu 85–90 % entladen. Für Zwischenwerte läßt sich kaum etwas aussagen. In der Regel wird bis auf 1,0 V entladen, bei hohen Strömen sogar bis auf 0,9 V. Gegenüber dem vom Fabrikanten angegebenen Nennwert verfügt man bei geringen Stromstärken über mehr als 100% der Kapazität, bei sehr schneller Entladung kann die Kapazität auf 60–70 % des Nennwerts absinken.

Elektrische Prüfung

Zur Prüfung der Zellen im Rahmen der Qualitätskontrolle werden Stichproben in Halterungen eingelegt, die mit elektrischen Kontakten versehen sind. So können sie mit konstantem Strom auf kontrollierte Weise geladen und entladen werden. Von jeder Fertigungscharge (sie umfaßt bis 10 000 Zellen) werden 30 Zellen untersucht. Sie werden 2 Lade- und Entladezyklen bei fünfstündiger oder halbstündiger Entladedauer unterworfen. Erst wenn die Stichproben alle Tests erfolgreich bestanden haben, werden die Produktionslose für den Verkauf oder den Zusammenbau zu Systemen freigegeben. Ein Rechner steuert die ganze Anlage, speichert die Meßwerte und gibt sie einem anderen Rechner zur statistischen Auswertung weiter.

Die Lebensdauerprüfung durch Lade-Entladezyklen wird auf Grund internationaler Normen durchgeführt, bis die Kapazität auf 60–70 % der Nennkapazität abgesunken ist. Weil Nickel-Cadmium-Zellen 1000–1500 Zyklen ertragen, dauern solche Tests häufig mehr als 1 Jahr. Zur Prüfung des Temperaturverhaltens werden Einzelzellen und Battery-Packs zwischen –30 °C und +50 °C in Stufen von 10 °C den gleichen Tests unterworfen. Bei Power-Packs werden mit schnell programmierbaren Stromquellen spezielle Tests gefahren, um die Batterien unter möglichst realitätsnahen Bedingungen zu laden und zu entladen.

Eingebauter Überladeschutz

Beim Laden eines gasdichten Nickel-Cadmium-Akkumulators soll gegen Ende des Ladeprozesses die Bildung von Wasserstoff an der negativen Elektrode vermieden werden. An der positiven Elektrode entstehender Sauerstoff soll zudem an der anderen Elektrode wieder zu Wasser umgesetzt werden. Um diese Ziele zu erreichen, wird die negative, aus Cadmiumschwamm bestehende Elektrode flächenmäßig größer gemacht als die positive Elektrode aus Nickeloxidhydrat NiOOH. Das zusätzliche Metall der Cadmiumelektrode dient als Ladereserve, zum Teil auch als Entladereserve bei Hochstromentladungen. Nach abgeschlossener Ladung der Zelle ist auf der größeren, negativen Elektrode noch nicht alles Cadmiumhydroxid zu Cadmiummetall reduziert, während an der positiven Elektrode die Entwicklung von Sauerstoff einsetzt. Bei weiterem Laden entsteht an der negativen Elektrode kein Wasserstoff, sondern das noch verfügbare Cadmiumhydroxid wird zu Cadmiummetall reduziert.

An der kleineren, positiven Elektrode wurde im voll geladenen Zustand alles Nickel zur dreiwertigen Stufe oxidiert. Bei weiter angelegtem Ladestrom entsteht dort Sauerstoff, der zur Cadmiumelektrode diffundiert und dort überschüssiges Metall oxidiert; das Oxid reagiert mit der Kalilauge weiter zu Cadmiumhydroxid. So wird der Sauerstoff verbraucht, die Zelle kann fast beliebig lang überladen werden. Allerdings muß die Entstehungsrate des Sauerstoffs stets kleiner sein als die Oxidationsrate des Cadmiums; der Überladestrom darf deshalb nicht allzu hoch sein. Zudem soll sich die Zelle nicht überhitzen, denn bei der Oxidationsreaktion an der Cadmiumelektrode wird Wärme frei, die schnell genug abgeführt werden muß. Die Ladespannung ist von der Temperatur abhängig: je höher die Temperatur, desto niedriger die Spannung. Diesen Effekt macht man sich zunutze, um eine Überladung zu erkennen und den Ladestrom zu drosseln.

Der Memory-Effekt

Der sog. Memory-Effekt hat zur Folge, daß das von der Batterie versorgte Gerät trotz anscheinend voller Ladung bei weitem nicht lange genug funktioniert. Es gibt sowohl den klassischen Memory-Effekt wie den sog. „Lazy-Battery" Effekt. Dazu kommt ein trivialer, aber erstaunlich häufiger Grund für eine ungenügende Batterieleistung: unzureichendes Aufladen. Die Ursache ist häufig bei einem verschmutzten Kontakt oder einem Wackelkontakt zu suchen, der sowohl an der Batterie als auch im Ladegerät lokalisiert sein kann. Ein weiterer Grund für schlechte Aufladung kann eine zu hohe Temperatur sein; bei mehr als 45 °C sinkt der Ladewirkungsgrad erheblich ab.

Für den Memory- und den Lazy-Battery-Effekt sind in erster Linie eine ständige oder häufige Überladung und mangelnde Entladung verantwortlich, wobei diese Effekte bei hohen Temperaturen besonders stark ausgeprägt sind. Der klassische Memory-Effekt ist durch eine Stufe auf der Entladekurve gekennzeichnet, wobei die Spannung gegenüber dem Normalwert um etwa 0,2 V abgesenkt wird. Der

Grund ist die Bildung einer sog. Hume-Rothery-Phase auf der negativen Elektrode, d.h. der intermetallischen Verbindung Ni_5Cd_{21}. So wird pro Nickelatom ziemlich viel Cadmium gebunden, das die gespeicherte Energie nur bei einer niedrigeren Spannung verfügbar macht. Die Bildung dieser intermetallischen Phase kann rückgängig gemacht werden, wenn die Zelle nahezu vollständig entladen und wieder geladen wird.

Im Fall einer mehrzelligen Batterie sollte aber die Tiefentladung bei jeder Zelle einzeln erfolgen. Betreibt man mehrere Zellen in Serie, so hat jede davon auf Grund von unvermeidlichen Streuungen bei der Fabrikation eine unterschiedliche Kapazität. Die Zelle mit der geringsten, verbleibenden Kapazität wird durch ihre Nachbarn mit höherer Kapazität umgepolt und es entsteht Wasserstoff. Beim Erreichen des kritischen Druckwerts spricht das Ventil an und der Wasserstoff entweicht. Auf diese Weise verliert der Elektrolyt Wasser, der Innenwiderstand steigt und die Lebensdauer wird signifikant verkürzt.

Lazy-Battery Effekt

Bei den meisten heute produzierten Nickel-Cadmium-Zellen tritt der klassische Memory-Effekt gar nicht auf, denn er wird von der Entladereserve aufgefangen. Wenn man aber solche Batterien ungenügend beansprucht und sie nach häufig wiederholter Teilentladung (sog. Shallow cycles) ständig überladet, so werden sie „faul". Das bedeutet, daß sich die Charakteristik ihrer Entladespannung über die gesamte Entladedauer durch einen Spannungsabfall von 10–30 mV gegenüber dem normalen Wert bei einem gegebenen Entladungsstrom verändert.

Der Grund liegt in der Bildung größerer Kristalle der aktiven Cadmiummasse an der negativen Elektrode. Dazu kommt die Bildung einer oxidischen Passivierungsschicht, durch welche der Innenwiderstand der Batterie stark erhöht wird. Dieser Effekt tritt bei wenig gebrauchten Geräten besonders häufig auf. Ihre Batterie wird ständig geladen, aber kaum entladen, was schon nach wenigen Monaten zum totalen Versagen führen kann. Darum werden neuerdings „intelligente" Ladegeräte eingebaut, die das ständige Überladen verhindern.

Nickel-Metallhydrid-Akkumulatoren

Cadmiumfreie Batterie hoher Energiedichte

Nickel-Metallhydrid- oder Ni-MH-Akkumulatoren haben innerhalb kurzer Zeit einen signifikanten Anteil des Weltmarkts für aufladbare Gerätebatterien erobert. Der erstaunliche Erfolg dieses neuen Batteriesystems ist auf die Tatsache zurückzuführen, daß es als cadmiumfreies und deshalb umweltfreundliches Produkt angeboten wird, und daß es bei gleicher Zellenspannung pro Volumeneinheit wie auch pro Gewichtseinheit, mehr Energie speichert als entsprechende Nickel-Cadmium-Typen; gegen letztere ist es direkt austauschbar. Mit Ausnahme der in neuester Zeit erschienen Lithium-Ionentransferbatterien, hat seit der Entwicklung der Nickel-Cadmium- und Nickel-Eisen-Batterie durch Edison und Jungner im Jahr 1901 kein anderes aufladbares Batteriesystem eine vergleichbare kommerzielle Bedeutung erlangt.

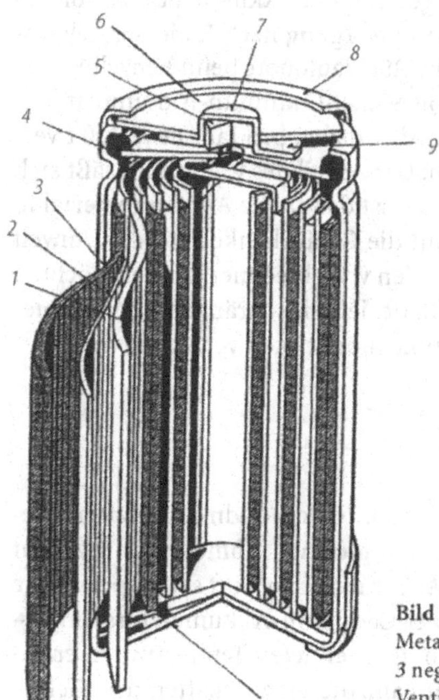

Bild 12.1 Schematischer Schnitt durch eine Nickel-Metallhydrid-Batterie. *1* Positive Elektrode *2* Separator *3* negative Elektrode *4* Dichtring *5* wiederschließendes Ventil *6* isolierende PVC-Scheibe *7* positiver Ableiter *8* Schrumpfschlauch *9* Metalldeckel

Vom Wasserstoffgas zum Metallhydrid

Seit Beginn der 80er Jahre setzt man in Satelliten Nickel-Wasserstoff-Hochdruckakkumulatoren ein, in welchen beim Laden (mittels Solarzellen) an der negativen Elektrode gasförmiger Wasserstoff erzeugt wird. Letzterer wird in der Batterie als Druckgas (bis etwa 50 atm) gespeichert; das Batteriegehäuse ist entsprechend druckfest ausgeführt. Beim Entladen wird der Wasserstoff an der katalytisch aktiven, negativen Elektrode elektrochemisch zu Wasser oxidiert, wie in einer Brennstoffzelle. Diese Batterien sind äußerst zyklenfest und können mind. 2 000 mal aufgeladen und wieder entladen werden: es muß aber ein relativ großes Volumen in Kauf genommen werden.

Der Gedanke, Wasserstoff nicht als Gas, sondern in der Form einer festen Metall-Wasserstoff-Verbindung (sog. Hydrid) zu speichern, wird schon seit Jahrzehnten verfolgt. Es ist jedoch erst in den 80er Jahren gelungen, technisch brauchbare Wasserstoff-Speicherelektroden zu entwickeln. Intermetallische Verbindungen vom Typ Lanthan-Nickel ($LaNi_5$) scheinen sich dazu besonders gut zu eignen. Damit können Nickel-Metallhydrid-Akkumulatoren mit einem inneren Wasserstoffdruck von weniger als 1 atm gebaut werden. Anstelle von Lanthan verwendet man aber heute vorwiegend das viel preiswertere lanthanhaltige Mischmetall.

Wie ihre „Vorgänger", die Nickel-Cadmium-Akkumulatoren, die seit etwa 1950 in gasdichter Ausführung gebaut werden, eignen sich die Ni-MH-Akkumulatoren als Energiequellen in schnurlosen, tragbaren Apparaten wie Kassettengeräte, Funkgeräte, Gartenscheren, Bohrmaschinen, Zahnbürsten, Mobiltelefone, Rasierapparate und Spielzeuge. In vielen dieser Anwendungen war der Akkumulator bis vor wenigen Jahren fest im Gerät eingebaut, was die Entsorgung nach Ende der Lebensdauer erschwerte. Entsprechend gering war die Rücklaufquote beim Recycling.

In den letzten Jahren hat der Verbrauch von Nickel-Cadmium-Akkumulatoren stark zugenommen. In der Schweiz allein werden davon pro Jahr etwa 400 t verkauft; 12–15 % dieses Gewichts ist Cadmium. Der Anteil des Cadmiums läßt sich nicht signifikant reduzieren, denn dieses Metall ist das aktive Anodenmaterial in der Batterie. Nun wird Cadmium in bezug auf die Gefährlichkeit für die Umwelt ähnlich eingestuft wie Quecksilber. Die Behörden verschiedener Länder möchten deshalb den Einsatz von Nickel-Cadmium-Batterien einschränken oder verbieten, sobald eine etwa gleichwertige Substitutionsmöglichkeit verfügbar wird.

Preiswerter Speicher aus Mischmetall

Der Ni-MH-Akkumulator bietet als Alternative zur Nickel-Cadmium-Batterie geradezu ideale Voraussetzungen. Er kann in den gleichen Abmessungen gebaut werden und weist diegleiche Spannung auf. Außerdem übertrifft seine spezifische Energie von 50–70 Wh/kg diejenige des Nickel-Cadmium-Akkumulators um 30–40 %. Nur bei extrem hohen Entladeströmen und bei tiefen Temperaturen erreichen die Ni-MH-Akkumulatoren noch nicht ganz die Eigenschaften des Nickel-Cadmium-Akkumulators.

Die negative Elektrode (Anode) des Ni-MH-Akkumulators besteht aus einer wasserstoffspeichernden Seltenerdmetall-Nickellegierung. Ursprünglich wurde reines Lanthan-Nickel ($LaNi_5$) eingesetzt, doch erreichte man keine genügende Zahl von Lade- und Entladezyklen. Eine wesentlich bessere Lebensdauer erzielt man mit Legierungen, in welchen ein Teil des Nickels durch Cobalt ersetzt ist, zu einem kleinen Teil auch durch Mangan, Aluminium oder Silicium. Zudem wurde das relativ teure Lanthan durch das sehr viel billigere Mischmetall ersetzt, das aus einer Mischung von Seltenerdmetallen (oder Lanthaniden) mit 50–55 % Cer, 18–28 % Lanthan, 12–18 % Neodym und 4–6 % Praseodym besteht. Mischmetall erhält man beim Aufbereiten der weit verbreiteten seltenerdmetallhaltigen Mineralien Monazit und Bastnäsit.

Legierungen des Typs $LaNi_5$ bilden mit Wasserstoff stabile Hydride. Der Wasserstoff-Gleichgewichtsdruck solcher Verbindungen hängt stark von ihrer Zusammensetzung ab. Für die praktische Anwendung in Ni-MH-Akkumulatoren sollte der Gleichgewichtsdruck bei 50 %iger Belegung mit Wasserstoff < 1–2 atm; die Zellen weisen also nur einen geringen Überdruck auf. Wenn man das Wasserstoff-Speichermaterial mit $LaNi_5H_6$ bezeichnet, so läßt sich die Anodenreaktion wie folgt formulieren:

$$LaNi_5H_6 + 6\,OH^- \underset{\text{Laden}}{\overset{\text{Entladen}}{\rightleftarrows}} LaNi_5 + 6\,H_2O + 6\,e^-$$

Die positive Elektrode (Kathode) besteht im geladenen Zustand aus Nickel(III)Oxydhydrat (NiOOH), im entladenen Zustand aus Nickelhydroxid $Ni(OH)_2$; der Elektrolyt ist Kalilauge (KOH). Für die Kathodenreaktion gilt

$$NiOOH + H_2O + e^- \underset{\text{Laden}}{\overset{\text{Entladen}}{\rightleftarrows}} Ni(OH)_2 + OH^-$$

Im Elektrolyt findet theoretisch keine Konzentrationsänderung statt. Wohl wird bei der Ladung an der positiven Elektrode lokal Wasser gebildet, das aber an der negativen Elektrode wieder aufgebraucht wird. Des weiteren werden an der positiven Elektrode bei der Ladung OH^--Ionen verbraucht und an der negativen Elektrode produziert. Während des Stromflusses treten also Konzentrationsgefälle im Elektrolyten auf, welche die Wasser- und OH^--Ionendiffusion bestimmen. Im Gleichgewicht ist aber die Konzentration des Elektrolyten unabhängig vom Ladezustand.

Interessant ist die relativ teure Nickel-Metallhydrid-Batterie, wenn man um das letzte Gramm Gewicht kämpfen muß, insbesondere bei Handy-Telefonen und Laptop-Computern. Weltweit wurden heute etwas über 2 Mrd. Kleinakkumulatoren pro Jahr abgesetzt; 1,7 Mrd. davon gehören zum Nickel-Cadmium-Typ, 300 Mio. sind Ni-MH-Batterien und 80 Mio. Lithium-Ionentransferbatterien. Bis zum Jahr 2000 dürfte sich bei einer knappen Verdoppelung der Gesamtzahl von Kleinakkumulatoren die Verteilung auf 50 % Ni-MH und je ¼ Nickel-Cadmium und Li-Ionen einspielen.

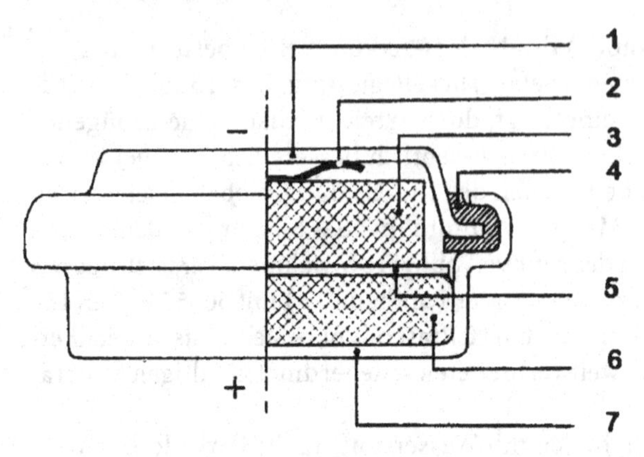

Bild 12.2 Schematischer Aufbau einer Nickel-Cadmium-Metallhydrid-Knopfzelle. *1* Deckel (negativer Pol) *2* Kontaktfeder *3* negative Elektrode aus Metallhydrid *4* Dichtungsring aus Polyamid *5* Separator aus Polyamidfaserfilz *6* positive Elektrode aus Nickeloxidhydroxid *7* Kathodenbecher (positiver Pol)

AB5- und AB2-Verbindungen

Pro $LaNi_5$-Einheit können bis zu 6 Protonen gespeichert werden. Das Hydrid hätte dann theoretisch die Zusammensetzung $LaNi_5H_6$. Daraus errechnet sich eine theoretische Kapazität von 370 Ah/kg. Der Ersatz des Lanthans durch Mischmetall und die weiteren zur Verbesserung der Lebensdauer benötigten Legierungszusätze verringern die praktisch erzielbare Kapazität auf etwa 250–300 Ah/kg. Doch auch so kann die Hydridanode bedeutend mehr Kapazität liefern als eine Cadmiumelektrode gleichen Volumens. Der Wasserstoff-Gleichgewichtsdruck der heute verwendeten Speicherlegierungen beträgt 1 atm oder weniger. Mit dem ungefähren Wert von 0,490 V für das Potential der $Ni(OH)_2/NiOOH$ Elektrode, und dem Wert von –0,828 V für eine Hydridelektrode mit einem Gleichgewichtsdruck von 1 atm errechnet sich für den Ni-MH-Akkumulator eine theoretische Zellenspannung von 1,318 V.

Aus den Lade- und Entladekurven eines Ni-MH-Kleinakkumulators im Vergleich mit den entsprechenden Kurven eines gleich großen Nickel-Cadmium-Akkumulators geht deutlich die große Ähnlichkeit der beiden Systeme bzgl. Lade- und Entladespannung hervor. Der Ni-MH-Akkumulator weist jedoch eine nahezu 40 % höhere Kapazität auf; der Ladevorgang benötigt entsprechend mehr Strom oder Zeit. Aus der Ähnlichkeit der Ladekennlinien geht hervor, daß für Ni-MH-Akkumulatoren ähnliche Ladegeräte verwendet werden können wie für Nickel-Cadmium-Akkumulatoren. Dabei sollte der Ladefaktor nicht mehr als 1,25 betragen (Ladekapazität = 125 % der Entladekapazität); bei höheren Ladefaktoren verringert sich die Lebensdauer.

Die Strombelastbarkeit der Ni-MH-Akkumulatoren hängt stark von der Zellenkonstruktion ab, besonders von der Dicke der Elektroden. In Knopfzellen werden relativ dicke Elektroden verwendet, ihre Strombelastbarkeit ist deshalb relativ gering. Zylindrische Zellen mit spiralförmig gewickelten, dünnen Elektroden kön-

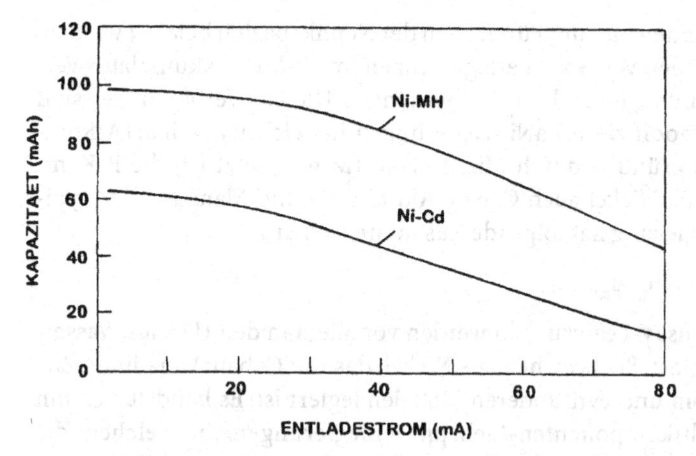

Bild 12.3 Kapazität (mAh) von Nickel-Metallhydrid- und Nickel-Cadmium-Knopfzellen (Durchmesser 15,5 mm, Höhe 6,1 mm) als Funktion des Entladestroms (mA) bei einer Endspannung von 1 V

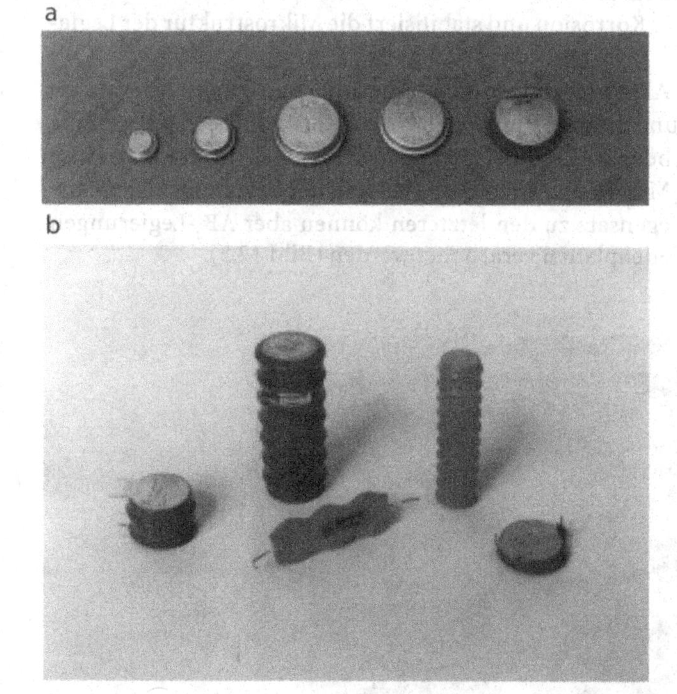

Bild 12.4 **a** Nickel-Metallhydrid-Knopfzellen, **b** typische „Packs"

nen dagegen mit Strömen bis zum Fünffachen der Nennkapazität belastet werden.

Heute finden 2 Typen von Speicherlegierungen im Ni-MH-Akkumulator Verwendung: AB_5-Verbindungen und AB_2-Verbindungen. Die AB_5-Verbindungen sind wie bereits erwähnt modifizierte $LaNi_5$-Legierungen, in welchen Lanthan (A-Komponente) aus Kostengründen durch Mischmetall (Mm) ersetzt ist; die B-Komponente enthält neben Nickel auch Cobalt, Aluminium und Mangan. Eine typische AB_5-Speicherlegierung hat folgende Zusammensetzung:

$$MmNi_{3,5}Co_{0,7}Mn_{0,4}Al_{0,3}.$$

Die AB_2- oder Ovshinsky-Legierungen werden vor allem in den USA als Wasserstoffspeicher propagiert. Sie bestehen aus Nickel, das mit Cobalt, Vanadium, Zirkonium, Titan, Chrom und evtl. anderen Metallen legiert ist. Es handelt sich um polykristalline Multikomponenten-Mehrphasenlegierungen, in welchen die hydridbildenden, mit A bezeichneten Elemente Vanadium, Titan und Zirkonium als Wasserstoffspeicher fungieren. B steht für Elemente wie Nickel, Cobalt, Mangan, Aluminium oder Chrom. Nickel setzt die Stabilität der für Batterieanwendungen allzu stabilen Hydride von Titan und Zirkonium herab und wirkt als Katalysator für die Dissoziation von molekularem zu atomarem Wasserstoff. Chrom schützt das Vanadium vor Korrosion und stabilisiert die Mikrostruktur der Legierung.

Weitere Vorteile der AB_2-Legierungen sollen die amorphe Struktur der passivierenden Oxidschicht und die große innere Fläche an Korngrenzen bringen. Eine in der Literatur angegebene Zusammensetzung des Typs AB_2 ist beispielsweise $Zr_{20}Ti_{15}V_{15}Ni_{28}Cr_5Co_5Fe_6Mn_6$. Die meisten Batteriehersteller bevorzugen heute die AB_5-Legierungen. Im Gegensatz zu den letzteren können aber AB_2-Legierungen durch Sintern zu Elektrodenplatten verarbeitet werden (Bild 12.5).

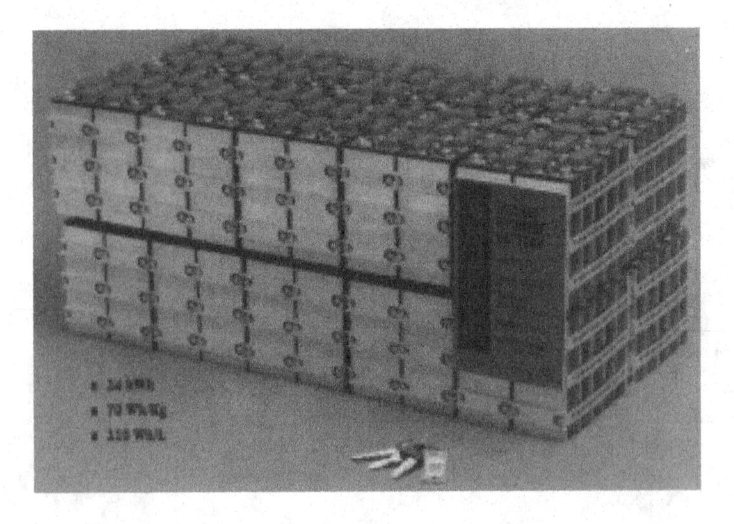

Bild 12.5 Nickel-Metallhydrid-Batteriesystem des AB_2- oder Ovshinsky-Typs für den Antrieb von Motorfahrzeugen

Tablettenförmige oder zylindrische Anoden

In bezug auf den mechanischen Aufbau unterscheiden sich Nickel-Metallhydrid-Akkumulatoren praktisch nicht von Nickel-Cadmium-Akkumulatoren. Knopfzellen enthalten tablettenförmige Elektroden, die mit einem Nickelsieb umhüllt sind. Die positive Elektrode wird aus einer Mischung von Nickelhydroxid, Cobaltoxid, anderen Metalloxidzusätzen sowie Graphit oder Nickelpulver gepreßt. Die negative Elektrode besteht aus pulverisierter Speicherlegierung, verschiedenen Zusätzen und Bindemitteln. Zylindrische Zellen werden mit dünnen, flexiblen, spiralförmig gewickelten Elektroden gebaut. Ihr Gerüst besteht aus hochporösem, gesintertem Nickel, Nickelfilz oder Nickelschaum; es dient als Stützgerüst für die aktive Masse beider Elektroden.

Wie der Nickel-Cadmium-Akkumulator ist der Nickel-Metallhydrid-Akkumulator durch eine relativ hohe Selbstentladung gekennzeichnet. So verliert er nach vierwöchiger Lagerung bei Raumtemperatur je nach Typ, Größe und Ausführung 20–50 % seiner Ladung. Dabei ist i. allg. die Selbstentladung bei Knopfzellen geringer als bei zylindrischen Zellen. Die Selbstentladung ist im wesentlichen durch die spontane Zersetzungsreaktion des NiOOH der positiven Elektrode zu $Ni(OH)_2$ und Sauerstoff bedingt. Sie kann durch die Wahl des Separatormaterials und der Elektrolytmenge minimiert werden.

Die Lebensdauer von Nickel-Metallhydrid-Akkumulatoren ist bemerkenswert hoch. Bis zu 2000 Lade/Entladezyklen wurden mit verschiedenen Zellentypen erreicht, wobei der Ladewirkungsgrad 92 % erreichen kann. Beim Aufladen weitet sich das Kristallgitter der Wasserstoff-Speicherlegierungen um mehr als 10 % auf, um sich bei der Entladung entsprechend zu verkleinern. Die stetige Aufweitung und Kontraktion führt zur Zersplitterung der inhärent spröden intermetallischen Verbindung. Dabei verringert sich der durchschnittliche Teilchendurchmesser von anfänglich beispielsweise 40 µm nach einigen 100 Zyklen auf einen Teilchendurchmesser von 4 µm Wasserstoff-Speicherlegierungen altern auch infolge einer langsamen, irreversiblen Oxidation. Für AB5-Legierungen läßt sich die irreversible Oxidation der Seltenerdmetalle entweder als Reaktion mit Wasser (im Elektrolyt) formulieren, oder als Reaktion mit Sauerstoff, der an der positiven Elektrode beim Laden entwickelt wird.

Mischmetall für Batterien

Zur Herstellung der Wasserstoff-Speicherlegierung für Ni-MH-Batterien des AB5-Typs werden Mischmetall, Nickel, Cobalt, Mangan und Aluminium unter Argon-Schutzgas in Aluminiumoxid- oder Magnesiumoxid-Tiegeln induktiv bei 1300 °C aufgeschmolzen. Die Schmelze wird unter Schutzgas zu Platten vergossen, die nach dem Erkalten zerschlagen werden. Das spröde Material wird gebrochen und anschließend in einer zweistufigen Prallmühle auf die geforderte Endfeinheit von kleiner 75 µm gemahlen. Auch dieser Arbeitsgang muß unter Schutzgas durchgeführt werden, wobei das Argon im Kreislauf geführt und gekühlt wird, um die beim Mahlen auftretende Wärme abzuführen.

Schließlich wird das Pulver gesiebt, um Feinst- und Grobfraktionen abzutrennen, Das fertige Produkt wird unter Schutzgas in 10 oder 50 kg-Polyethylen-Säcke abgefüllt, die man in Stahlfässer verpackt. Die Hersteller von Ni-MH-Batterien stellen daraus ihre Anoden entweder durch Verpressen des Pulvers oder nach der Pastentechnologie her. Bei letzterer wird das mit Wasser und Verdicker zu einer Paste verarbeitete Pulver mittels Tauch- oder Aufstreichverfahren kontinuierlich in ein offenes Nickelgewebe gepreßt. Bei den Knopfzellen wird das Pulver nach Zumischen von Gleitmitteln wie Nickel- oder Graphitpulver einfach zur Pille verpreßt. Wasserstoff-Speicherlegierungen gelten als Gefahrgut, weil sie selbsterhitzungsfähig sind; in begrenzten Mengen kann man sie aber selbst per Flugzeug transportieren.

Die Nickel-Zink-Batterie

Intensive Entwicklung, noch ungenügende Zykluszahl

Schon bei der 1800 erfundenen Voltaischen Säule, der ersten elektrochemischen Energiequelle, bestanden die Anoden aus Zink. Dies war eine hervorragende Wahl, denn die Oxidation von Zink ist stark exotherm. In der elekrochemischen Zelle entsteht darum an der Zinkanode ein hohes Potential. Zudem ist das Metall weit verbreitet und sehr preiswert. Es ist nicht weiter erstaunlich, daß Zink im Bereich der Primärbatterien eine dominierende Rolle spielt: sowohl die klassische Leclanché-Trockenbatterie als auch die Alkali-Mangan-Zelle verwenden Zinkanoden. Das gleiche gilt für die neuen Zink-Luft-Batterien zur Energieversorgung von Hörgeräten; sie sind zum Ersatz der wenig umweltfreundlichen Quecksilberbatterien konzipiert.

Im Bereich der wiederaufladbaren Batterien hat sich Zink als Anodenmaterial trotz seiner unbestreitbaren Vorteile und intensiver Forschungsarbeiten kommerziell bisher nicht durchsetzen können. So wurden Nickel-Zink-Akkumulatoren erstmals 1899 von T. v. Michlovski in einem deutschen Patent beschrieben. Edison und Jungner erwähnten in ihren Patenten dieses System ebenfalls. Eine diesbezügliche Entwicklung begann auch 1901 in Rußland; sie wurde später in Westeuropa, in Nordamerika und in Japan im Rahmen von privatwirtschaftlich wie auch von staatlich finanzierten Projekten immer wieder aufgegriffen. Bekannt wurden Nickel-Zink-Akkumulatoren insbesondere durch die Arbeiten von Drum in den dreissiger Jahren. Das System Nickel-Zink entspricht im Prinzip dem Nickel-Cadmium-Akkumulator, unter Substitution des kostspieligen und toxischen Cadmiums durch Zink. Es weist eine etwas niedrigere Energiedichte und spezifische Leistung auf, als die exotischen Natrium-Schwefel- und Zink-Brom-Batterien, wird aber bei Raumtemperatur betrieben und enthält keine unangenehmen Chemikalien. Dem Bleiakkumulator ist die Nickel-Zink-Batterie in bezug auf Energiedichte und Robustheit deutlich überlegen.

Vorteilhaft ist auch, daß die Nickel-Zink-Batterie noch bei 0 °C ohne Probleme hohe Stromdichten liefert; selbst bei –18 °C können noch 80 % der bei 25 °C verfügbaren Energie bezogen werden. In der Praxis ist eine spezifische Energie von 55–75 Wh/kg bzw. 123 Wh/l sowie eine spezifische Leistung von 200 W/kg erwiesen. Es bestehen gute Aussichten, die spezifische Energie weiter zu erhöhen, denn der theoretische Wert beträgt 326 Wh/kg. Günstig ist auch, daß die Leistung fast unabhängig vom Ladezustand ist; unter Laborbedingungen wurden 500 Zyklen mit 100%iger Entladung erreicht, bei Prototyp-Fahrzeugbatterien mußte man sich mit knapp 300 Zyklen begnügen.

In den USA wird die Nickel-Zink-Batterie weiterhin als potentielle Energiequelle für eine 2. Generation von Elektromobilen betrachtet, wenn auch einige größere Forschungsprogramme ohne überzeugende Ergebnisse abgebrochen wurden. Hartnäckige und bisher nicht auf zufriedenstellende Weise gelöste Probleme stellen die Formänderung der Anode nach einer größeren Zahl von Zyklen dar, die Löslichkeit des beim Entladen entstehenden Zinkoxids, Unterschiede beim Wirkungsgrad der Ladeprozesse an den beiden Elektroden sowie die Bildung von feinverteiltem, die Anode nicht kontaktierendem Zink beim Laden mit geringen Stromdichten.

In der Nickel-Zink-Zelle wird die Zinkanode beim Entladen oxidiert und zum Zinkhydroxidkomplex $Zn(OH)_4^{2-}$ umgesetzt, aus dem Zinkoxid (ZnO) ausfällt. An der Kathode wird dreiwertiges Nickel in der Form von NiOOH zur zweiwertigen Stufe reduziert. Es ergibt sich eine Klemmenspannung von 1,65 V. Die Selbstentladung ist mit weniger als 0,8 % pro Tag relativ hoch. Unter Ausklammerung des erwähnten Zinkhydroxidkomplexes können die Anoden- und Kathodenreaktionen wie folgt dargestellt werden:

Anode: $Zn \leftrightarrow Zn^{2+} + 2\,e^-$

Kathode: $2\,NiOOH + 2H_2O + 2\,e^- \leftrightarrow 2\,Ni(OH)_2 + 2\,OH^-$

Die Gesamtreaktion lautet dann:

$$Zn + 2\,NiOOH + H_2O \rightleftarrows ZnO + 2\,Ni(OH)_2$$

Das beim Entladen entstehende Zinkoxid muß an der Anode haften bleiben, damit es beim Laden wieder zu Zink reduziert werden kann. Der Einsatz einer mas-

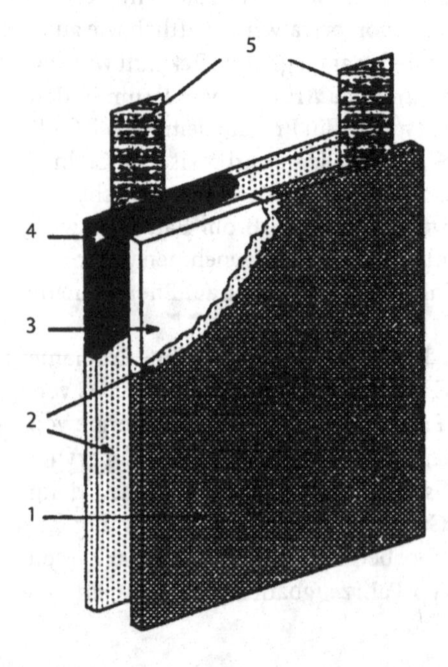

Bild 13.1 Schematischer Aufbau einer Zink-Nickeloxid-Zelle. *1* Trennschicht *2* Absorber *3* Zinkelektrode *4* NiOOH-Elektrode *5* Anschlüsse

siven Zinkelektrode ist darum ausgeschlossen, das Zink muß porös sein. Man geht von einem verbleiten Kupfergitter aus, das als Träger für Zink und als Halterung für Zinkoxid wirkt. Die Durchlöcherung ermöglicht eine optimale Zirkulation des Elektrolyts und hohe Stromdichten. Beim Bau der Anode wird eine feinkörnige Mischung von Zinkoxid und Zinkpartikeln (0,1–10 µm) in die Öffnungen im Kupfergitter gepreßt oder einpastiert, unter Zusatz von 5 % eines organischen Bindemittels wie Teflon oder Polyvinylalkohol, sowie bis zu 5 % Bleioxid. Im geladenen Zustand sollte die Porosität zwischen 60 und 75 % liegen.

Poröse Elektroden

Eine gute Benetzung der Zinkelektrode ist sehr wichtig; man erreicht dies beim Anodenaufbau durch Inkorporation von faserigem Material, das einen Dochteffekt ausübt. Es kommen Kunststoffe, Glas, Kohlenstoff und Titandioxid in Frage. Als Elektrolyt hat sich 15 %iges Kaliumhydroxid mit Zusätzen von Kaliumfluorid und/oder Kaliumcarbonat am besten bewährt. Dazu kommt 1 % Lithiumhydroxid; die Lösung wird mit Zinkoxid gesättigt. Durch diese Zusätze wird die Löslichkeit des Zinkoxids gesenkt, was der Dendritenbildung und Formveränderung entgegenwirkt. Die gleiche Wirkung wird durch Zusätze von Calciumhydroxid in der Anodenmasse erzielt.

Für die positive Elektrode wird von gesintertem, porösem Nickel, Schaumnickel, Matten von Nickeldrähten oder -fasern oder von nickelplattiertem Kohlefasern ausgegangen. In solche Träger wird Nickelhydroxid $Ni(OH)_2$ eingelagert, das beim Laden zu NiOOH oxidiert wird. Ein Separator aus mikroporösem Polypropylen verhindert, daß Dendriten interne Kurzschlüsse zwischen den Elektroden bewirken. In der Regel arbeitet man mit gerade genug Elektrolyt, um den mikroporösen Separator zu tränken. Die Zellen können vollständig gasdicht konstruiert und aneinander gestapelt werden; ein Druckablaßventil ist aus Sicherheitsgründen erforderlich.

In der gasdichten Zelle kann der beim Laden an der Kathode entstehenden Sauerstoff mit dem Zink an der Anode reagieren. Vorteilhaft ist, daß der Sauerstoff zuerst die nadelförmigen Zinkdendriten abbaut: auf diese Weise wird internen Kurzschlüssen entgegengewirkt. Andererseits muß man beim Laden die Entstehung von Wasserstoff an der Zinkelektrode verhindern, denn das Gasen setzt den Wirkungsgrad herab; es führt auch zu Wasserverlusten und zur Entstehung von Überdruck. Man verhindert das Gasen durch Zugabe von 2–5 % Bleioxid zu dem beim Anodenbau benötigten Zinkoxid. Quecksilberoxid wäre noch besser, doch meidet man es auf Grund seiner Toxizität. Mit zusätzlichen, katalytisch wirkende Elektroden kann Wasserstoff mit dem kathodischen Sauerstoff zu Wasser rekombiniert werden, doch verringert sich dabei die Energiedichte.

Für die Langlebigkeit der Zellen entscheidend ist das Vermeiden von Formänderungen der Zinkelektrode. Im Lauf der Lade-/Entladezyklen und je nach Aufbau der Zelle hat das Zink die Tendenz, vom Rand der Elektroden ins Zentrum zu migrieren, oder umgekehrt vom Zentrum zu den Rändern, besonders zum unteren Rand. Dieser Effekt ist bei mäßig alkalischen Elektrolyten gering, wobei die erwähnten Zusätze eine wichtige Rolle spielen. Formänderungen können auch durch Vibrieren der Elektroden oder Umpumpen des Elektrolyten wirksam vermieden werden, doch ist der erforderliche Aufwand unverhältnismäßig.

Als wirksamste und allgemein übliche Maßnahme zur Verlängerung der Lebensdauer läßt man beim Zyklen nur etwa ein Drittel des in der Zinkelektrode vorhandenen Zinks reagieren. Ein Drittel verbleibt ständig als Zinkoxid als Reserve bei der Ladung, damit kein Wasserstoff entstehen kann. Zwei Drittel sind metallisches Zink, aber nur die Hälfte davon darf elektrochemisch genutzt werden, um eine optimale Zyklenzahl zu gewährleisten. Dies hat natürlich negative Auswirkungen auf die spezifische Energie.

Das mechanische Aufladen durch vollständigen Ersatz der Zinkelelektroden und industrielles Recycling des Zinkoxids haben sich in der Praxis ebenfalls als unpraktisch erwiesen. Nur ganz einfache, leistungsstarke Batterien, die sich vom Anwender als wartungsfreie „Black box" behandeln lassen, haben echte Chancen, sich im Alltagsbetrieb für Traktionszwecke und zur Energieversorgung von tragbaren Geräten durchzusetzen.

Aufladbare Lithiumbatterien

Anoden aus Lithium, Lithiumlegierungen und Kohlenstoff-Lithium-Verbindungen

Lithiumbatterien gehören zu den aussichtsreichsten elektrochemischen Energiespeichern für mobile Anwendungen, möglicherweise auch für Traktionszwecke. Es sind bereits kleinere Ausführungen mit einer spezifischen Energie von über 100 Wh/kg erhältlich, was 2–3 mal mehr ist als im Fall konventioneller Akkumulatoren. Sie ertragen über 1000 Lade/Entladezyklen mit Tiefentladung. Dieser Durchbruch ist der Einführung formstabiler Lithium-Graphit-Interkalationselektroden zu verdanken, in Kombination mit einer positiven Elektrode aus Lithium-Cobaltoxid $LiCoO_2$ und nichtwässerigen Elektrolyten. So können Akkumulatoren mit besonders hoher Klemmenspannung (bis über 4 V) hergestellt werden.

Als spezifisch leichtestes Alkalimetall reagiert Lithium sehr heftig mit Wasser; ein wässeriger Elektrolyt ist darum beim Lithium-Akkumulator und der sehr heftigen Reaktion von Lithium ausgeschlossen. Man muß einen organischen Elektrolyt mit hoher chemischer Beständigkeit und ausreichender Löslichkeit für Lithiumsalze einsetzen. Sein flüssiger Bereich muß den beim Einsatz angetroffenen Temperaturextremwerten entsprechen, d. h. –20 bis +60 °C. Weitere Kriterien sind Umweltverträglichkeit, geringe Toxizität, chemische Kompatibilität mit allen Batteriekomponenten und Stabilität innerhalb des maximalen Potentialbereichs, dem der Elekrolyt beim Laden ausgesetzt wird. In der Praxis haben sich organische Carbonate wie Propylencarbonat, Ethylencarbonat, Dimethylcarbonat und Diethylcarbonat mit Zusätzen von Lithium-Hexafluorophosphat als Leitsalz bewährt.

In den ersten kommerziellen Lithiumbatterien wurde metallisches Lithium in Folienform als negative Elektrode verwendet. Beim Entladen wurde das Lithium zu Li^+ oxidiert; beim Laden reduzierte man die Li^+-Ionen zurück zum Metall. Der wesentliche Nachteil dieser Konstruktion war die Dendritenbildung während des Ladevorgangs, d. h. das Wachstum nadelförmiger Lithiumkristalle, über welche intern Kurzschlüsse entstehen können. Negativ war auch der Elektrolytverbrauch. Metallisches Lithium ist in organischen Elekrolyten von einer dünnen anorganischen Schutzschicht bedeckt (haupsächlich Lithiumoxid), die für Lithiumionen durchlässig ist. Darüber liegt eine mehr oder weniger dicke, gelartige Schicht aus organischen Polymerisationsprodukten, die sich als Folge der Reaktion des Lithiums mit dem Lösungsmittel bilden. Beim Laden und Entladen kommt infolge der Restrukturierung der Oberfläche immer wieder metallisches Lithium in direkten

Kontakt mit dem Elektrolyt, die gelartige Schicht vergrößert sich unter Verbrauch von Elektrolyt.

Besonders gravierend waren jedoch die Sicherheitsprobleme. Bei starker Beanspruchung der Batterie oder beim Kurzschließen kann das Lithium schmelzen (der Schmelzpunkt beträgt nur 180,5 °C). Dann bricht die schützende Deckschicht zusammen und das Metall reagiert mit dem organischen Elektrolyt und dem aktiven Material der positiven Elektrode, was im Extremfall zur explosionsartigen Zerstörung der Batterie führen kann. Aus diesen Gründen sind Akkumulatoren mit Elektroden aus metallischem Lithium vom zivilen Markt praktisch verschwunden. Nichtaufladbare, metallisches Lithium enthaltende Batterien sind für zivile und militärische Anwendungen weiterhin unentbehrlich (vgl. Kap. 6).

Die israelische Firma Tadiran meldete eine Reihe von Patenten zur Lösung des Sicherheitsproblems des Lithiumakkumulators an. Danach werden die Elektroden mit hitzeempfindlichen Stoffen beschichtet: sie versiegeln sich, wenn die Temperatur über einen harmlosen Grenzwert ansteigt. So wird selbst beim Kurzschließen der Batterie ein gefährlicher Temperaturanstieg vermieden. Eine ähnliche Lösung erarbeitete die amerikanische Hoechst-Celanese mit Separatoren, die sich versiegeln und den Strom unterbrechen, wenn die Temperatur auf gefährliche Werte ansteigt. Ob sich solche Vorkehrungen in der Praxis bewähren, muß noch erwiesen werden.

Lithiumlegierungen

Verwendet man Lithiumlegierungen, insbesondere mit Aluminium, Indium oder Antimon anstelle von reinem Lithium, so wird man eine weit bessere Sicherheit erzielt, und es bilden sich weniger Dendriten. Die Beweglichkeit des Lithiums ist in solchen Legierungen recht hoch, doch sind sie spezifisch sehr viel schwerer als reines Lithium. Dies hat eine erhebliche Reduktion der spezifischen Energie zur Folge.

Eine andere Möglichkeit zum Erreichen einer guten Formstabilität ist das Verpressen und Versintern von Lithium-Aluminium in Pulverform mit 20 % feinstem Kupferpulver. Es entsteht rund um die aktiven Partikeln ein weicher Kupferfilm, der als stabiles Gerüst die Volumenexpansion des Lithium-Aluminiums beim Zyklisieren aufnimmt. Doch auch dieses Konzept reduziert die Energiedichte und bringt keine überzeugenden Vorteile. Das gleiche gilt für den Einsatz von Schaumnickel als Träger für Lithium-Aluminium, polymergestützte Legierungslektroden und intermetallische Verbindungen wie Zinn-Silber und Zinn-Antimon, in die Lithium eindiffundiert wird.

Lithiumionenbatterien

Ein entscheidender Durchbruch bei der Entwicklung aufladbarer Lithiumbatterien gelang mit der Verwendung von Graphit oder graphitähnlichem Kohlenstoff als negative Elektrode. Zahlreiche Metalle und Nichtmetalle lassen sich zwischen den

Schichtgitterebenen des Graphits einbauen, darunter auch Lithium. Dabei entstehen sog. Interkalations- oder Einlagerungsverbindungen. Die Ein- und Auslagerung von Lithiumionen aus solchen Graphitverbindungen ist nur mit einer geringfügigen Volumenänderung verbunden; theoretisch beträgt sie 9 %. Solche Elektroden sind demgemäß weitgehend formstabil und ertragen über 1000 Lade-Entladezyklen.

Auf Grund ihres Durchmessers von 0,12 nm, lagern sich Lithiumionen beim Laden problemlos zwischen den Schichtgitterebenen des Graphits ein, deren Abstand 0,335 nm beträgt. Dabei verbinden sich die Lithiumionen mit den umliegenden Kohlenstoffatomen. Die Bindung ist vorwiegend elektrovalent, zu einem kleineren Prozentsatz (20–30 %) auch kovalent; die Kohlenstoffatome tragen die negative Ladung. Beim Entladen geben die Kohlenstoffatome Elektronen ab, die über den externen Verbraucher zur positiven Elektrode (Kathode) fließen. Aus der oxidierten Lithium-Kohlenstoff-Verbindung wandern Lithiumionen in den Elektrolyt ab. Gleichzeitig wird die Kathode reduziert und nimmt dabei die gleiche Menge Lithiumionen auf, wie an der Anode freigesetzt wurden. Die Lithiumdichte in der Lithium-Graphit-Verbindung kann höher sein als im metallischen Lithium: Lithiumionen sind ungefähr 2,5 mal kleiner als Lithiumatome. Beim Laden werden die Lithiumionen wieder in die Kohlenstoff-Schichtgitter eingelagert, unter Reduktion zur Lithium-Kohlenstoff-Verbindung. Entsprechend wird die Kathode unter Abgabe von Lithiumionen oxidiert.

Mit gewöhnlichem Graphit oder graphitisiertem Kohlenstoff erreicht man ein Kohlenstoff-Lithium-Verhältnis, das der Verbindung C_6Li entspricht. Bei den sog. Superkohlenstoffmaterialien, die z. Z. im Laboratorium untersucht werden, läßt sich sogar C_3Li erreichen. Ein besonders interessantes Material dieser Art wird durch Niedertemperatur-Pyrolyse (etwa 700 °C) von Poly(p-Phenylen) hergestellt. Solche Stoffe bestehen aus Molekülketten von kondensierten Benzolringen oder anderen Aromaten, sie können als teilweise graphitisierten Kohlenstoff betrachtet werden.

Oxide und Bronzen als Kathodenmaterialien

Für die positive Elektrode (Kathode) der Lithiumionenbatterie braucht man möglichst leichte Materialien, die in der Lage sind, die von der negativen Elektrode beim Entladen abgegebenen Lithiumionen aufzunehmen und sie beim Laden wieder freizusetzen. Die Struktur muß Hohlräume oder Gitterfehlplätze aufweisen, in denen die Ionen reversibel eingelagert werden können. Dies ist der Fall bei gewissen Oxiden des Cobalts, Nickels, Mangans, Molybdäns, Vanadiums sowie Vanadat-Bronzen, z. B. NaV_3O_8. Diese Stoffe weisen eine Schicht- oder Tunnelstruktur auf, mit Zwischenräumen, in welche Lithiumionen hineinpassen.

Eine solches Kathodenmaterial muß ein Metall mit zwei Wertigkeitsstufen enthalten: zur niedrigeren wird es beim Entladen reduziert, zur höheren wird es beim Laden oxidiert. Beim Vanadium verwendet man das System V^{5+}/V^{3+}, beim Molybdän Mo^{6+}/Mo^{5+}, beim Mangan Mn^{4+}/Mn^{3+} usw. Die mechanische und chemische Stabilität muß groß genug sein, um die 1 000 Lade-Entladezyklen der Kohlenstoff-Elektrode ohne wesentliche Einbuße der Speichereigenschaften mitzuhalten.

Molybdäntrioxid erträgt nur eine geringe Zyklenzahl. Wesentlich stabiler sind Vanadiumoxid und seine Verbindungen, doch sinkt die Spannung bei der Entladung stufenförmig ab. Interessante Möglichkeiten bieten die wasserhaltigen Magnesiumvanadat-Bronzen $Mg(V_3O_8)_2(H_2O)_4$ und die Kupfervanadat-Bronzen

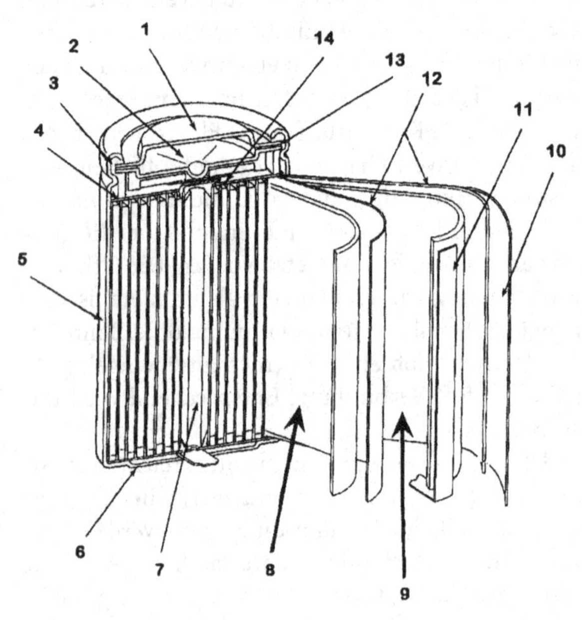

Bild 14.1 Schematischer Schnitt durch eine Lithiumionenbatterie. *1* Deckel *2* Sicherheitsventil *3* Dichtung *4* Isolierscheibe *5* Becher *6* Isolierscheibe *7* Wickeldorn *8* Kathode ($LiCoO_2$) *9* Anode (Graphit) *10* Kunststoffolie *11* Anodenanschluß *12* Separator *13* PTC-Sicherung *14* Kathodenanschluß

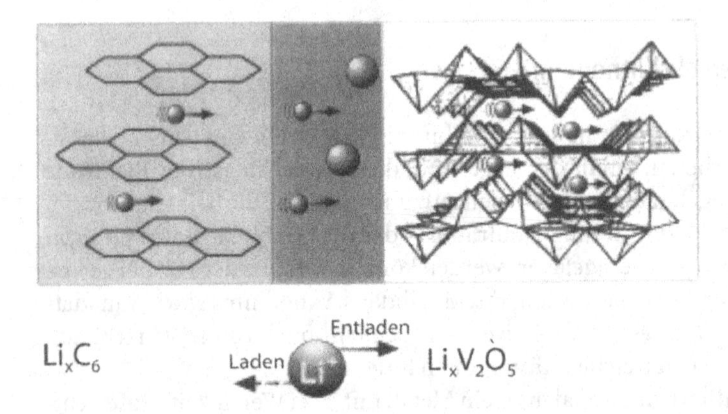

Bild 14.2 Funktionsprinzip der Lithiumionenbatterie mit Graphitanode und Kathode aus Lithiumvanadat

$Cu_{0,2}V_2O_5(H_2O)_4$, die beide pro mol 4 mol Lithium aufnehmen können. Mit diesen Bronzen erzielt man 250–300 Ah/kg. Der Nachteil der Bronzen ist ihr geringes Potential, das zu Batterien mit relativ niedriger Spannung führt. Am besten bewährt hat sich Lithium-Cobaltoxid des Typs $LiCoO_2$; die positive Elektrode (Kathode) der z. Z. im Handel verfügbaren Shuttle-Batterien besteht aus diesem Material oder aus eine Kombination von $LiCoO_2$ mit Lithium-Nickeloxid $LiNiO_2$. Eine große Nachfrage besteht nach wesentlich kostengünstigeren Lithium-Manganoxiden $LiMn_2O_4$ und $LiMnO_2$, das strukturelle Äquivalent von $LiCoO_2$. Damit erreicht man in der Praxis 120–140 Ah/kg Kathodenmaterial.

Schichtstrukturen mit vierwertigem Cobalt

Beim Entladen der Anode einer Lithiumionenbatterie werden Lithiumionen freigesetzt, während negativ geladene Kohlenstoffatome durch Abgabe von Elektronen neutralisiert werden; dies ist die anodische Oxidationsreaktion. An der Lithium-Cobaltoxid-Kathode wird ein Lithiumion aufgenommen, unter Bildung von $LiCoO_2$. Beim Laden werden diese Reaktionen umgekehrt; stark vereinfacht lassen sich diese Vorgänge wie folgt formulieren:

$$\text{Anode: } LiC \underset{\text{Laden}}{\overset{\text{Entladen}}{\rightleftarrows}} C + Li^+ + e^-$$

$$\text{Kathode: } 2\,Li_{0,5}CoO_2 + Li^+ + e^- \underset{\text{Laden}}{\overset{\text{Entladen}}{\rightleftarrows}} 2\,LiCoO_2$$

Die im geladenen Zustand vorliegende, mit der Formel $Li_{0,5}CoO_2$ charakterisierte Verbindung, ist ein komplexes Mischoxid, bei welchem vier- und dreiwertiges Cobalt (oder Nickel im entsprechenden Lithium-Nickeloxid) vorliegen. Es handelt sich um Schichtstrukturen, die aus MO_6-Oktaedern bestehen (M steht für Co oder Ni). Die Oxidationsstufe M^{4+} ist selten und tritt nur in komplexen Verbindungen auf, in welchen sie durch Koordination mit stark elektronegativen Ionen stabilisiert ist.

Bei den Schichtstrukturen des Typs MO_2 führt der stark negative Charakter der M-O-Bindung zu einem negativen Ladungsüberschuß an den Sauerstoffatomen, der die Struktur destabilisiert. Solche Oxide sind nur existenzfähig, wenn sich Metallkationen wie Li^+ zwischen die MO_2-Schichten einschieben, den negativen Ladungsüberschuß teilweise ausgleichen und den Abstand zwischen den Schichten von MO_6-Oktaedern verringern. Bei der (teilweisen) Entfernung der Lithiumionen beim Ladeprozeß bleibt die Struktur weitgehend erhalten, doch wird das Cobalt- oder Nickelion zur vierwertigen Stufe oxidiert. Solche Verbindungen sind thermodynamisch instabil, doch bei Raumtemperatur weisen sie eine genügende kinetische Stabilität auf.

Der Elektrolyt wird beim Laden und Entladen im Prinzip nicht verbraucht, es ist davon nur eine geringe Menge erforderlich. Weil die Gesamtreaktion als Transport von Lithiumionen von der einen zur anderen Elektrode beschrieben werden kann, bezeichnet man solche Systeme auch als Ionentransferbatterien oder Shuttle-Batterien.

Kommerzielle Ausführungen

Die japanische Firma Sony war der Pionier bei der kommerziellen Produktion von wiederaufladbaren Lithium-Ionentransferbatterien. Wegen der sehr hohen Zellenspannung von 3,6 V ersetzt eine solche Batterie 3 bzw. 6 konventionelle Nikkel-Cadmium- zellen. Ähnliche Produkte werden heute auch von Sanyo, Toshiba und Matsushita angeboten, die Gesamtproduktion liegt bei 10 Mio. Stück pro Monat, bei Sanyo allein sind es 5 Mio. pro Monat.

Das Ausgangsmaterial zur Herstellung der positiven Elektrode ist Lithium-Cobaltoxid $LiCoO_2$. Es kann durch Erhitzen einer Mischung von Cobaltpulver und Lithiumcarbonat in Luft hergestellt werden. Das stöchiometrische Verhältnis Lithium:Cobalt ist genau 1:1, Cobalt liegt im dreiwertigen Zustand vor. Beim Aufladen wird ein Teil der Lithiumionen aus dem Gitter entfernt, wobei eine entsprechende Zahl von Cobaltionen vom dreiwertigen zum vierwertigen Zustand oxidiert werden. Man kann aber nicht mehr als die Hälfte der Lithiumionen entfernen, sonst wird das Material aus den bereits erläuterten Gründen instabil.

Bei der von Sony gewählten, kommerziellen Ausführung der Lithium-Ionenbatterie besteht das Anodensubstrat aus einer 10 µm dicken Kupferfolie. Darauf wird feines Kohlenstoffpulver mit Teflon oder Polyvinylidendifluorid (PVDF) verpreßt. Eine gute Ein- und Auslagerbarkeit der Lithiumionen erzielt man z. B. mit Kohlenstoff, der durch thermische Zersetzung von Polyfurfurylalkohol und eine nachträgliche Wärmebehandlung erhalten wird.

Das Kathodenmaterial besteht aus pulverförmigem Lithium-Cobaltoxid $LiCoO_2$ mit kleinen Zusätzen von Lithiumcarbonat Li_2CO_3. Es wird mit Kunststoff als Bindemittel auf eine Aluminiumfolie von 20 µm aufgebracht. Die beiden folienförmigen Elektroden bilden zusammen mit 2 Separatorfolien aus mikroporösem Polypropylen oder Polyethylen einen Wickel, der im metallischen Gehäusebecher untergebracht ist. Es wird ein nichtwässeriger, organischer Elektrolyt verwendet, in welchem Lithiumsalze gelöst sind. In der Praxis haben sich organische Carbonate wie Propylencarbonat, Ethylencarbonat, Dimethylcarbonat und Dimethoxicarbonat als Lösungsmittel bewährt. Als Leitsalz dient Lithiumhexafluorophosphat ($LiPF_6$) oder das Lithiumimid $LiN(SO_2CF_3)_2$.

Haupteinsatzgebiet der Shuttle-Batterie ist die Stromversorgung von Laptop-Computern, Videokameras, Mini-Disk-Geräten, tragbaren Fernsehempfängern und Mobiltelefonen. In bezug auf das Volumen sind solche Batterien nicht signikant besser als die Nickel-Metallhydrid-Batterie. Beim Gewicht sind sie der letzteren jedoch um einen Faktor 2 überlegen. So erreicht man im Alltagsbetrieb je nach Typ zwischen 90 und 110 Wh/kg und 200–260 Wh/l, bei einer Klemmenspannung von 3,6 V pro Zelle. Dank der Formstabilität der Elektroden ist die Lebensdauer etwa gleich hoch wie die der Nickel-Metallhydrid-Batterie. Es sind bis über 1000 Lade-Entladezyklen möglich.

Die Selbstentladung von etwa 10 % pro Monat ist geringer als bei Nickel-Cadmium- oder Nickel-Metallhydrid-Akkumulatoren. Infolge der hohen Ladespannung (4,1 V für $LiNiO_2$ und $LiCoO_2$-Elektroden, 4,3 V für MnO_2-Elektroden) werden kleine Mengen des Elektrolyts beim Laden oxidiert und gehen irreversibel verloren. Dadurch wird die Lebensdauer beschränkt.

Die Zellen können nicht gleich schnell aufgeladen werden, wie Nickel-Cadmium-Akkumulatoren, weil sich das Lithium in die Schichtgitterstruktur des Graphits einlagert und aus der Kathode auslagern muß. Bei der Schnelladung besteht das Risiko, daß sich Lithiummetall an der Anode abscheidet und das Problem der Dendritenbildung und der Reaktion mit dem Elektrolyt auftaucht. Die Überladung muß im Ladegerät für jede Zelle individuell mit Hilfe einer besonderen Überwachungs- und Sicherungselektronik vermieden werden. Eine 100%ige Tiefentladung schadet der Batterie nicht, die Sicherheitselektronik verhindert die Umpolung. Um jede Verwechslung mit konventionellen Batterien auszuschließen, wurden für die Lithium-Ionenbatterien Dimensionen und Formen gewählt, die völlig von den Normen abweichen. Zudem sind die Batterien vollständig in Kunststoff verkapselt, beide Anschlüsse sind an der Stirnseite in Vertiefungen angebracht.

Bild 14.3 Zwei Ausführungen der Lithiumionenbatterie. Um jede Verwechselung mit konventionellen Batterien auszuschließen, wurde eine völlig neuartige Geometrie gewählt. Die Batterien sind in Kunststoff vergossen, beide Anschlüsse sind an der Stirnseite in Vertiefungen angebracht

Als Energiespeicher für ein Elektromobil stellte Sony 1995 einen Prototyp vor, der aus einer großen Zahl von zusammengeschalteten, zylindrischen Ionentransferzellen bestand, wie sie oben besprochen wurden. 8 Zellen wurden in Serie zu einem Modul mit einer Spannung von 36 V geschaltet. Mit 12 solcher Moduln in Parallelschaltung erhielt man einen Energiespeicher von 35 kWh mit einem Gewicht von 385 kg. Lade- und Entladespannung, maximaler Strom und Temperatur waren elektronisch geregelt. In bezug auf ihre spezifische Energie von 90 Wh/kg ist diese Batterie mit den sog. Hochtemperaturbatterien (z. B. Natrium-Schwefel, „Zebra" usw.) vergleichbar; sie hat aber den großen Vorteil, bei Raumtemperatur zu funktionieren.

Die Titan-Lithium-Batterie

Eine Variante der Lithium-Ionentransferbatterie ist die Titan-Lithium-Batterie. Sie wurde 1995 von der japanischen Firma Matsushita in Form von Knopfzellen (6,8 mm Durchmesser, 2,1 mm Höhe sowie 9,5 bzw. 16 mm Durchmesser bei 2,0 mm Höhe) spezifisch für die Energieversorgung von Solar- und Generatoruhren auf den Markt gebracht. Sie ist zum Ersatz des „Supercap" bestimmt, der beim Nichttragen der Uhr lediglich eine Gangautonomie von einigen Tagen gewährleistet. Bei der Titan-Lithium-Batterie sind es bei gleichen Abmessungen mehr als 1000 h (40 Tage). Weitere Vorteile sind eine geringe Selbstentladung und mind. 500 Lade-Entladezyklen mit vollständiger Entladung sowie eine relativ flache Entladekurve zwischen 1,5 und 1,2 V. Die Arbeitsspannung von 1,5 V ist für eine Lithiumbatterie sehr niedrig, sie entspricht aber etwa der Spannung der zur Versorgung von Armbanduhren sehr weit verbreiteten Zink-Silberoxid-Elemente.

Bei der Titan-Lithium-Batterie besteht die Anode aus Lithium-Titanoxid ($Li_xTi_yO_z$) und die Kathode aus Lithium-Manganoxid (Li_xMnO_y). Beim Entladen wird das dreiwertige Titan an der Anode zur vierwertigen Stufe oxidiert, wobei ein Lithiumion Li^+ freigesetzt und in den Elektrolyt abgegeben wird. An der Kathode wird vierwertiges Mangan zur dreiwertigen Stufe reduziert, unter Einlagerung eines Lithiumions zur Erhaltung der Elektroneutralität. Beim Laden werden die obigen Reaktionen umgekehrt. Die Klemmenspannung der Batterie beträgt 1,5 V, sie kann mit einer Solarzelle von 2,6 V direkt aufgeladen werden. Ein sehr ähnliches System wird von der Schweizer Firma Renata entwickelt, wobei die negative Elektrode aus nanokristallinem Titanoxid (Anatas-Phase), die positive Elektrode aus Lithium-Cobaltoxid oder Lithium-Nickeloxid besteht. Die Klemmenspannung beträgt in diesem Fall 2,2 V.

Alle aufladbaren Lithiumbatterien sind mit eingebauten elektronischen Sicherheitsvorkehrungen versehen. Sie umfassen insbesondere einen sog. PTC-Schalter (Positive Temperature Coefficient Resistance Switch). Er basiert auf einem leitenden Polymer, der bei einer Schwellentemperatur nichtleitend wird. Des weiteren sind eine Überstrom-Sicherung und ein Sicherheitsventil eingebaut. Elektronik und Batterie bilden ein Ganzes.

Leitende Polymerelektroden

Fast alle organischen, also auf der Chemie des Kohlenstoffs basierenden Substanzen – insbesondere die Kunststoffe – sind Isolatoren und weisen darum nur eine äußerst geringe elektrische Leitfähigkeit auf. Dies ist auch der Fall beim Polyacetylen, dem einfachsten ungesättigten Kunststoff. Es besteht aus einer langen, linearen Kette von Kohlenstoffatomen, die abwechselnd durch Einfach- bzw. Doppelbindungen verknüpft sind. Jedes Kohlenstoffatom ist zudem mit einem Wasserstoffatom verbunden. Die Formel des Polymers ist $(CH)_x$, wobei x die Zahl der Wiederholungen der Gruppe =CH– in der Kette angibt. Weil die Doppelbindungen weit ausgedehnte Elektronensysteme sind, die einander überlappen, sind solche Polymermoleküle elektrisch leitende „Nanodrähte".

Nun ist es aber unmöglich, ein einzelnes Polyacetylenmolekül an beiden Enden zu kontaktieren; somit ist reines Polyactelyen elektrisch isolierend. In Polyacetylenfolien, die aus einem ungeordneten „Filz" von Makromolekülen bestehen, sind die Elektronensysteme benachbarter Moleküle zufallsbedingt häufig übereinander angeordnet. Elektronen können aber nur von einem Kettenmolekül zum nächsten springen, wenn sog. Dotierungsatome im Polymer eingelagert sind. Sie liefern Ladungsträger (Elektronen oder Löcher), die benachbarte Moleküle elektrisch miteinander verbinden. Auf diese Weise wird das Polymer zum p- bzw. n-Leiter, wie dies beim dotierten Silicium oder Germanium der Fall ist. Beim Polyacetylen ist dieser Effekt besonders spektakulär: wird das Material mit Iod dotiert, indem man es dampfförmigem Iod aussetzt, so steigt seine elektrische Leitfähigkeit um das Hundertmillionenfache.

Ist die Zahl der eingebauten Dotierungsatome genügend hoch, so erhält Polyacetylen die Leitfähigkeit eines Metalls. Dieser Effekt wurde 1977 entdeckt. In der Folge zeigte es sich, daß eine ganze Reihe von normalerweise isolierenden Kunststoffen durch Dotieren metallische Leiter werden, insbesondere Polyanilin, Polyparaphenylen, Polythiophen und Polypyrrhol. Sie weisen die Gemeinsamkeit einer abwechselnden Anordnung von Einfach- und Doppelbindungen auf, wie dies beim Polyacetylen und auch beim Graphit der Fall ist.

Lithium-Polymer-Batterien

Polyacetylen kann nicht nur chemisch, sondern auch auf reversible Weise elektrochemisch dotiert werden, und zwar durch Anlegen eines Potentials in einer elektrochemischen Zelle. Unter dem Einfluß eines elektrischen Feldes werden die im Elekrolyt vorhandenen Ionen je nach Polarität in das Polymer eingelagert oder aus diesem ausgelagert. Diese Eigenschaft ermöglichte die Entwicklung einer neuartigen, aufladbaren Batterie. Sie ist dem Bleiakkumulator in bezug auf die spezifische Energie theoretisch um ein Mehrfaches überlegen.

Die ersten Lithium-Polymer-Batterien bestanden aus je einer Polyacetylen- und einer Lithiumelektrode; als Elektrolyt diente eine Lösung von Lithiumperchlorat in einem organischen Lösungsmittel wie Dimethylcarbonat. Beim Laden einer solchen Batterie werden an der negativen Elektrode (Anode) Lithiumionen aus der Lösung zu Lithiummetall reduziert. An der positiven Elektrode (Kathode) dringen negative Perchlorationen (ClO_4^-) aus dem Elektrolyt in das Polyacetylen, um die dort entstandenen positiven Ladungen zu neutralisieren; dies entspricht einer Oxidation. Beim Entladen wird Lithiummetall zu Lithiumionen Li^+ oxidiert, während das Polyacetylen durch Freisetzung von Perchlorationen reduziert wird. Man verwendet gut leitendes, dotiertes Polyacetylen, um den Innenwiderstand der Batterie möglichst niedrig zu halten.

Mit Laborprototypen solcher Batterien wurde eine spezifische Energie von 20–100 Wh/kg erreicht. Nachteilig war aber die mangelhafte Stabilität des dotierten Polyacetylens; die Zahl der Lade-Entladezyklen war ungenügend. Es hat sich auch gezeigt, daß Batterien mit Kunststoffelektroden in bezug auf die volumetrische Energiedichte eher bescheiden abschneiden; man kommt auf etwa 100 Wh/l. Im weiteren ist ihr innerer Widerstand relativ hoch, so daß sie sich nicht für hohe Entladeströme eignen. Bisher ist nur eine Lithium-Polyacetylen-Knopfzelle auf dem Markt erschienen, die bald wieder zurückgezogen wurde.

Lithiumbatterien mit Polymerelektrolyt

Die ersten Lithiumzellen mit Polymerelektrolyt wurden von Wissenschaftlern des CNRS in Frankreich entwickelt. Die Zusammenarbeit mit Forschungslaboratorien in Kanada führte dazu, daß das Energieversorgungsunternehmen Hydro Quebec eine führende Rolle bei den weiteren Forschungsarbeiten übernahm, die auf ein neues Konzept zentriert sind. Dabei kommen sehr dünne, filmförmige Anoden aus metallischem Lithium zum Einsatz, die hohe Leistungsdichten ermöglichen. Auch Lithiumverbindungen, insbesondere Lithium-Graphit-Interkalationsverbindungen werden als Anodenmaterial in Betracht gezogen.

Der Elektrolyt dieser neuartigen Batterie ist ein ionenleitender Festkörper-Elektrolyt, z. B. Polyethylenoxid oder Polypropylenoxid, in welchen ein anorganisches Salz wie Lithium-Hexafluorophosphat ($LiPF_6$) gelöst ist. Seine Ionenleitfähigkeit kann durch Strukturveränderungen und Einbau von Anionen drastisch verbessert werden. Dennoch ist man bei dieser Bauart auf relativ hohe Temperaturen im Bereich von 120–130 °C angewiesen, damit hohe Ströme fließen können. Dies kompliziert den Betrieb bei Traktionsanwendungen und verkürzt die nützliche Lebensdauer des Polymers.

Eine Alternative ist der Einsatz von gelifiziertem Polymer unter Zugabe von Lösungsmitteln (z. B. Ethylencarbonat), niedermolekularen Polymeren oder Plastifizierungsmitteln, um die Beweglichkeit der Ionen zu erhöhen. Bei diesem immobilisierten Elektrolyt spielen anionische Gruppen eine wichtige Rolle, weil sie den schnellen Transfer von Lithiumionen zwischen den Elektroden ermöglichen.

Bei der z. Z. aussichtsreichsten Bauart wird die Batterie aus aufgerollten oder gestapelten Filmen von nur etwa 0,1 mm Stärke aufgebaut. Die Filme sind eine Sandwichkonstruktion mit Lithiumanode, einem Polyoxyethylenderivat als Elektrolyt und Kathode aus Vanadiumbronze oder Mangandioxid. Eine solche Konstruktion, von der zahlreiche Varianten für den praktischen Betrieb evaluiert werden, ermöglicht hohe Stromdichten bei einer Betriebstemperatur von lediglich 60 °C.

Immobilisierter Elektrolyt und Polymerelektrode

An der Kombination von Kunststoffkathode und immobilisiertem Elektrolyt wird ebenfalls intensiv gearbeitet. Von besonderem Interesse ist eine in Japan entwickelte Elektrode aus Dimercaptan und Polyanilin. Dimercaptane enthalten 2 substituierte SH-Gruppen; sie werden durch Oxidation (d. h. beim Laden der positiven Elektrode) polymerisiert und durch Reduktion (beim Entladen) depolymerisiert. Diese Reaktion verläuft bei den reinen Dimercaptanen zu träge, um technisch nutzbar zu sein. Nun wurde aber entdeckt, daß die chemische Reaktionsfähigkeit eines Dimercaptans wie 2,5-Dimercapto-1,3,4-Thiadiazol (DMcT) durch Polyanilin stark erhöht wird. Insbesondere werden die Oxidations- und Reduktionsreaktionen des DMcT sehr wirksam beschleunigt. Interessante Ergebnisse wurden mit einer konzentrierten, viskosen Lösung von DMcT und Polyanilin in N-Methylpyrrolidon erhalten. Wird ein elektrisch leitender Kohlenstoffilm durch Tauchen oder Siebdruck mit einer solchen Lösung beschichtet, so erhält man eine Elektrode hoher spezifischer Kapazität.

Eine solche Kathode wurde mit einem 0,6 mm dicken Kunststoff-Elektrolyt kombiniert, der aus Ethylencarbonat, Propylencarbonat, Acrylnitril-Methylacrylat-Copolymer und Lithiumborfluorid $LiBF_4$ bestand. Als Anode wurde eine 0,3 mm dicke Lithiumfolie verwendet. Bei einer Ladespannung von 4,75 V und einer Entladungsspannung von 3,4 V wurden eine Kapazität von 185 Ah/kg und eine spezifische Energie von über 600 Wh/kg erhalten. Diese Werte sind auf das Kathodenmaterial bezogen; bei eine kompletten Batterie sind etwa 130 Wh/kg zu erwarten.

Die Zahl der Lade-Entladezyklen von Testbatterien mit DMcT-Polyanilinkathode war bei den bisherigen Ausführungen auf etwas über 100 begrenzt. Der Ersatz von Lithiummetall durch eine Lithium-Graphit-Verbindung könnte diesen Nachteil aufheben. Andererseits erlaubt die DMcT-Kathode nur geringe Entladestromdichten von 0,1 mA/cm^2; eine Dünnfilmkathode läßt sich aber ohne ungebührlichen Gewichtszuwachs sehr großflächig gestalten. So könnten dennoch hohe Lade- und Entladeströme erreicht werden. Kommerzielle Ausführungen solcher Systeme sind aber nur langfristig zu erwarten.

Kapitel

15

Zink-Chlor- und Zink-Brom-Batterien

Halogene als starke Oxidationsmittel

Die Zink-Chlor-Batterie gehört zu den elektrochemischen Energiespeichern, in die man bis Anfang der 80er Jahre große Hoffnungen setzte. Mancher dachte, daß man damit die inhärenten Nachteile der Bleibatterie – vor allem die geringe spezifische Energie von rund 30 Wh/kg – definitiv überwinden könnte. Nach der Investition eines zweistelligen Dollarmillionenbetrags für Forschung und Entwicklung gab man Zink-Chlor-Batterie gute Chancen, sich im Bereich der Traktion und der Spitzenlastspeicherung durchzusetzen. Diese Hoffnungen haben sich nicht erfüllt. Bei der Zink-Brom-Batterie sind die Voraussetzungen günstiger. Eine originelle Konstruktion aus leitendem und isolierendem Kunststoff ermöglicht eine relativ preiswerte Massenfabrikation. Kommerzialisiert wurde dieser Batterietyp bisher aber nicht.

Die elektrochemischen Reaktionen der Zink-Chlor-Batterie sind äußerst einfach:

$$\text{Anode: } Zn \leftrightarrow Zn^{2+} + 2\,e^-$$

$$\text{Kathode: } Cl_2 + 2\,e^- \leftrightarrow 2\,Cl^-$$

für die Bruttoreaktion

$$Zn + Cl_2 \leftrightarrow ZnCl_2$$

Das System basiert auf der elektrochemischen Oxidation von Zink mit Chlor zu Zinkchlorid beim Entladen, und der Aufspaltung von Zinkchlorid in die Elemente Zink und Chlor beim Laden. Kathoden und Anoden bestehen aus porösem Graphit, an denen sich beim Laden metallisches Zink bzw. Chlor abscheiden; letzteres löst sich im Elektrolyt auf. Sowohl Zink als auch Chlor sind sehr billig und praktisch unbeschränkt verfügbar.

Die Zink-Chlor-Batterie weist eine Reihe interessanter Eigenschaften auf. Die theoretische, spezifische Energie beträgt 833 Wh/kg, in der Praxis wurden 67 Wh/kg erreicht. Die Klemmenspannung (theoretisch 2,12 V) ist vom Ladezustand fast unabhängig; sie beginnt gegen Ende der Entladung schnell abzusinken. Im Labor wurden weit über 1 000 Lade-Entladezyklen erreicht. Die optimale Arbeitstemperatur liegt zwischen 40 und 50 °C, die Batterie wird bei Atmosphärendruck betrieben.

Nachteilig ist jedoch die hohe Komplexität der Zink-Chlor-Batterie. Es sind mehrere Pumpen sowie eine Kühl- und eine Heizanlage für den Elektrolyt erforderlich. Zudem darf das sehr aggressive und toxische Chlor nicht als Gas gespeichert werden. Der Elektrolyt muß beim Laden in einen separaten Behälter gepumpt und auf wenige Grad über dem Gefrierpunkt von Wasser abgekühlt werden. Das Chlor fällt dann in Form des festen Hydrats $Cl_2 \cdot 8H_2O$ aus und wird in einem getrennten Behälter gespeichert. Es bildet eine Art Schlamm, der schelzendem Schnee gleicht. Für alle dem Chlor ausgesetzten Bauteile muß Titan verwendet werden, was den Bau der Zellen stark verteuert.

Beim Entladen mußte das Chlorhydrat dem Bedarf entsprechend aufgetaut und über seine Zersetzungstemperatur von 9,6 °C erwärmt werden, wobei im Elektrolyt gelöstes Chlor entsteht. Bei einem Unfall mit Bruch des Speicherbehälters rechnete man mit einer nur langsamen Freisetzung des sehr toxischen, im Ersten Weltkrieg als Kampfgas eingesetzten Chlors. Beim Laden, das 6–8 h in Anspruch nahm, mußte ein zusätzliches, netzbetriebenes Kühlaggregat verwendet werden, um das Chlorhydrat auszufrieren. Die in der Prototyp-Batterie eingebaute Kühlung reichte nur, um das Schmelzen des Hydrats beim mobilen Einsatz zu verhindern. Das Kühlaggregat wirkt sich auf die Energiedichte und den Energiewirkungsgrad sehr nachteilig aus.

Kompliziert, störungsanfällig und gefährlich

In New York wurde 1980 eine für die Traktion von Elektromobilen entwickelte Zink-Chlor-Batterie vorgeführt. Sie war unter dem Boden des Fahrzeugs untergebracht, wog 540 kg und umfaßte 60 in Serie geschaltete Zellen mit einer Klemmenspannung von 127 V. Damit konnten 36 kWh gespeichert werden, die Spitzenleistung betrug 40 kW; eine Bleibatterie der gleichen Leistung hätte 1 800 kg gewogen. Ein auf Elektrotraktion umgebauter Probewagen der Marke Volkswagen hatte mit einer voll geladenen Zink-Chlor-Batterie eine Reichweite von 240 km.

Die Euphorie war jedoch von kurzer Dauer. Die Zink-Chlor-Batterie erwies sich als zu kompliziert, zu störungsanfällig, zu umständlich und zu gefährlich, um sich im rauhen Alltagsbetrieb eines Motorfahrzeugs durchsetzen zu können. Besondere Sorge bereitete das Chlorhydrat, das ständig gekühlt bleiben muß. Beim längeren Abstellen des Wagens war also ein Netzanschluß unabdingbar, wenn man nicht den Austritt des toxischen Chlorgases riskieren wollte. Zudem beanspruchte der Hydratspeicher Platz, während die Kühl- und Heizanlagen viel Energie verbrauchten. Schließlich wurden die Graphitelektroden immer wieder durch Zinkdendriten kurzgeschlossen, was Zuverlässigkeit und Lebensdauer beeinträchtigte. Im stationären Betrieb zur Unterstützung des Netzes während Spitzenlastzeiten waren die Erfahrungen mit Zink-Chlor-Batterien besser. So wurde in Japan ein Prototyp von 60 kW, in New Jersey (USA) sogar einer von 500 kW erfolgreich getestet.

Kostspieligeres, aber leicht speicherbares Brom

Viele Probleme lassen sich vermeiden, wenn Chlor durch das kostspieligere, aber erst bei 58 °C siedende Brom ersetzt wird. Das Funktionsprinzip der Zink-Brom-Batterie ist im Prinzip identisch mit demjenigen der Zink-Chlor-Batterie. Beim Entladen wird Zink mit Brom oxidiert, wobei Zinkbromid in wässeriger Lösung entsteht; beim Laden wird Zinkbromid wieder in die Elemente Zink und Brom aufgespalten

Anode: $Zn \leftrightarrow Zn^{2+} + 2\,e^-$

Kathode: $Br_2 + 2\,e^- \leftrightarrow 2\,Br^-$

Daraus ergibt sich die Bruttoreaktion:

$$Zn + Br_2 \leftrightarrow ZnBr_2$$

Beim Laden scheidet sich Zink an der negativen Elektrode ab, während Brom als flüssiger Komplex mit Bromid- und Ammoniumionen gebunden wird. Dieser Komplex bildet eine separate Phase in Form von Tröpfchen, und wird durch selbsttätiges Dekantieren von der wässerigen Elektrolytlösung getrennt und in einem separaten Abteil aufgefangen. Beim Entladen der Batterie wird der Bromkomplex durch ein automatisch betätigtes Ventil dem Elektrolyten wieder zudosiert. Auf diese Weise verhindert man die Selbstentladung durch Diffusion von Brom zu den zinkbeschichteten, negativen Elektroden. Die Zellspannung beträgt 1,5 V.

Es werden 2 Elektrolyte benötigt, je eine dreimolare Zinkbromid- und eine Bromlösung. Letzterer wird viermolares Kaliumchlorid zur Erhöhung der Leitfähigkeit sowie Ammoniumbromid als Komplexierungsagens zugegeben. Die Elektrolyte zirkulieren in getrennten Kreisläufen; Anoden- und Kathodenraum sind durch eine mikroporöse Kunststoffmembran voneinander getrennt. Durch ein

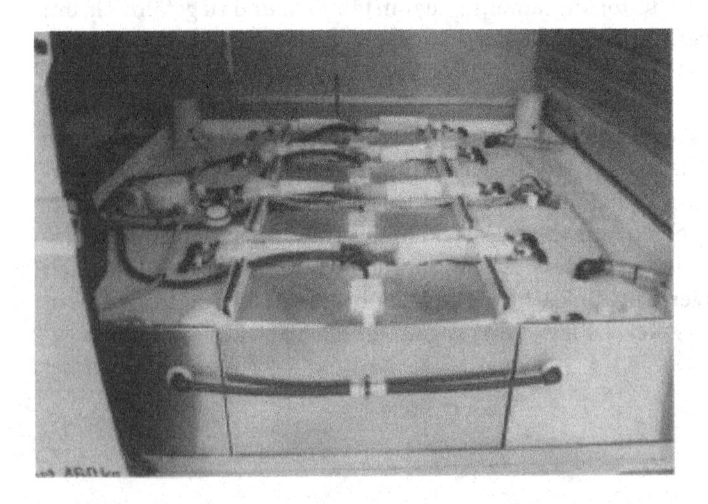

Bild 15.1 Für den Antrieb von Fahrzeugen konzipierte Zink-Brom-Batterie

darin eingeprägtes Warzenprofil bleibt auch bei einer allfälligen Verformung der Elektroden ein minimaler Zwischenraum für die Elekrolytlösungen erhalten. Um hohe Stromdichten zu erreichen, die Temperatur zu kontrollieren und beim Laden eine einheitliche Abscheidung des Zinks zu gewährleisten, müssen die Elektrolyte zwischen den Elektroden zirkulieren; dazu sind 2 Pumpen erforderlich.

Reine Kunststoffkonstruktion

In Abkehr von konventionellen Konstruktionen werden die Elektrodenplatten der Zink-Brom-Batterie aus elektrisch leitendem, die Elektrodenrahmen und das Gehäuse aus isolierendem Kunststoff gefertigt (Bild 15.2). Durch Verschweißen der aneinander gepreßten Zellen entsteht eine korrosionsfeste, verkapselte Konstruktion. Die leichten und preiswerten Kunststoffteile eignen sich vorzüglich für die Massenfabrikation. Die modulare Konstruktion erlaubt, wenn nötig, das problemlose Auswechseln von Einzelteilen wie Pumpenblock, Kontrollsystem, Elektrodenpaket und Speicherbehältern. Besonders bemerkenswert sind die Elektroden, die aus Polyethylenplatten (HDPE) von 2 mm Stärke gefertigt werden. Sie sind infolge des Zumischens von elektrisch leitfähigem Ruß und Graphit schwarz gefärbt. Der 50 mm breite Rand besteht aus gewöhnlichem, nicht leitfähigem Polypropylen, in welches die Zu- und Ableitkanäle für die Elektrolyten gleich bei der Extrusion eingeprägt werden.

Die Elektroden sind bipolar ausgestaltet: auf der einen Seite fungieren sie als Anode, auf der anderen Seite als Kathode. Elektrische Anschlüsse sind nur an den endständigen Elektroden erforderlich; dazu dienen Silbergitter, die heiß in den Kunststoff eingepreßt werden. An die Enden des Elektrodenstapels lassen sich

Bild 15.2 Vollständig in leitendem bzw. isolierendem Kunststoff ausgeführtes Zink-Brom-Batteriesystem

Kunststoffhohlkörper befestigen, die als Reservoir für die Elektrolyte dienen. Ein Separator aus porösem Polyethylen verhindert Kurzschlüsse zwischen den Elektroden durch die beim Laden aufwachsenden Zinkdendriten. Der Elektrodenstapel und die Reservoirbehälter lassen sich verschweißen.

Mit Prototypen solcher Zink-Brom-Batterien (sie werden auch als „Zink-Flow-Batterien" bezeichnet) wurde routinemäßig eine spezifische Energie von 70 Wh/kg (Theorie: 346 Wh/kg) und eine spezifische Leistung von 100 W/kg erreicht. Im Laboratorium waren es sogar über 90 Wh/kg und 200 W/kg. Die Zahl der Lade-Entladezyklen übertrifft 1 000 bei einer Energieeffizienz von 75 %. Brom ist weniger toxisch als Chlor, doch immer noch eine ausgesprochen unangenehme und aggressive Substanz. Die sich daraus ergebenden Probleme konnten durch den Einsatz besonderer Materialien und konstruktive Maßnahmen weitgehend gelöst werden. So sind die aus leitendem Kunststoff bestehenden Elektroden korrosionsfest. Durch den Einsatz von Pumpen mit magnetischer Kupplung konnte auf Durchführungen verzichtet werden, die immer einen Schwachpunkt darstellen. All dies bedingte aber eine wesentlich längere Entwicklungszeit, als man ursprünglich erwartet hatte. Ein Unfall mit Bromaustritt während einer Demonstrationsfahrt hat dem Ruf des Zink-Brom-Systems sehr geschadet.

Rallye-Gewinner

Heute betreibt die österreichische Studiengesellschaft für Energiespeicher und Antriebssysteme SEA (eine Tochtergesellschaft der amerikanischen Powercell) in der Steyermark eine Pilotlinie als Basis für die industrielle Fertigung von Traktionsbatterien; damit sind reproduzierbare Batterieleistungen gewährleistet. Mit den in Elektromobilen eingebauten Prototypen (35 kWh/380 V) wurden schon mehrere Rennen und Rallyes gewonnen. In Australien werden Zink-Brom-Batterien für den Export nach China hergestellt. Sie sind für den stationären Einsatz in Wohnhäusern konzipiert, um die Stromversorgung bei den dort häufig auftretenden Netzunterbrüchen zu gewährleisten.

Obwohl die Energiedichte nur etwa doppelt so hoch ist wie diejenige der besten Bleibatterien, erreicht man im praktischen Fahrbetrieb mit der Zink-Flow-Batterie etwa die 3fache Reichweite. Dies ist auf eine Kumulation zahlreicher günstiger Parameter zurückzuführen, die sowohl vom Grundkonzept als auch von der Batteriekonstruktion abhängen. Dazu gehören u. a. die vernachlässigbare Selbstentladung, die Möglichkeit der extremen Tiefentladung ohne Einfluß auf die Lebensdauer, die vom Ladungszustand fast unabhängige Nutzung der gespeicherten Energie, die Möglichkeit der Parallelschaltung innerhalb des Batteriesystems und der hohe Wirkungsgrad.

Bei einer weiter verbesserten Variante werden sowohl das Brom als auch das Zink im geladenen Zustand in Aktivkohleelektroden adsorbiert. Als Trennmembran im Elektrolytraum wird Acrylamid verwendet, das Herumpumpen der Elektrolyte entfällt. Die Batterie kann wie beim Originalkonzept vollständig aus Kunststoff aufgebaut und verschweißt werden. Sie benötigt lediglich einen Überladungsschutz und erträgt viele 100 Lade-Entladezyklen bei jeweils vollständiger Entladung. Der Wirkungsgrad beträgt gut 80 %, die elektrischen Kennzahlen sind gleich hoch wie bei der konventionellen Konstruktion. Ein 100 Wh speicherndes Element weist ein Volumen von nur 1 l auf. Gleichwohl werden die Chancen des Zink-Brom-Systems im Vergleich zu Nickel-Metallhydrid- oder Lithium-Ionentransferbatterien nicht sehr hoch eingestuft.

Kapitel

16

Metall-Luft-Batterien

Elektrische oder mechanische Aufladung

Die Idee, preiswerte unedle Metalle wie Zink, Eisen oder Aluminium unter Einsatz von Luftsauerstoff elektrolytisch zu oxidieren, ist schon sehr alt. An solchen elektrisch oder mechanisch aufladbaren Metall-Luft-Batterien wird seit Jahrzehnten gearbeitet, doch bei keinem der vorgeschlagenen Systeme ist es bisher zu einer Fertigung im industriellen Maßstab gekommen.

Von der Zink-Luft- und der Eisen-Luft-Batterie sind im Lauf der letzten Jahrzehnte vielerorts elektrisch aufladbare Prototypen gebaut worden, vor allem in Hinblick auf Anwendungen im Traktionsbereich. Die Aluminium-Luft-Batterie andererseits ist nur mechanisch aufladbar; es handelt sich sozusagen um eine Variante der Brennstoffzelle, in welcher Aluminium als fester Brennstoff dient und beim Entladen zu Aluminiumhydroxid umgesetzt wird. Verbrauchte Anoden werden einfach ersetzt (sog. mechanisches Aufladen), das Hydroxid kann in der Aluminiumhütte rezykliert werden. Ähnlich konzipierte Zink-Luft-Batterien mit mechanischer Aufladung werden z. Z. verschiedenerorts auf ihre Eignung für Traktionszwecke evaluiert.

In einer Metall-Luft-Batterie muß die Kathode Luftsauerstoff (O_2) mit Wasser (H_2O) zu Hydroxidionen (OH^-) umsetzen. Sie sollte vorzugsweise bei Umgebungstemperatur oder nur leicht erhöhter Temperatur betrieben werden können. Zudem muß sie mit Luft funktionieren; aus wirtschaftlichen Gründen (bei Traktionsanwendungen auch wegen der zusätzlichen Gewichtsbelastung) ist reiner Sauerstoff ausgeschlossen. Weil mit einem alkalischen Elektrolyt gearbeitet wird, der das Kohlendioxid der Luft absorbiert, muß dieses Gas vorab durch eine alkalische Wäsche entfernt werden.

Bei der elektrisch aufladbaren Metall-Luft-Batterie muß eine sog. bifunktionelle Sauerstoffelektrode verwendet werden. Neben ihrer bereits erwähnten Funktion beim Entladen, muß sie beim Laden Sauerstoff entwickeln können, ohne dabei Schaden zu nehmen. Sie muß der Oxidation und dem mechanische Angriff durch die Gasblasenbildung während der Sauerstoffentwicklung widerstehen. Kritisch ist vor allem die Stabilität der Dreiphasengrenze Feststoff-Elektrolyt-Gas, wo beim Entladen die elektrochemische Reduktion des Sauerstoffs abläuft. Um eine hohe chemische Reaktivität zu gewährleisten sind wirksame und robuste Katalysatoren erforderlich. Platin ist für diesen Zweck ungeeignet: es passiviert sich beim hohen anodischen Potential während der Sauerstoffentwicklung. Sollten Platinpartikeln auf die Zinkanode geraten, so würde die Selbstentladung der Batterie drastisch erhöht.

Das System Zink-Luft

Als Beispiel für eine bifunktionelle Luftelektrode für eine elektrisch aufladbare Zink-Luft-Batterie sei die am Paul-Scherrer-Institut (PSI in Villigen, Schweiz) entwickelte Doppelschicht-Elektrode erwähnt. Sie umfaßt eine dem Elektrolyt zugewandte Aktivschicht aus graphitisiertem Ruß, PTFE-Dispersion („Teflon") und katalytisch aktivem Lathan-Calcium-Cobaltoxid mit Perovskitstruktur ($La_{0,6}Ca_{0,4}CoO_3$). An diesem Material entwickelt sich beim Laden der Sauerstoff. Zur Herstellung der Elektrode werden die o. g. Materialien gut gemischt, mit Kerosin angeteigt und auf eine Dicke von 1 mm ausgewalzt. Die der Luftseite zugewandte Schicht besteht aus einer 1 mm dicken, porösen Struktur aus Acetylenruß und PTFE.

Beide Schichten werden mit einem Nickelgitter als Kontaktmedium verpreßt und bei 350 °C und unter einem Druck von 50 kg/cm^2 versintert. Die dabei erhaltene Struktur ermöglicht eine schnelle Aufnahme von Luftsauerstoff bei minimalem Überdruck, wie auch eine genügende Dichtigkeit gegen das Eindringen des flüssigen Elektrolyts. Letzterer soll ja die Elektrode nicht durchdringen oder „ertränken", weil dies ihre Gasdurchlässigkeit in hohem Maß beeinträchtigen würde. Die Lebensdauer dieses Systems ist mit 500 Lade-Entladezyklen in stark alkalischer Lösung (45 % KOH) schon recht gut, das längerfristige Ziel ist 1 000 Zyklen.

In den USA wurden bifunktionellen Sauerstoffelektroden aus teflongebundenem Kohlenstoff mit 2 verschiedenen Katalysatoren entwickelt. Cobalt-Tetramethoxyphenylporphyrin dient dabei als Katalysator für die kathodische Reaktion (Reduktion von Sauerstoff zu OH^--Ionen beim Entladen), Nickel-Cobalt-Spinell ist der Katalysator für die Erzeugung von Sauerstoff beim Laden. Auch bei diesen Systemen ist die bisher erreichte Lebensdauer ungenügend.

Luftelektroden

Für mechanisch aufladbare Metall-Luft-Batterien mit direktem Ersatz des Metalls, sind die Ansprüche an die Kathode weniger extrem, weil nur reduktiv gearbeitet wird und im Gegensatz zu den elektrisch aufladbaren Systemen kein Sauerstoff abgeschieden werden muß. Es wurden zahlreiche Systeme verwirklicht, häufig stützt man sich auf kommerziell erhältliche Elektroden der Firma E-TEK, Inc in Natick (Massachusetts, USA).

Je nach Anwendungszweck gibt es verschiedene Ausführungen, die von E-TEK den Spezifikationen den Kunden angepaßt werden können. Als Träger und galvanischer Kontakt dient i.d.R. ein versilbertes oder vergoldetes Nickelgitter, das mit der katalytisch aktiven Masse bestrichen wird. Letztere besteht aus Aktivkohle, Teflon als Bindemittel und feinverteiltem Platin (Platinschwarz). Eine Seite der Elektrode kann mit mikroporösem Teflon beschichtet werden. Alternative Träger sind Gewebe oder Vliese aus Kohlenstoffasern.

In den wiederaufladbaren Batterien des Zink-Luft-Typs laufen folgende Reaktionen ab:

Anode: $Zn + 2\,OH^- \leftrightarrow ZnO + H_2O + 2\,e^-$

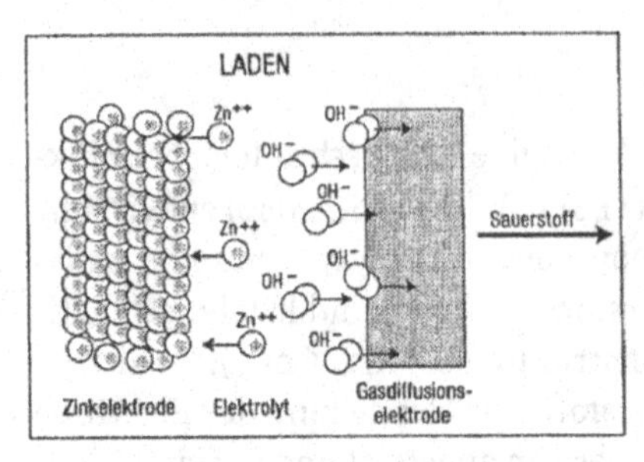

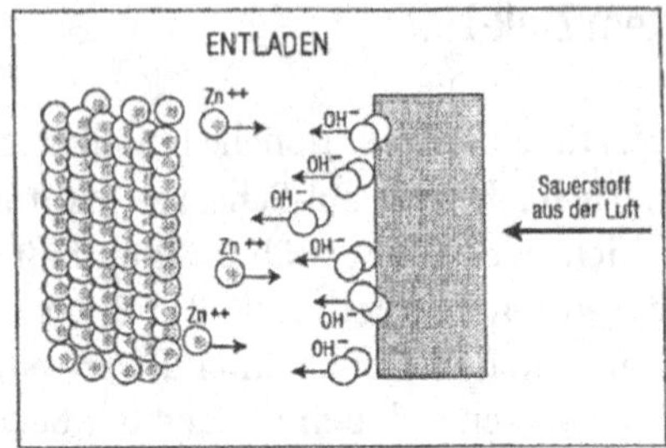

Bild 16.1 Funktionsprinzip der wiederaufladbaren Zink-Luft-Batterie. Beim Laden wird an der positiven Gasdiffusionselektrode Sauerstoff entwickelt, beim Entladen wird atmosphärischer Sauerstoff verbraucht

$$\text{Kathode: } 1/2O_2 + H_2O + 2\,e^- \leftrightarrow 2\,OH^-$$

Die Bruttoreaktion ist somit

$$Zn + 1/2O_2 \leftrightarrow ZnO$$

Für die Zinkanode gibt es zahlreiche Varianten. Bei einer in den USA bereits langfristig erprobten Zelle besteht die negative Elektrode aus Schaumkupfer, auf welches Zink plattiert wird. Am Paul-Scherrer-Institut verwendet man Zinkoxidpulver mit 0,5 % Bleioxid, 4 % PTFE und etwas Carboxyl-Methylcellulose. Dieses Gemisch wird mit Wasser zu einer Suspension angerührt und abfiltriert. Der Filterkuchen mit einer Schichtdicke von 1 mm wird auf einem verbleiten Kupfernetz abgeschieden und bei 80 °C getrocknet. Beim erstmaligen Laden wird das Zinkoxid zu fein verteiltem Zink reduziert. In der kompletten Batterie werden solche Zinkelektroden zwischen bipolaren Luftelektroden angeordnet. Als Separator wird mikroporöses Polypropylen verwendet.

„Black box" mit oder ohne Wartung

Die wiederaufladbare Zink-Luft-Zelle hat den Vorteil, daß sie wie eine Bleibatterie als wartungsfreie „Black box" gebaut und betrieben werden kann. Im Labor getestete Prototypen weisen eine spezifische Energie von 90 Wh/kg auf; der theoretische Wert beträgt 1310 Wh/kg. Bei der Zahl der Lade-Entladezyklen wurden erhebliche Fortschritte gemacht, aber das Ziel von 800–1 000 Zyklen wurde noch nicht erreicht. Eher negativ zu Buch schlägt die Tatsache, daß nur 60 % der beim Laden aufgewendeten Energie beim Entladen verfügbar ist. Dies ist auf den großen Unterschied zwischen Lade- und Entladespannung zurückzuführen ist. Andererseits ist die spezifische Leistung fast unabhängig vom Ladezustand.

Die mechanisch aufladbare Zink-Luft-Zelle ist sehr einfach aufgebaut. Die beim Entladen verbrauchten Zinkelektroden werden ersetzt, das im Elektrolyt ausfallende Zinkoxid kann in der Zinkhütte zu neuem Metall wiederaufbereitet werden. Massive Zinkelektroden haben eine zu geringe spezifische Oberfläche; man ver-

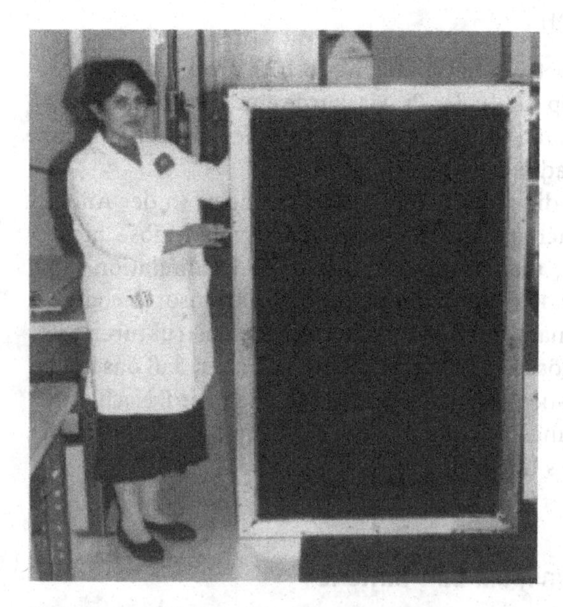

Bild 16.2 Gasdiffusionselektrode für eine industrielle Metall-Luft-Batterie

wendet darum poröses Zink, Aufschlämmungen von Zinkpulver im Elektrolyten oder poröse Packungen von Zinkpartikeln (sog. Schüttelektroden).

Seit 1993 experimentiert die Deutsche Post mit einer mechanisch aufladbaren Zink-Luft-Traktionsbatterie für Nutzfahrzeuge, deren spezifische Energie 200 Wh/kg beträgt. Das von der israelischen Firma Electric Fuel Ltd. entwicklete System enthält eine Anode aus hochporösem Zink. Die spezifische Oberfläche von 2 m^2/g ermöglicht eine hohe Stromdichte. Die Luftelektrode besteht aus einer mikroporösen Schicht aus Ruß und Teflon sowie einem versilberten Nickelnetz; ein Gebläse sorgt für den erforderlichen Luftüberdruck. Solche Batterien eignen sich nur für Anwender, die eine größere Flotte von Nutzfahrzeugen betreiben und eigene Werkstätten besitzen. Dort werden die Anoden ausgetauscht und das beim Entladen gebildete Zinkoxid wird entfernt. Für den „Normalverbraucher" ist dieser Wartungsaufwand nicht annehmbar.

Das System Eisen-Luft

Die Funktionsweise des Eisen-Luft-Akkumulators ist im Prinzip gleich wie die des Zink-Luft-Systems. Beim Entladen wird an der Anode Metall oxidiert, während an der Kathode Luftsauerstoff mit Wasser zu Hydroxidionen umgesetzt wird:

$$\text{Anode: } Fe + 2\,OH^- \leftrightarrow Fe(OH)_2 + 2\,e^-$$

$$\text{Kathode: } 1/2O_2 + H_2O + 2\,e^- \leftrightarrow 2\,OH^-$$

Die Bruttoreaktion lautet demnach

$$Fe + 1/2\ O_2 + H_2O \leftrightarrow Fe(OH)_2$$

Die theoretische Zellspannung beträgt bei dieser Kette 1,28 V, die Entladungsspannung liegt aber nur bei knapp 1 V. In der Praxis wurde eine spezifische Energie von 80 Wh/kg erreicht. Nachteilig ist die geringe spezifische Leistung von nur 20 W/kg und die hohe Selbstentladung der Eisenelektrode.

Besondere Probleme bringen die großen Volumenänderungen an der Anode beim Entladen. Dabei wird nämlich metallisches Eisen in das voluminöse, nichtleitende Eisenhydroxid $Fe(OH)_2$ umgewandelt. Trotz der Akkumulation von Eisenhydroxid muß die Diffusion der Hydroxidionen zum Reaktionsort sichergestellt sein. Diese Probleme hat man durch komplizierte Anodenstrukturen aus Eisenfasern und Eisenpulver zu lösen versucht. Es zeigte sich aber, daß das beim Entladen oxidierte Eisen beim Laden ganz anders abgeschieden wird. Nach etwa 200 Zyklen ist die Anode hoffnungslos ruiniert. Am Eisen-Luft-System besteht darum heute nur noch marginales Interesse.

Die mechanisch aufladbare Aluminium-Luft-Batterie

In der Aluminium-Luft-Batterie wird metallisches Aluminium mit Luftsauerstoff irreversibel oxidiert: wenn sie verbraucht ist, wird die Anode ersetzt. Die Batterie speichert also Energie, die vorher in der Aluminiumhütte zur Reduktion von Tonerde aufgewendet wurde. Die spezifische Oxidationswärme von Aluminium ist infolge der geringen Dichte des Metalls (2,7 g/cm^3) sehr hoch. Dies führt zu einer äußerst attraktiven spezifischen Energie von 2 800 Wh/kg und einer Energiedichte 7 560 Wh/l für die Aluminiumanode (bezogen auf die Reaktion von Al zu $Al(OH)_3$). Aus diesem Grund wird seit mind. 2 Jahrzehnten vielerorts an der Entwicklung einer mechanisch aufladbaren Aluminium-Luft-Batterie als Energiequelle für Elektromobile gearbeitet. Sie stützt sich auf folgende Reaktionen:

Anode: $2\ Al \leftrightarrow 2\ Al^{3+} + 6\ e^-$

Kathode: $3/2\ O_2 + 3\ H_2O + 6\ e^- \leftrightarrow 6\ OH^-$

Die Bruttoreaktion lautet

$$2\ Al + 3/2\ O_2 + 3\ H_2O \leftrightarrow 2\ Al(OH)_3$$

Die Anoden einer Aluminiumbatterie müssen periodisch ersetzt werden, zudem muß Wasser nachgetankt werden. Bei einem Elektrofahrzeug von 1 t Gesamtgewicht liegt der theoretische Aluminiumverbrauch bei etwa 3,5 kg/100 km; zudem werden 6 l Wasser benötigt. Weil nur ein alkalischer Elektrolyt in Frage kommt, bildet sich ein wasserlöslicher Aluminatkomplex. In einem von der Batterie getrennten Behälter wird daraus Aluminiumhydroxid (Hydrargyllit) ausgefällt und periodisch entsorgt.

Die Energiebilanz der Aluminium-Luft-Batterie ist ungünstig. Einmal muß zur Herstellung des Aluminiums doppelt so viel Energie aufgewendet werden als bei der Entladung der Batterie gewonnen werden kann. Zudem wird in den meisten

Ländern die zum Betrieb von Aluminiumhütten benötigte Elektrizität in thermischen Kraftwerken aus Kohle gewonnen, wobei der Wirkungsgrad im günstigsten Fall 40 % beträgt. Die erforderliche Energieinvestititon liegt dann bei 30 kWh/kg Aluminium, also dem 5fachen der theoretischen Energieproduktion der Batterie. Weil aber in der Praxis nur mit einem Bruchteil der theoretischen Materialausbeute gerechnet werden kann, wird die Bilanz noch ungünstiger.

Von einem Konsortium britischer und kanadischer Unternehmen wurde eine stationäre Aluminium-Luft-Batterie als geräuschlose, abgasfreie und jederzeit betriebsbereite Alternative zur Diesel-Notstromgruppe entwickelt. Die Batterie ist im Standby-Modus trocken und benötigt keinerlei Wartung. Wird sie durch Einfließenlassen von warmer Kalilauge sowie Durchblasen von Luft aktiviert, so kann sie während 48 h die volle Stromversorgung eines Spitals, Warenhauses oder Kraftwerks übernehmen. Danach müssen die Aluminiumanoden ersetzt werden. Die benötigte Leistung erhält man durch Zusammenschalten von beliebig vielen Moduln zu je 250 W. Trotz attraktiver Eigenschaften konnte sich dieser Batterietyp in der Praxis nicht durchsetzen: die Kosten waren einfach zu hoch.

In Japan wurden in Hinblick auf stationäre Anwendungen (Deckung von Spitzenlast) Aluminium-Luft-Batterien mit Salpetersäure-Elektrolyt entwickelt. Schwierig erwies sich allerdings die zuverlässige Steuerung der Passivität des Aluminiums mittels Elektrolytzusätzen. Konzentrierte Salpetersäure passiviert Aluminium, so daß es intakt bleibt, verdünnte Säure greift jedoch das Metall rasch an. Um von Anfang an eine möglichst hohe Stromdichte zu erreichen, wird das Metall durch Ätzen an der Oberfläche porös gemacht. In experimentellen Zellen wurden Materialausbeuten erreicht, die nahe beim theoretischen Wert lagen.

Kapitel

17

Hochtemperatur-Traktionsbatterien

Traktionsbatterie der Zukunft oder technologische Sackgasse?

Nach den Ölkrisen der 70er Jahre wurde vorausgesagt, daß sich Mitte bis Ende der 80er Jahre das Erdöl akut verknappen würde. Die damit zwingend verbundene Verteuerung ließ erwarten, daß dann synthetische Motorentreibstoffe wie Methanol und Wasserstoff wirtschaftlich konkurrenzfähig sein würden. Sie lassen sich im Ottomotor verbrennen, aber auch in einer Brennstoffzelle direkt zu elektrischer Energie umsetzen. Solche Energieträger müssen aus Kohle oder Erdgas gewonnen werden.

Im Zuge der erwarteten Abkehr von den erdölbasierten Treibstoffen wurde dem Batterieantrieb von Motorfahrzeugen eine besondere Bedeutung zugemessen. Man propagierte das Elektromobil auch auf Grund des schadstoffreien Betriebs, der allerdings stark relativiert werden muß. Weltweit werden ja etwa 80% der elektrischen Energie thermisch erzeugt, größtenteils in Kohlekraftwerken. Mit dem Elektrofahrzeug verlagert man lediglich die Immissionen vom individuellen Fahrzeug in Ballungszentren auf Kraftwerke in ländlichen Gegenden. Dort ist zudem eine zentrale Entschwefelung, Entstickung und Filtrierung der Rauchgase möglich. Wegen der unvermeidlichen Konversionsverluste muß aber bei dieser Betriebsweise pro kWh Antriebsenergie (bezogen auf Batteriestrom oder synthetischen Treibstoff) mit einem etwa 2 mal höheren Kohlendioxidausstoß gerechnet werden, als beim Betrieb von Motorfahrzeugen mit Benzin oder Dieselöl.

Dennoch wurden in den letzten 2 Jahrzehnten zahlreiche neuartige Batterien für Elektrofahrzeuge erforscht und entwickelt, darunter auch mehrere Hochtemperatursysteme. Vorrangiges Ziel war das Erreichen einer spezifischen Energie von 100–150 Wh/kg, die also 3–5 mal höher liegt, als im Fall der klassischen Bleibatterie. Inmitten einer beispiellosen Ölschwemme und (für die Produzenten) geradezu katastrophal niedrigen Ölpreisen, bleiben heute nur 3 Hochtemperaturbatterien im Rennen: die ursprünglich amerikanische, dann in der Bundesrepublik Deutschland und in England weiterentwickelte Natrium-Schwefel-Batterie, die deutsch-südafrikanische Natrium-Nickelchlorid-„Zebrabatterie" sowie die amerikanische Lithium-Eisensulfidbatterie; letztere ist eine Variante der militärischen Thermalbatterie.

Bild 17.1 Natrium-Schwefel-Batterien mit einer Speicherkapazität von 9,6 bzw. 19,2 kWh

Bild 17.2 Natrium-Nickelchlorid-Batterie „Zebra Z5" mit Steuergerät im Vordergrund

Das System Lithium-Eisensulfid

An der Anode der Lithium-Eisensulfid-Batterie wird beim Entladen Lithium zu Lithiumionen oxidiert, während die Kathode zu Eisen und Sulfid-Ionen S^{2-} reduziert wird. Es laufen folgende Elektrodenprozesse ab:

Anode: $4\ Li \leftrightarrow 4\ Li^+ + 4\ e^-$
Kathode: $FeS_2 + 4\ e^- \leftrightarrow Fe + 2\ S^{2-}$

Vereinfacht dargestellt lautet die Gesamtreaktion

$$4Li + FeS_2 \leftrightarrow 2\ Li_2S + Fe$$

Die Klemmenspannung beträgt 1,76 V pro Zelle. Bei der Betriebstemperatur von 450 °C liegt die theoretische spezifische Energie bei 650 Wh/kg. In der Praxis lassen sich aber höchstens etwa 20 % des theoretischen Werts verwirklichen. Mit bipolaren Moduln wurden im Labor etwas über 100 Wh/kg erreicht, die spezifische Leistung liegt bei 240 W/kg.

Bei dem vom Argonne National Laboratory in Argonne (Illinois, USA) verwirklichten Prototyp (Bild 17.3) sind alle Elemente kreisrunde Platten mit einem Durchmesser von 127 mm, die übereinander gestapelt sind. Die Anoden bestehen zu 90 % aus einer Lithium-Aluminium-Legierung mit 20 Gew.% bzw. 50 Atom% Lithium, sowie zu 10 % aus der intermetallischen Verbindung Aluminium-Eisen Al_5Fe_2). Für die Kathoden wurde Eisendisulfid (Pyrit, FeS_2) in Pulverform gewählt, dem zur Erhöhung der chemischen Reaktivität 10–15 % Cobaltdisulfid oder Nickeldisulfid zugegeben wird; diese Masse wird in ein Metallgitter gepreßt.

Zwischen Anode und Kathode ist eine Scheibe aus porösem Magnesiumoxid von 1–2 mm Stärke angeordnet, das mit dem bei 320 °C schmelzenden, aus Lithiumchlorid, Kaliumbromid und Lithiumbromid bestehenden Elektrolyt getränkt ist. Der bipolare Aufbau erlaubt eine hohe Leistungsdichte, weil so der Innenwiderstand der Batterie verglichen mit der herkömmlichen Bauart mit getrennten Zellen auf die Hälfte reduziert wird. Tatsächlich läßt sich die Batterie impulsartig bei sehr hoher Leistungsdichte entladen (5–100 kW/kg), wobei die Impulsdauer zwischen 1 ms und 10 s liegen kann. In dieser Hinsicht verhält sich das Lithium-Eisensulfid-System beinahe wie ein Kondensator.

Bild 17.3 Aufgeschnittener Prototyp der von Argonne in den USA entwickelten Lithium-Eisensulfid-Batterie in Bipolartechnik

Die aus Molybdän bestehenden Bipolarplatten wirken als elektrisch leitende Trennwand und Trägerplatte zwischen den einzelnen Zellen. Dabei steht die eine Seite der Trägerplatte mit dem Lithium-Aluminium, die andere mit dem Eisendisulfid in Kontakt. Die Abfolge der Platten ist also Trägerplatte-Kathode-Separator/Elektrolyt-Anode-Trägerplatte usw. Um eine gasdichte und mechanisch hochfeste Konstruktion zu gewährleisten, besteht die Batterie aus Keramikringen und Metallplatten, die miteinander verlötet sind. Unbrauchbare gewordene Zellen wirken als niederohmiger Widerstand; die Batterie bleibt mit reduzierter Leistung funktionstüchtig. Die Korrosionsfestigkeit des Molybdäns ist so hoch, daß mit einer Batterielebensdauer von 10 Jahren gerechnet werden kann.

Die optimale Betriebstemperatur der Lithium-Eisensulfid-Batterie liegt bei 450 °C. Im kalten Zustand liefert sie keinen Strom; sie ist darum mit elektrischen Heizelementen versehen, die ans Netz angeschlossen werden. Nach Erreichen der Betriebstemperatur erübrigt sich das Heizen: die Abwärme der Batterie hält sie auf der gewünschten Temperatur. Damit die Batterie über Nacht und übers Wochenende heiß bleibt, muß sie thermisch sehr wirkungsvoll isoliert sein. Man erreicht dies mit einem evakuierten, doppelwandigen Metallbehälter; im Vakuumraum sind abwechslungsweise extrem dünne Aluminiumfolie und Glasfaserfolie angeordnet. Dank dieser Superisolation braucht die Lithium-Eisensulfid-Batterie beim normalen Betrieb weder Heizung noch Kühlung. Nur bei besonders rascher Entladung muß Luft durch die Kühlelemente geblasen werden, die sich außerhalb des Zellenpakets befinden.

Trotz der Volumenveränderung, welcher die Anode im Lauf der Lade-Entladezyklen ausgesetzt ist, wurden 1000 Tiefentladungen erreicht. Dazu ist aber eine genaue Kontrolle des Ladevorgangs unumgänglich. Jede Zelle sollte individuell bis zum Maximum ihrer Kapazität aufgeladen werden, das Überladen verkürzt die Lebenszeit. Es wurde darum ein mikroprozeßorgesteuertes Ladegerät entwikkelt, das zuerst alle „guten" Zellen bei konstantem Strom voll auflädt. Anschließend wird der Strom reduziert, wobei an der negativen Elektrode der „schlechten" Zellen weiteres Lithium abgeschieden wird. Beim Überladen bildet sich an der negativen Elektrode der „guten" Zellen eine sehr reaktive Lithiumlegierung, die sich im Elektrolyt auflöst. Die überschüssigen Lithiumionen bewirken also eine Selbstentladung der Zelle; sie verharrt auf dem maximalen Ladezustand, nur Wärme muß abgeführt werden.

Ein Vorteil der Lithium-Eisensulfid-Batterie ist, daß sie keine gravierenden Sicherheitsprobleme aufwirft, denn sie enthält keine leicht brennbaren oder gar explosiven Stoffe. Das Lithium ist in einer Matrix von inertem Aluminium verteilt, der Schwefel ist an Eisen gebunden. Beim unfallbedingten Aufbrechen der Batterie erstarrt der aus geschmolzenen Salzen bestehende, in einer porösen Keramikmatrix enthaltene Elektrolyt augenblicklich. Ein kurzzeitiges Gefährdungspotential ergibt sich lediglich durch heiße Trümmer.

Bei Argonne wurden von dieser Batterie nur Prototypen mit einigen wenigen Zellen gebaut. Seit 1993 wird sie von der französischen Akkumulatorenfirma SAFT (die zur Gruppe Alcatel Alsthom gehört) im Rahmen eines Vertrags mit dem amerikanischen Traktionsbatterien-Konsortium USABC am Forschungszentrum

Cockeysville in Maryland weiterentwickelt. Mit Argonne wurde ein Technologietransfer- und Beratungsvertrag abgeschlossen.

Die Natrium-Schwefel-Hochenergiebatterie

Die Natrium-Schwefel-Hochenergiebatterie wurde 1965 am Forschungslaboratorium der Firma Ford in den USA entwickelt; die Betriebstemperatur liegt bei 290–330 °C. Ungewöhnlich bei dieser Konstruktion ist die Tatsache, daß die Elektroden flüssig, der Elektrolyt jedoch fest ist. Als Elektrolyt dient nämlich ein sog. Supraionenleiter, d. h. ein Festkörper, der für Natriumionen eine extrem hohe Leitfähigkeit aufweist. Normale Ionenkristalle wie z. B. Kochsalz sind durch eine sehr geringe Ionenleitfähigkeit von etwa 10^{-14} Siemens/cm (S/cm) gekennzeichnet. Bei Supraionenleitern kann die Ionenleitfähigkeit 11 bis 14 Zehnerpotenzen höher sein, sie liegt im Bereich von 0,001–1 S/cm. Dies ist vergleichbar mit der Ionenleitfähigkeit flüssiger Elektrolyte wie Schwefelsäure.

Typische Supraionenleiter sind Silberiodid AgI und β-Alumina $Na_2O \cdot 11Al_2O_3$. Silberiodid ist das Schulbeispiel und diente zu Erklärung des Festkörper-Ionenleitungsmechanismusses. Bei Zimmertemperatur bildet Silberiodid ein gewöhnliches, hexagonales Kristallgitter, bei dem sowohl die Silberionen Ag^+ als auch die Iodionen I^- auf festen Gitterplätzen sitzen; entsprechend ist die Ionenleitfähigkeit sehr gering. Bei 147 °C wandelt sich AgI in eine neue Phase um, in der die Iodionen immer noch ein festes Gitter bilden, die Silberionen sich jedoch fast frei bewegen können. Das Auftreten einer solchen Zwischenphase ist charakteristisch für das Phänomen der Supraionenleitung. Vereinfacht gesagt ist die eine Komponente des Kristalls geschmolzen, während die andere immer noch ein Gitter bildet und die Stabilität des Kristalls gewährleistet.

Zum qualitativen Verständnis der Supraionenleitung wurde das Konzept der intrinsischen Defektstruktur geprägt. Im normalen Ionenleiter sind praktisch alle regulären Gitterplätze besetzt, die Ionenbewegung kann nur über die energetisch ungünstigen Zwischengitterplätze erfolgen. Im Supraionenleiter andererseits stehen vielen Ionen mehrere energieäquivalente, leere Nachbarplätze zur Verfügung, in die sie mit geringem Energieaufwand springen können. Das Untergitter, das diese Beweglichkeit ermöglicht, ist stark ungeordnet. Im Fall der oberhalb von 147 °C stabilen α-Phase von Silberiodid stehen jedem Silberion 6 äquivalente Gitterplätze zur Verfügung; im Durchschnitt wechselt jedes Silberion 100 Mrd. mal pro Sekunde seinen Platz.

Fester Elektrolyt, flüssige Anode

Der Elektrochemiker bezeichnet Supraionenleiter als Festelektrolyte. Ihre technische Nutzung begann 1967 mit der Entdeckung der hohen Leitfähigkeit von β-Alumina für Natriumionen. Beta-Alumina ist eine äußerst hitzbeständige Keramik und läßt sich in Form mechanisch fester Bauteile herstellen. Als Elektrolyt ermöglicht sie die elektrochemische Durchführung von Reaktionen, die mit flüssigen Elektrolyten nicht kompatibel sind. Dazu gehört die elektrochemische Oxidation von flüssigem Natrium und die elektrochemische Reduktion von flüssigem Schwefel nach dem Schema

$$\text{Anode: } 2\,Na \leftrightarrow 2\,Na^{+} + 2\,e^{-}$$

$$\text{Kathode: } S + 2\,e^{-} \leftrightarrow S^{2-}$$

was zu folgender Gesamtreaktion führt:

$$2\,Na + S \leftrightarrow Na_2S$$

Die Zellspannung beträgt 2 V, die theoretische spezifische Energie 760 Wh/kg. Die an der Anode entstehenden Natriumionen wandern durch den Festelektrolyt aus β-Aluminiumoxid und vereinigen sich mit den an der Kathode gebildeten Schwefelionen. Dabei entsteht in der Praxis nicht nur wie o. a. das Natriumsulfid Na_2S, sondern größtenteils Natriumpolysulfid (Na_2S_x, x= 2–5). Weil β-Alumina ein Nichtleiter für Elektronen ist und keine Nebenreaktionen ablaufen, gibt es in der Natrium-Schwefel-Batterie keine nennenswerte Selbstentladung. Um die Wärmeverluste zu minimieren, wird die Batterie in einem superisolierten Stahlkasten untergebracht. Er ist doppelwandig ausgeführt, wobei der Zwischenraum evakuiert und mit Glasfaserplatten gefüllt ist. Auf diese Weise kann die Batterie bei Außentemperaturen zwischen –40 °C und +60 °C betrieben werden; überschüssige Wärme ist für Heizzwecke verfügbar.

Um die Batterie vom kalten Zustand ausgehend in Betrieb zu nehmen, muß sie durch eine externe, elektrische Heizung langsam aufgeheizt werden. Ist die Betriebstemperatur erreicht, muß sie je nach Belastung durch Heizen oder Kühlen über einen Ölkreislauf konstant gehalten werden. Die Natrium-Schwefel-Batterie erträgt mehrere 1000 volle Lade-Entladezyklen, wobei Tiefentladungen und das Halten im entladenen Zustand keinen Schaden anrichten. Das normale Aufladen an einer Haushaltsteckdose dauert 8 h, es ist aber auch eine partielle Schnellaufladung innerhalb von 90 min möglich.

Betriebspausen von mehr als 2 Tagen ohne Netzanschluß können für die Natrium-Schwefel-Batterie „tödlich" sein. Während ihrer Lebensdauer erträgt sie nur etwa 10 vollständige Abkühlungen auf Umgebungstemperatur. Sie muß darum bei Nichtgebrauch stets am Netz angeschlossen sein, um sie aufzuladen und die Wärmeverluste auszugleichen. In dieser Perspektive sind stationäre Anwendungen im Prinzip attraktiver als der Antrieb von Fahrzeugen. In Japan wird mit solchen Speichern mit einem Energieinhalt von einigen MWh zum Spitzenlastausgleich im Netz experimentiert.

Weiterentwicklung in den USA

In der für den praktischen Fahrzeugbetrieb entwickelten Ausführung bildet der Festelektrolyt aus β-Alumina einen becherförmigen Behälter für das Natrium. Er taucht in den flüssigen Schwefel ein, der in einem elektrisch leitenden Kohlenstoffvlies aufgesaugt ist. Innerhalb des Behälters aus β-Alumina ist ein unten perforierter, kartuschenförmiger Sicherheitsbehälter aus Stahl angeordnet. Der Ringspalt zwischen dem Stahlbehälter und der β-Alumina-Keramik ist auf Grund der Kapillarwirkung stets bis oben mit flüssigem Natrium gefüllt, unabhängig vom Natriumniveau in der Zelle. Auf diese Weise erreicht man einen vom Ladezustand fast unabhängigen Lade- und Entladestrom. Zudem ist die beim Bruch des Gefäßes nach außen austretende Menge Natrium sehr klein, denn der Natriumraum ist gasdicht verschlossen. Das aus Aluminium gefertigte Zellengehäuse mit einer elektrischen Durchführung aus Keramik schließt jede Zelle nach außen hermetisch ab. Es tritt ja im Gegensatz zu den konventionellen Batterien mit wässerigem Elektrolyt beim Laden kein „Gasen" auf, das einen Druckausgleich oder eine Rekombination des Sauerstoffs erfordern würde.

Die für Traktionszwecke konzipierten Natrium-Schwefel-Akkumulatoren bestehen aus 120 oder 240 individuell abgedichteten Zellen. Sie sind zu Modulen von 16 Zellen zusammengebaut, die ihrerseits je nach den Anforderungen für Strom und Spannung in Serie und/oder parallel geschaltet sind. Mit der Einheit von 120 Zellen erreicht man eine netto-spezifische Energie von rund 93 Wh/kg. Beim großen Akkumulator mit 240 Zellen kommt man auf 110 Wh/kg, weil der Gewichtsanteil von Heizung, Kühlung und Wärmeisolation geringer wird.

Zur Zeit ist nicht erkennbar, wann in Europa ein größerer Markt für Elektrofahrzeuge entstehen könnte. Aus diesem Grund wurde die von ABB in Mannheim (BRD) mit Bundessubventionen von 75 Mio. DM entwickelte Natrium-Schwefel-Batterie wieder aufgegeben. Die bereits gebauten Batterien werden vom Autohersteller Ford in den USA im langfristigen Feldversuch mit dem Ecostar-Lieferwagen getestet. Er weist eine Nutzlast von 400 kg und eine Reichweite von 160 km auf. Zusammen mit anderen Typen von Hochleistungsbatterien wird bei Ford in den USA an einem verbesserten Design der Natrium-Schwefel-Batterie gearbeitet. Die in der Schweiz durchgeführten Versuche endeten mit dem vorzeitigen Versagen der Batterien, wobei der Bruch des keramischen Ionenleiters die häufigste Ursache war.

Natrium-Nickelchlorid: die „Zebra"-Hochenergiebatterie

Der Natrium-Nickelchlorid-Akkumulator wurde ursprünglich von der AEG in Deutschland entwickelt. Dabei standen sowohl mobile wie stationäre Anwendungen im Vordergrund, für die ein Energieinhalt von mehr als 5 kWh erforderlich ist. Zur Weiterentwicklung, Fertigung und zum Vertrieb wurde mit der südafrikanischen Anglo Corporation eine gemeinsame Tochtergesellschaft gegründet, die AEG-Anglo Batteries GmbH in Ulm. Der Natrium-Nickelchlorid-Akkumulator dieses Unternehmens erhielt die Bezeichnung „Zebra-Batterie". Der Aufbau erinnert an den des Natrium-Schwefel-Akkumulators; Leistungsdaten und Betriebsverhalten sind vergleichbar, wenn auch die Chemie ganz andersartig ist.

Jede Zelle besteht aus einem länglichen Stahlgehäuse mit viereckigem Querschnitt und einer Kantenlänge von 36,7 mm. Sie ist durch eine Metall-Keramik-Verbindung hermetisch dicht verschlossen. Die Betriebstemperatur liegt zwischen 270 und 370 °C, optimal sind 325 °C. Beim Entladen werden Natrium und Nickelchlorid zu Natriumchlorid (Kochsalz) und Nickel umgesetzt; beim Laden laufen diese Reaktionen in umgekehrter Richtung ab. Die Anode besteht aus flüssigem Natrium, als Elektrolyt wirken ein supraionenleitendes Gefäß aus β-Alumina sowie eine aus Natrium-Aluminiumchlorid bestehende Salzschmelze, die eine Dispersion von Nickelchloridkristallen enthält. Letztere haben die Funktion des Kathodenmaterials. Der Stromkollektor (Pluspol) besteht aus dem korrosionsfesten Nickel.

Vereinfacht ausgedrückt laufen in der Zebra-Batterie folgende Reaktionen ab:

$$\text{Anode: } 2\,Na \leftrightarrow 2\,Na^{+} + 2\,e^{-}$$

$$\text{Kathode: } NiCl_2 + 2\,e^{-} \leftrightarrow Ni + 2\,Cl^{-}$$

für die Gesamtreaktion

$$2\,Na + NiCl_2 \leftrightarrow 2\,NaCl + Ni$$

Die Leerlaufspannung beträgt 2,58 V. Im Gegensatz zum Natrium-Schwefel-System befindet sich das Natrium zwischen dem Zellgehäuse und einer unten perforierten Stahlkartusche, die den β-Alumina-Festelektrolyt umgibt. Der schmale Raum zwischen Stahlzylinder und Festelektrolyt dient als Kapillarspalt, so daß das flüssige Natrium im vollem Kontakt mit dem Elektrolyt steht, unabhängig vom äußeren Natriumstand.

Der β-Alumina Behälter ist mit Natrium-Aluminiumchlorid-Flüssigelektrolyt gefüllt ($NaAlCl_4$), der bei 183 °C schmilzt. Darin verteilt ist kristallines Nickelchlorid ($NiCl_2$), dessen Schmelzpunkt 1001 °C beträgt. Beim Entladen dringen Natriumionen durch das β-Alumina in die Nickelchlorid-Salzschmelze, wo Nickelchlorid zu metallischem Nickel reduziert wird. Das Metall liegt in Form von Partikeln vor, die miteinander „verklebt" sind und eine poröse, von der Salzschmelze getränkte Masse bilden. Zudem fällt Natriumchlorid (NaCl, Kochsalz) im festen Zustand aus, denn es schmilzt erst bei 801 °C. Beim Laden wird das metallische Nickel zu Ni^{2+} oxidiert, es fällt wieder Nickelchlorid aus, während die Natriumionen durch die β-Alumina dringen und an der Grenzfläche Natrium-Festelektrolyt zu metallischem Natrium reduziert werden.

Der Ladevorgang wird elektronisch überwacht und geregelt, weil sonst irreversible Nebenreaktionen die Leistung beeinträchtigen und die Lebensdauer der Batterie verkürzen. Interessant ist die Schnelladefähigkeit: die Hälfte der entladenen Energie kann innerhalb von 50 min wieder eingespeist werden. Vom vollständig entladenen Zustand ausgehend dauert eine 90 %ige Ladung 3,5 h, die 100 %ige Ladung nimmt 5 h in Anspruch. Damit bleibt die Schnelladefähigkeit jedoch wesentlich hinter der von Nickel-Cadmium-Akkumulatoren zurück.

Hohe Sicherheit

Die Zellen der Zebra-Batterie sind in einem doppelwandigen Kasten mit Vakuumisolation und Glasfaserplattenfüllung untergebracht. Schon bei einer Innentemperatur von 270 °C ist der Innenwiderstand so tief, daß elektrische Energie bezogen werden kann. Bei Nichtgebrauch der Batterie werden die Wärmeverluste durch eine eingebaute elektrische Heizung ausgeglichen. Im Betrieb bei hohen Stromstärken muß Wärme über eine elektronisch geregelte Kühlung abgeführt werden. Diese Wärme kann bei einem Elektromobil für Heizzwecke genutzt werden. Für den Winterbetrieb kann zudem Wärme durch Aufheizen der Batterie beim Laden gespeichert werden. Im Gegensatz zur Natrium-Schwefel-Batterie kann die Zebra-Batterie ohne Schaden zu nehmen praktisch beliebig oft von der Betriebstemperatur auf Umgebungstemperatur abgekühlt werden. Allerdings werden zum Wiederaufheizen 48 h benötigt.

Nach 600 Lade-Entladezyklen sinken die Leistungswerte unter 80% der Nennwerte; Entwicklungsziel sind 1000 Zyklen. Man hofft auf eine Lebensdauer von 5 Jahren zu kommen. Bei Ausfall einer Zelle wird diese durch einen sich selbsttätig bildenden internen Kurzschluß überbrückt. Selbst mit 5 Prozent ausgefallener Zellen kann die Batterie noch problemlos betrieben werden. Kurzfristig können hohe Ströme geliefert werden, der Flüssigelektrolyt sorgt für eine gleichmäßige Stromverteilung in der Zelle. Das Ladegerät bricht den Ladevorgang normalerweise automatisch ab, wenn die Batterie voll aufgeladen ist. Doch selbst eine Überladung schadet der Batterie nicht. Nach Verbrauch des verfügbaren Kochsalzvorrats wird bei höherer Spannung zusätzliches Nickelchlorid durch elektrochemische Oxidation des Nickels unter Zersetzung des flüssigen Natrium-Aluminiumchlorids gebildet.

Beim Überentladen bilden sich durch die Reaktion von Natrium mit Natriumaluminiumchlorid die Reaktionsprodukte Kochsalz und Aluminium; durch diese Reaktion wird die Batterie geschützt. Beim Bruch des beta-Alumina-Behälters wird der gesamte Natriumvorrat durch Reaktion mit dem Nickelchlorid zu Kochsalz umgewandelt. Aus Crash-Tests ging zudem der hohe Sicherheitsstandard der Zebra-Batterie hervor. Bei der katastrophalen mechanischen Zerstörung wird die gespeicherte Energie nahezu quantitativ in Wärme umgewandelt; dabei erhitzt sich das Batterieinnere auf 700 °C. Die gute thermische Isolation sorgt jedoch für eine wesentlich geringere Temperatur an der Außenwand. Es treten keine nennenswerten Mengen Chemikalien aus, das Gefährdungspotential der zerstörten Batterie ist darum relativ gering. Ob jedoch Hochtemperaturbatterien je in großem Stil in Elektrofahrzeugen Verwendung finden werden, ist weiterhin sehr ungewiß.

Teil IV

Andere Systeme

Brennstoffzellen

Renaissance einer uralten Erfindung?

Die 1800 von Alessandro Volta erfundene Voltaische Säule war nicht nur eine wissenschaftliche Sensation. Sie wirkte wie das Öffnen einer Schleuse, führte sie doch innerhalb relativ kurzer Zeit zu grundlegenden Durchbrüchen im Verständnis der Elektrizität. Mit einigen Metallplättchen konnte nun jeder Interessierte eine brauchbare Stromquelle bauen und nach Herzenslust experimentieren, nicht zuletzt im Bereich der Elektrochemie.

Natürlich wurde die besonders interessante elektrolytische Zersetzung des Wassers eingehend untersucht. Dies wiederum führte schon bald zur Erfindung der Brennstoffzelle, die im Prinzip das direkte Umsetzen der im Wasserstoff gespeicherten chemischen Energie in elektrische Energie ermöglicht. Später versuchte man auch fossile Brennstoffen wie Kohle, Öl und Gas in einer Brennstoffzelle umzusetzen. Dabei läßt sich ein 2–3 mal höherer Wirkungsgrad erzielen, als beim Umweg über einen thermischen Kreislauf, wie er bei einer Wärmekraftmaschine mit angeschlossenem Generator vorliegt. Doch trotz ihrer langen Geschichte fand die Brennstoffzelle erst im Zeitalter der Raumfahrt und der Mondexpeditionen erste praktische Anwendungen.

Daß Luft für das Funktionieren der Voltaischen Säule unentbehrlich ist, wurde sehr früh festgestellt. Wurden die aus Silber oder Kupfer bestehenden Elektroden der Luft ausgesetzt, so lieferte die Säule höhere Spannungen und Ströme. Der Luftsauerstoff reagiert als „aktives" Material an der aus Silber oder Kupfer bestehenden positiven Elektrode. Daß auch an der negativen Elektrode (Anode) chemische Reaktionen mit Gasen möglich sind, sagte der britische Wissenschaftler William Grove voraus; bei Experimenten über die Wasserelektrolyse konnte er 1839 diese Hypothese bestätigen. Er verwendete umgekehrte, mit angesäuertem Wasser gefüllte Reagenzgläser, die in ein Wasserbecken eintauchten, und in die von oben ein Platindraht eingeschmolzen war.

In diesen Reagenzgläsern fing Grove die bei der Elektrolyse entstandenen Gase getrennt auf. Wenn er die Anschlüsse der mit Wasserstoff bzw. Sauerstoff teilweise gefüllten Reagenzgläser mit einem Galvanometer verband, so schlug dieses aus. Durch die chemische Reaktion der beiden Gase an den Platinelektroden wurde elektrische Energie (sog. Sekundärenergie) erzeugt; mit dem Strom konnte in einer weiteren Elektrolysezelle wieder Wasser zersetzt werden. Dabei wurden die Gase in der „Gaszelle" verbraucht.

Mit dieser umgekehrten Elektrolyse, der „kalten Verbrennung" von Wasserstoff mit Sauerstoff, hatte Grove die Brennstoffzelle erfunden. Seine Erkenntnisse waren später auch bei der Formulierung des Erhaltungsgesetzes der Energie (Erster Hauptsatz der Thermodynamik) und der Entwicklung von Sekundärbatterien (Akkumulatoren) von erheblicher Bedeutung. Im Gegensatz zu den Batterien und Akkumulatoren werden die Elektroden der Brennstoffzelle nicht verbraucht und müssen auch nicht durch einen Ladeprozeß regeneriert werden. Sie müssen aber katalytisch wirksam sein, um den Ablauf der energieliefernden chemischen Reaktionen zu beschleunigen.

Kalte Verbrennung

Bei der konventionellen, heißen Verbrennung werden Brennstoff und Oxidationsmittel in Kontakt gebracht, um chemisch miteinander reagieren zu können. Dabei werden Elektronen zwischen den Molekülen ausgetauscht, die gewissermaßen intern elektrisch kurzgeschlossen sind; nach außen treten keine elektrischen Ströme in Erscheinung. In der Brennstoffzelle (Bild 18.1) werden räumlich getrennte Abteile mit je einer elektrisch leitenden Elektrode benötigt. Die Anode (negativer Pol) steht mit dem Brennstoff in Kontakt, z. B. Wasserstoff, während der Kathode (positiver Pol) ein Oxidationsmittel zugeführt wird, z. B. Sauerstoff. Vorbedingung für den Ablauf einer elektrochemischen Reaktion ist die Verbindung der Elektroden über einen Ionenleiter, den man als Elektrolyt bezeichnet. Es kann sich dabei um eine wässerige Lösung von Schwefelsäure, Kalilauge oder Salzen handeln, oder einen ionenleitenden Feststoff (Polymer oder Keramik) mit möglichst geringer Elektronenleitung.

Verbindet man nun die Elektroden über einen externen Verbraucher miteìn-

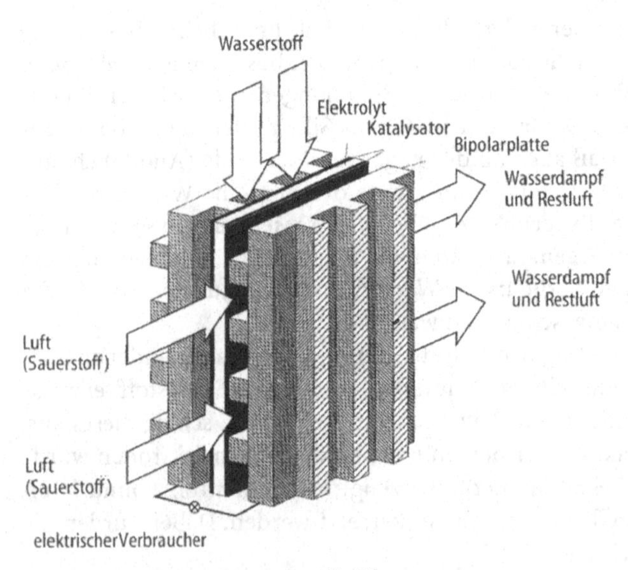

Bild 18.1 Das Prinzip der Brennstoffzelle

ander (Glühbirne, Elektromotor), so geben die Wasserstoffmoleküle Elektronen ab und werden dabei zu positiv geladenen Wasserstoffionen (Protonen, H^+). Die Elektronen fließen unter Arbeitsleistung durch den Verbraucher zur Kathode, wo sie Sauerstoffmoleküle zu negativ geladenen Sauerstoffionen reduzieren. Diese Ionen reagieren mit Wasser zu Hydroxidionen OH^-. Im Elektrolyt verbinden sich je ein Wasserstoffion H^+ und ein Hydroxidion OH^- zu Wasser H_2O.

Abgesehen vom hohen Umwandlungswirkungsgrad weist die Brennstoffzelle eine Reihe weiterer Vorzüge auf. Weil sie keine mechanisch bewegten Teile enthält, ist sie robust und geräuscharm. Bei der „kalten Verbrennung" von Wasserstoff gibt es keine direkte, umweltrelevante Emission von Schadstoffen: es entsteht nur Wasser. Die Immissionen werden aber nicht eliminiert, sondern verlagert, weil Wasserstoff keine Quelle von Primärenergie ist, sondern lediglich ein Energiespeicher. Man muß ihn unter Einsatz von Primärenergie herstellen, was industriell durch katalytisches Umsetzen von Erdgas (Methan) mit Wasserdampf zu Wasserstoff und Kohlendioxid bei 560 °C erfolgt.

Die Schadstoffe Kohlendioxid, Kohlenmonoxid, Stickoxide und unverbranntes Erdgas fallen dann zentral im Chemiewerk an. Wirtschaftlich und ökologisch nicht vertretbar ist die Herstellung von Wasserstoff durch Elektrolyse von Wasser. Dazu ist elektrische Energie erforderlich, die fast überall auf der Welt in Kohlekraftwerken erzeugt wird, beim inhärent begrenzten Wirkungsgrad von Wärmekraftmaschinen und den damit verbundenen Immssionen. Denkbar ist die Wasserelektrolyse in Ländern, die über Überschüsse von Wasserkraft oder Kernkraft verfügen, z. B. Brasilien, Paraguay, Frankreich und Kanada.

Pioniere der Brennstoffzelle

Mitte des 19. Jh. wurde verschiedentlich versucht, Groves Erkenntnisse praktisch zu nutzen, doch die damals gebauten Gas-Brennstoffzellen waren weit weniger praktisch als Batterien, in denen beim Entladen eine Metallanode oxidiert wurde. 50 Jahre später wurde die Brennstoffzelle vom Physikochemiker Walter Nernst (1864–1941) in Berlin eingehend auf ihre Eignung als großtechnische Energiequelle untersucht. Diese Arbeiten wurden von seinem Schüler Emil Baur (1873–1944) zusammen mit G. Trümpler (1889–1975) und W.D. Treadwell (1885–1959) an der ETH Zürich bis Anfang der 30er Jahre weitergeführt.

Zuerst wurde versucht, Kohle bei hoher Temperatur direkt zu „verstromen". Es zeigte sich aber bald, daß der Einsatz von Steinkohle- oder Kokspulver nur in Labor-Brennstoffzellen möglich war. Unter den harten Bedingungen der Praxis hätte die Beseitigung der Asche aus den Zellen und die Kontamination der Elektroden unlösbare Probleme dargestellt; zudem entstand viel Kohlenmonoxid, entsprechend dem CO-CO_2-Gleichgewicht. Man stellte darum auf das sogenanntem Leucht- oder Stadtgas als Brennstoff um, das aus Wasserstoff und Kohlenmonoxid bestand. In jeder größeren Ortschaft wurde es damals zentral durch Umsetzen von glühendem Koks mit Wasserdampf gewonnen; in den 60er Jahren wurde das Stadtgas durch importiertes Erdgas verdrängt.

Die von Baur, Trümpler und Treadwell entwickelten Gaszellen mußten auf Grund der trägen Oxidation des Kohlenmonoxids bei einer Temperatur von 800–900 °C betrieben werden. Der Elektrolyt war geschmolzene Soda (Natriumcarbonat) oder ein Gemisch von Soda und Pottasche (Kaliumcarbonat). Als Elektrolytträger und Trennelement zwischen Anode und Kathode wurde poröse Magnesiumoxidkeramik (Magnesia) gewählt, die mit der flüssigen Salzschmelze getränkt war. Die Anode bestand aus Eisen in Form von Drahtnetz oder einer Schüttung von Drahtabschnitten, die Kathode aus grobkörnigem Eisenoxid (Magnetit). Durch diese in Magnesia-Rohre eingefüllten Materialien wurde der Anode Leuchtgas, der Kathode Luft zugeführt. Mehrere solche Zellen wurden nebeneinander in einem beheizten, wärmeisolierten Kasten angeordnet.

Solche Brennstoffzellen lieferten eine Klemmenspannung von 0,93 V pro Element. Leistung und Lebensdauer waren zufriedenstellend, doch war die Ausbeute der Gasumsetzung ungenügend; sie betrug zwar 50–75 % für Wasserstoff, aber nur 20% für Kohlenmonoxid. Echte wirtschaftliche Vorteile gegenüber der konventionellen kohlebefeuerten Wärmekraftmaschine hätten auf Grund theoretischer Rechnungen erst sehr große Zellen mit stark verbessertem Wärmehaushalt gebracht.

Auf dem Papier wurden darum haushohe Brennstoffzellen mit auf Rotglut erhitzter Salzschmelze konzipiert; Hunderte von Elektroden hätten Leistungen im Multi-Megawattbereich erbracht. So war es denkbar, einen thermodynamischen Wirkungsgrad von 60 % zu erreichen, während die damaligen thermischen Kraftwerke kaum über 20 % kamen. Attraktiv erschien auch die Koppelung solcher Systeme mit einem Elektro-Stahlwerk, unter Verwertung des aus Kohlenmonoxid bestehenden Gichtgases in den Brennstoffzellen. Verwirklicht wurden solche Projekte nicht: das finanzielle Risiko des „Upscaling" vom Labormaßstab auf ein technisch nutzbares System war allzu groß. Ob Baurs Hochtemperatur-Gaszelle unter dem englischen Kürzel MCFC (Molten carbonate fuel Cell) eine Renaissance erleben wird, bleibt abzuwarten.

Brennstoffzelle mit Carbonatschmelze – MCFC

Seit den 70er Jahren wird sowohl in den USA wie in Japan wieder intensiv an der Entwicklung von Brennstoffzellen mit Carbonatschmelze gearbeitet, mit etwas weniger Engagement auch in Europa. In Deutschland wurde die Technologie der amerikanischen Energy Research Corporation übernommen; unter Federführung der Deutschen Aerospace AG (Dasa) wird in Zusammenarbeit mit mehreren Energieversorgungsunternehmen an 3 Pilotanlagen mit einer Leistung von je 100 kW gearbeitet. Zwei davon werden mit Erdgas, die dritte mit Kohlegas betrieben.

Gegenüber den oben skizzierten, „historischen" Designs sind einige grundlegende Änderungen zu vermerken. Einmal ermöglicht die aus Kaliumcarbonat und Lithiumcarbonat bestehende Salzschmelze den Betrieb der Zellen bei wesentlich niedrigerer Temperatur als bei Zellen mit geschmolzener Soda, nämlich bei 600–650 °C. Als Träger für den Elektrolyt verwendet man poröse Lithiumaluminatkeramik. Die Elektroden bestehen aus katalytisch hochaktivem und korrosionsfestem Nickel. Wenn als Brennstoff Erdgas verwendet wird, muß es vor dem Einsatz zu Wasserstoff reformiert werden. Dieser Prozeß läuft in flachen Reaktoren ab, die zwischen den Brennstoffzellen angeordnet sind; so kann deren Abwärme genutzt werden. Die Gase werden unter einem Druck von 3 bar in die Zellen eingespeist.

Vorteilhaft bei der „Molten Carbonate Fuel Cell" MCFC ist der elektrische Wirkungsgrad von 54 % und der geringe NO_x-Ausstoß von weniger als 1 ppm beim Betrieb mit Erdgas. Wird Wärme für die Dampferzeugung abgezweigt, so steigt der Gesamtwirkungsgrad auf 57 %. Kann das warme Kühlwasser der Anlage genutzt werden, so können sogar 85 % erreicht werden. In den USA und in Japan wurden bereits mehrere Prototypanlagen von 5 kW und 10 kW gebaut. Von diesem Niveau ausgehend werden z. Z. Demonstrationsanlagen von 100–400 kW und schließlich von 1 MW geplant. Eine solche Einheit wird z. Z. in Santa Clara (Kalifornien) gebaut; die Kosten sind auf 46 Mio. Dollar veranschlagt. Die amerikanische Armee finanziert ein MCFC-Projekt von 30 kW unter Nutzung von Dieselöl und Flugpetrol als Brennstoffe, die mit Wasserdampf zu Wasserstoff reformiert werden.

Die MCFC befindet sich heute in der Übergangsphase zwischen Labor und halbtechnischer Pilotanlage. Die bisherigen Prototypen werden vor allem von Korrosions- und Dichtigkeitsproblemen sowie ungenügender Standzeit gegenüber dem Entwicklungsziel von 5 Jahren geplagt. Mit der Verwirklichung von Emil Baurs Vision kann darum wohl erst im 21. Jh. gerechnet werden. Vorerst wird man sich mit der Leistungsnische im Bereich von 1–3 MW für die dezentrale Energieerzeugung begnügen.

Niedertemperatur-Brennstoffzellen für die Raumfahrt

Die Entwicklung von Niedertemperatur-Brennstoffzellen wurde im Hinblick auf Anwendungen in der Raumfahrt gegen Ende der 50er Jahre stark forciert, vorwiegend in den USA und in der damaligen Sowjetunion. Schon 1959 fuhr ein Traktor von Allis-Chalmers mit diesem Energiewandler. Seit der ersten Gemini-Mission (1963) lieferten Brennstoffzellen den amerikanischen Astronauten elektrische Energie und Trinkwasser. Betriebsstoffe waren Wasserstoff und Sauerstoff, die flüssig in doppelwandigen, superisolierten Gefäßen mitgeführt wurden.

Bei den Gemini-Flügen wurden Brennstoffzellen mit einem festen, protonenleitenden Polymerelektrolyt aus „Nafion" (Perfluorsulfonsäure) verwendet. Bei dem weit höheren, für die Apollo-Missionen zum Mond erforderlichen Leistungsniveau wurden Brennstoffzellen mit wässerigem, alkalischem Elektrolyt (3 mal 1,4 kW, 32 V) eingesetzt. Eine nahezu identische, von der Firma Pratt & Whitney gebaute Ausführung mit einer Leistung von 12 kW wird auf allen Flügen der Raumfähre Space-shuttle mitgeführt. Unabhängig davon wurde in Rußland eine ganz ähnliche Wasserstoff-Sauerstoff-Brennstoffzelle mit alkalischem Elektrolyt (40 % KOH) für kürzere, bemannte Raumflüge und für die Raumfähre „Buran" entwikkelt. Sie wird mit 99,99 %igem Wasserstoff und 99,995 %igem Sauerstoff betrieben; ihre Leistung beträgt 3 kW mit Spitzen bis 23 kW.

Die Wasserstoff-Sauerstoff-Brennstoffzelle ist im Prinzip außerordentlich einfach. An den Elektroden laufen folgende Reaktionen ab:

Anode: $2H_2 \rightarrow 4H^+ + 4\,e^-$

Kathode: $O_2 + 2H_2O + 4\,e^- \rightarrow 4OH^-$

Im Elektrolyt neutralisieren sich H^+ Ionen und OH^- Ionen

$$4\,H^+ + 4\,OH^- \rightarrow 4\,H_2O$$

Als Bruttoreaktion ergibt sich

$$2H_2 + O_2 \rightarrow 2H_2O$$

Die Reaktionszone an den Elektroden ist die sog. Dreiphasengrenze Festkörper-Flüssigkeit-Gas. Genauer gesagt ist es der Elekrolyt-Meniskus, wo der katalytisch aktive Festkörper nur mit einem dünnen Flüssigkeitsfilm bedeckt ist, durch welchen die reagierenden Gase leicht diffundieren können. Die Elektroden sind also nicht völlig, sondern nur teilweise benetzt. Zu diesem Zweck werden sie mit wasserabstoßenden (hydrophoben) Stoffen versehen. Dafür hat sich besonders Teflon bewährt, das für diesen Zweck bereits 1957 vorgeschlagen wurde.

Bei den heute in der Raumfahrt eingesetzten Wasserstoff-Sauerstoff-Brennstoffzellen bestehen die Elektroden aus teflongebundener Aktivkohle mit Platinzusatz. Auch edelmetallaktiviertes Nickel (für die Wasserstofflektrode) bzw. silberaktiviertes Nickel (für die Sauerstoffelektrode) ergaben brauchbare Systeme. Mit Silber aktivierte Sauerstoffelektroden haben aber den Nachteil, daß sie die Wasserstoffelektroden mit der Zeit vergiften. Auf der Suche nach edelmetallfreien Katalysatoren wurden Metall-Phthalocyanine entdeckt, insbesondere Cobalt-Phthalocyanin, die gute katalytische Aktivität für die Sauerstoffreduktion aufweisen. Die Gase werden von außen durch die Elektroden hindurch zur Elektrolytgrenzfläche gepreßt. Die theoretische Zellspannung beträgt 1,23 V, im Betrieb liegt sie zwischen 0,7 und 0,9 V. Um eine brauchbare Nutzspannung zu erhalten, müssen einige 10 Zellen in Serie geschaltet werden. Die Betriebstemperatur beträgt 100 °C; das bei der Reaktion entstehende Wasser wird in der Form von Dampf laufend abgezogen. Nach der Kondensation und Aufbereitung ist es als Trinkwasser verfügbar.

Saure Brennstoffzellen – PAFC

Beim Einsatz von Luft anstelle von Sauerstoff als Oxidationsmittel kommt nur die Brennstoffzelle mit saurem Elektrolyt (konzentierte heiße Phosphorsäure) in Frage. Man bezeichnet sie als PAFC (Phosphoric acid fuel cell, Bild 18.2). Das Kohlendioxid der Luft wird von einem alkalischen Elektrolyt absorbiert und zu Carbonat umgesetzt, wobei die Leitfähigkeit absinkt. Die Materialprobleme die sich mit siedend heißer Phosphorsäure (160 bis über 200 °C) stellen, sind beträchtlich, doch wurden sie bis heute weitgehend gelöst; kritische Teile werden aus Graphit gefertigt. Das katalytisch wirksamste Elektrodenmaterial für die PAFC ist platinaktivierte

Kohle; platinmetallfreie Elektroden verwenden als Katalysatoren Wolframcarbid oder Cobaltphosphid.

Die PAFC ist die einzige Brennstoffzelle, die heute industriell gefertigt wird, sowohl in Japan als auch in den USA. Der Brennstoff ist Erdgas, das in einem vorgeschalteten Reformer mit Wasserdampf katalytisch zu Wasserstoff und Kohlendioxid umgesetzt wird; dieses Gasgemisch wird der Zelle zugeführt. Das bei der Oxidation des Wasserstoffs entstehende Wasser wird in den Reformer eingespeist, sodaß kein Wasser von außen bezogen werden muß. Die Elektroden bestehen aus platinbeschichteten Graphitteilchen; hochporöses, teflongebundenes Siliciumcarbid dient als Matrix für den Phosphorsäureelektrolyt. Die Zellen werden mit Trennplatten aus Graphit zu bipolaren „Stacks" zusammengebaut, wobei die Gase über Kanäle in den Trennplatten zu- bzw. abgeführt werden.

Heute liefert die japanische Fuji Electric schlüsselfertige 50 und 100 kWe-PAFC-Brennstoffzellen, während von der amerikanischen ONSI (einer gemeinsamen Tochtergesellschaft von United Technologies und Toshiba) containerförmige Einheiten von 200 kWe verfügbar sind (Bild 18.3). Besonders ehrgeizig ist eine in der Erprobung befindliche, in Italien entwickelte 1300 kW-Anlage. Zur Zeit stehen weltweit insgesamt etwa 100 solcher PAFC-Brennstoffzellen-Kraftwerke in Betrieb, ein gutes Dutzend davon in Europa. Eine solche Anlage wird zum Beispiel von der Ruhrgas AG in Bochum (ONSI, 200 kW) betrieben; eine andere, fast identische Brennstoffzelle des Typs PC 25 wurde 1993 von den Genfer Stadtwerken angeschafft. Die Stromkosten sind bis 4 mal höher als beim Bezug aus dem Netz. Es handelt sich denn auch um reine Demonstrationanlagen, um Erfahrung mit solchen Systemen zu sammeln.

PAFCs des ONSI-Typs sind als Blockheizkraftwerke mit Wärmeaustausch konzipiert. Neben der erwähnten elektrischen Energie liefern sie etwa gleich viel Wärmeenergie, die für Heizzwecke und Warmwasserbereitung verfügbar ist. Der

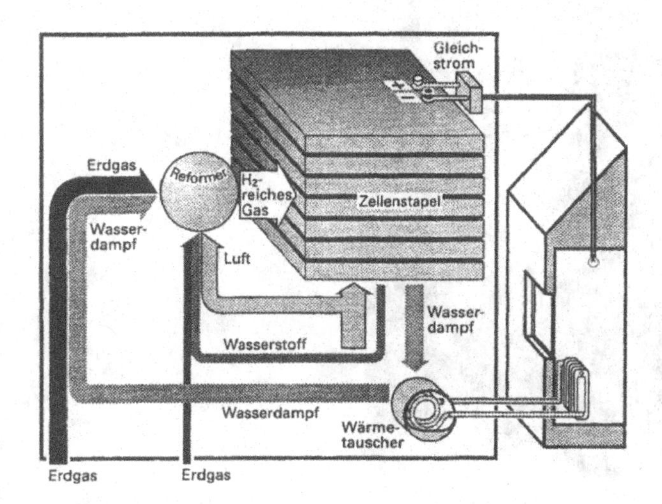

Bild 18.2 Schematischer Aufbau einer Phosphorsäure-Brennstoffzellenanlage

Gesamtwirkungsgrad beträgt 80 %. Die Kapitalkosten sind bei der gleichen Leistung allerdings noch rund doppelt so hoch wie bei den konventionellen thermischen Systemen mit Gasturbine oder Gasmotor. Letztere erzielen zwar einen etwas höheren Gesamtwirkunsgrad von 85 %, doch beträgt der elektrische Wirkungsgrad lediglich 33 %. Nach 40000 Betriebsstunden soll der Wirkungsgradverlust der ONSI-Anlagen etwa 10 % betragen; dies ist vor allem auf das Nachlassen der Aktivität des Katalysators zurückzuführen.

Vorteilhaft bei der PAFC-Brennstoffzelle ist die äußerst geringe Emission von Stickoxid, weil ja bei niedriger Temperatur gearbeitet wird. Wegen des höheren und praktisch lastunabhängigen Wirkungsgrads erzeugt die Brennstoffzelle pro Energieeinheit Brennstoff sowohl mehr hochwertige Elektrizität und entsprechend weniger Wärme als auch etwa 10 % weniger Kohlendioxid als konventionelle Blockheizkraftwerke. Allerdings liegt der elektrische Wirkungsgrad bei den bisher installierten Anlagen durchweg unter dem Sollwert.

Brennstoffzellen mit protonenleitender Membran – PEMFC

Die bei den Gemini-Raumflügen bewährte Brennstoffzelle hat in letzter Zeit wieder Schlagzeilen gemacht. Es handelt sich um eine Wasserstoff-Luft-Brennstoff-

Bild 18.3 Brennstoffzelle Typ ONSI PC25 mit einer Leistung von 200 kWe

zelle, die als PEMFC (Proton exchange membrane fuel cell) bezeichnet wird. Sie arbeitet nahezu bei Umgebungstemperatur (zwischen 20 und 100 °C), läßt sich schnell starten und wird primär im Hinblick auf Traktionszwecke weiterentwikkelt. Die „Nafion"-Folie hat eine Stärke von 0,1 mm und ist beidseitig mit einem Platinkatalysator beschichtet. Dieser unterstützt die Ionisierung des Wasserstoffs bzw. die elektrochemische Reduktion des Luftsauerstoffs.

Jede Zelle ist beidseitig mit Bipolarplatten aus Graphit abgeschlossen. Sie leiten in parallel angeordneten Kanälen Wasserstoff bzw. Luft zu den Elektroden. Zudem stellen sie die elektrische Verbindung zur Nachbarzelle her und führen Reaktionswärme und Wasserdampf ab. Die serielle Schaltung von einigen 10 Zellen ergibt eine kompakte Bipolarbatterie mit einer Spannung von 20–30 V. In den früheren Ausführungen reagierte die PEMFC sehr empfindlich auf Verunreinigungen des Wasserstoffs mit Kohlenmonoxid; heute können 3–20 ppm CO toleriert werden.

In British Columbia (Kanada) ist bereits ein 20plätziger, experimenteller Bus (Bild 18.4) mit PEMFC-Antrieb in Betrieb. Die Brennstoffzelle besteht aus 24 Einheiten zu je 5 kW und wurde von der Firma Ballard Power Systems in Vancouver gebaut. Der benötigte Wasserstoff wird in Druckbehältern mitgeführt und genügt für 160 km Fahrbetrieb bei einer Maximalgeschwindigkeit von 70 km/h. Bis 1998 soll ein 75plätziger Bus mit einem Brennstoffzellenaggregat von 200 kW in kommerziellen Serien verfügbar sein. Um die verlangte Reichweite von 560 km zu erreichen, müssen zusätzlich Bleibatterien eingebaut werden; sie speichern die beim Bremsen von einem Motor-Generator gelieferte Energie (sog. rekuperatives Bremsen).

Das Konzept der PEMFC von Ballard übernahm Daimler-Benz für einen Lieferwagen mit Brennstoffzellenantrieb. Allerdings war das Nutzgewicht des ersten Prototyps gleich null, denn der verfügbare Raum wurde für die Brennstoffzelle, ihre Regelanlage und die Druckflaschen mit dem Wasserstoff benötigt. Bei der zweiten, 1996 vorgestellten Generation des Brennstoffzellen-Lieferwagens gelang es, die gesamte Technik im Motorraum und in der Bodengruppe des Wagens un-

Bild 18.4 Der in Kanada im Testbetrieb stehende Elektrobus mit Brennstoffzellenantrieb

terzubringen. Als Treibstoff soll Methanol dienen, das aus Erdgas synthetisiert wird und sich wie Benzin handhaben läßt. Allerdings muß Methanol fahrzeugintern durch Reformieren zu Wasserstoff umgesetzt werden; dazu ist eine Temperatur von mind. 700 °C erforderlich.

Speicherung von Wasserstoff

Bei der Versorgung einer PEMFC mit Wasserstoff sind 3,1 kg des Gases erforderlich, um dem Fahrzeug die gleiche Reichweite wie eine Tankfüllung Benzin zu geben, d. h. etwa 500 km. Um diese Menge Wasserstoff in dem für einen Benzintank verfügbaren Volumen unterzubringen, ist eine Dichte von 62 kg H_2/m^3 erforderlich. Zurzeit ist keine Technologie verfügbar, die auch nur annähernd auf diese Dichte kommt. Die besten Druckgefäße aus glasfaserverstärktem Kunststoff oder Aluminium ermöglichen eine Dichte von 15 kg H_2/m^3; längerfristig könnten 25 kg H_2/m^3 erreicht werden.

Mit flüssigem Wasserstoff erreicht man 35 kg H_2/m^3. Man muß aber 25–45 % des Wasserstoffenergieinhalts aufwenden, um das Gas zu verflüssigen; bei der Kompression von Wasserstoff auf 20 MPa sind es 9 %. Energetisch günstiger ist die Absorption von Wasserstoff in Form von Metallhydriden, die ebenfalls um die 35 kg H_2/m^3 liefert. Den besten z. Z. erreichbaren Wert (40 kg H_2/m^3) erhält man bei der Generation von Wasserstoff an Bord des Fahrzeugs durch Reduktion von Wasser mit Eisen bei einer Temperatur von mind. 250 °C. Dabei entsteht Eisenoxid, das im Hochofen unter Einsatz von Kohle wieder zum Metall reduziert werden kann.

Wissenschaftler des National Renewable Energy Laboratory in Golden (Colorado) und des IBM-Forschungsinstituts in Almaden (Kalifornien) haben nun eine ganz neuartige Speichertechnologie für Wasserstoff vorgeschlagen. Dazu werden Kohlenstoff-Nanotubuli eingesetzt, also das lineare Äquivalent der Fulleren-Fußballmoleküle. Solche Nanotubuli (d. h. Röhrchen) werden beim Verdampfen von Graphit zusammen mit Cobalt in elektrischen Bogenentladungen erhalten. Die Röhrchen haben einen Durchmesser von einigen nm und eine Länge von mehreren µm. Sie bewirken die Kondensation von Wasserstoff an ihren Innenwänden, wie dies bei Poren molekularer Dimensionen der Fall ist. Dabei könnte eine Speicherdichte von über 50 kg H_2/m^3 erreicht werden.

Ebenfalls in neuerer Zeit ist es Wissenschaftlern der Harvard-Universität gelungen, eine Redox-Brennstoffzelle zu entwickeln, die bei einer Temperatur von nur 120 °C direkt mit Methan versorgt wird. Dazu muß das Methan in einem Druckreaktor zuerst mit dreiwertigem Eisen (Fe^{3+}) und Wasser in schwefelsaurer Lösung zu Kohlendioxid, Wasserstoffionen und zweiwertigen Eisenionen umgesetzt werden; Platinschwarz dient als Katalysator. Die Lösung wird dann zur stromliefernde Zelle mit Graphitfilzelektroden und einer „Nafion"-Trennmebran gepumpt, wo an der Anode das zweiwertige Eisen (Fe^{2+}) zur dreiwertigen Stufe oxidiert wird. An der Kathode wird Luftsauerstoff über ein katalytisch wirkendes Vanadium-Redoxsystem zu Hydroxidionen reduziert, mit welchen sich die

Wasserstoffionen unter Bildung von Wasser verbinden:

$$2\,V^{4+} + 1/2\,O_2 + H_2O \rightarrow 2\,OH^- + 2\,V^{5+};$$
$$V^{5+} + e^- \rightarrow V^{4+}$$

Das im Anodenabteil gebildete dreiwertige Eisen wird zum Druckreaktor zurückgeführt. Die Klemmenspannung der Zelle beträgt 0,48 V. Ob diese bisher im Labor erprobte Zelle als auch die Nanotubuli-Speichertechnologie zu praktisch nutzbaren Systemen führen werden, ist noch völlig offen.

Hochtemperatur-Brennstoffzellen – SOFC

Nur für stationäre Anwendungen geeignet ist die Hochtemperatur-Oxidkeramik-Brennstoffzelle. Im englischen Sprachraum bezeichnet man sie als Solid oxide fuel cell (SOFC). In bezug auf den Entwicklungsstand ist sie noch am weitesten von der industriellen Fertigung entfernt. Die Entwicklung der SOFC wird in den USA von Westinghouse mit einem 3-kW-Prototyp angeführt, doch sind in Japan Mitsui, Mitsubishi, Fuji Electric und Toshiba ebenfalls sehr aktiv. In Europa arbeiten Siemens und ABB an 1-kW-Anlagen, bei Sulzer und Dornier laufen ähnliche Entwicklungsprogramme. Originell ist das sog. „Hexis"-Konzept von Sulzer, bei welchem jede Zelle gleichzeitig als elektrochemisches Element, Nachbrenner, Kühlelement und Luftvorwärmer dient.

Der Aufbau der SOFC ist sehr einfach. Der Festelektrolyt ist eine scheibenförmige, sauerstoffionenleitende, yttriumstabilisierte Zirkoniumdioxidkeramik mit plasmagespritzten Nickel- bzw. Silberelektroden; es gibt keine flüssige Phase. Auf der einen Seite der 0,2 mm dicken Platte wird Luft, auf der anderen Erdgas zugeführt. Daraus können bipolare Zellenstapel gefertigt werden. Die SOFC von Westinghouse umfaßt ein System von parallelen, röhrenförmigen Elektroden von 50 cm Länge, was aber die Anlagekosten erhöht. Bei dem von Siemens verfolgten Konzept sind die Zirkoniumdioxidplatten zwischen Bipolarplatten aus neuartigen Chromlegierungen angeordnet, in die feine Kanäle für die Zufuhr der Brenngase eingefräst sind.

Diese Chromlegierungen (Cr $0{,}4La_2O_3$ bzw. Cr 5Fe $1Y_2O_3$) wurden vom Metallwerk Plansee in Reutte (Tirol) entwickelt. Sie weisen fast den gleichen Ausdehnungskoeffizienten auf, wie der Feststoffelektrolyt. Weitere Vorteile sind eine hervorragende Warmfestigkeit, Zunderfestigkeit und Heißgaskorrosionsfestigkeit. Die sich beim Hochtemperaturbetrieb bildenden Oxidschichten haften sehr stark und verhindern die Bildung des abplatzenden Chromnitrids. Der grundlegende Nachteil des Chroms, die duktil/spröde Übergangstemperatur (DBTT) von 100–300 °C ist bei der Hochtemperatur-Brennstoffzelle von geringer Relevanz. Die Standzeit der Bipolarplatten entspricht mit 40 000–50 000 h der Lebensdauer der Zelle.

Bei den heute entwickelten Typen von Hochtemperatur-Brennstoffzellen wird über eine komplizierte Kette von Reaktionen Erdgas direkt in der Zelle zu Wasserstoff und Kohlendioxid umgesetzt. Der Wasserstoff reagiert an der Elektrode nach dem üblichen Schema zu Wasser. Auf Grund des Betriebs im Temperaturbereich von 800–1 000 °C können Erdgas und andere gasförmige Kohlenwasserstoffe ohne vorgängige Reformierung eingesetzt werden. Auch Kohlegas läßt sich in der SOFC verwerten. Solange die Betriebstemperatur unter 1 000 °C bleibt, entstehen nur sehr wenig Stickstoffoxide.

Der elektrische Wirkungsgrad solcher Brennstoffzellen beträgt selbst bei kleineren Prototypen 40–50 %, bei größeren Anlagen könnte man in die Nähe von 65 % kommen. Die auf hohem Temperaturniveau anfallende Abwärme läßt sich in einer Dampfturbine nutzen, so daß man einen elektrischen Gesamtwirkungsgrad von über 75 % erreichen könnte. Schwierige Probleme stellen sich jedoch im Bereich der Konstruktionsmaterialien, der Dichtungen, der thermischen Isolation und der Lebensdauer des Gesamtsystems.

Auch eine im Labor noch so ausgeklügelte Brennstoffzelle wird das Rennen in die kommerziellen Anwendungen nie gewinnen, wenn sie nicht einfach gebaut, robust und sehr langlebig ist. Zudem muß sie billig zu produzieren und zu betreiben sein. Diese Hürden konnte die Hochtemperatur-Brennstoffzelle noch nicht überwinden. Der Einsatz von Erdgas als Brennstoff unter direkter Reformierung in der Zelle ist zweifellos ein großer Vorteil. Andererseits müssen wegen der hohen Betriebstemperatur hochgradig wärmefeste Konstruktionsmaterialien wie Refraktärmetalle und Sonderkeramik eingesetzt werden, die kostspielig und schwer zu bearbeiten sind. Die Konkurrenzfähigkeit der SOFC in bezug auf Wirtschaftlichkeit und Wirkungsgrad gegenüber der konventionellen Wärmekraftmaschinentechnik (Ottomotor, Dieselmotor, Gasturbine) als auch der schon wesentlich weiter entwickelten Carbonatschmelzen-Brennstoffzelle muß noch erwiesen werden.

Redoxakkumulatoren

Der Elektrolyt als Energiespeicher

In allen heute üblichen, kommerziellen Primärbatterien und Akkumulatoren besteht die negative Elektrode aus einem Metall, einer Graphit-Interkalationsverbindung oder einer Metall-Wasserstoffverbindung. Bei der Entladung werden unter Abgabe von Elektronen an den äußeren Stromkreis Metallionen oder Protonen gebildet. Die positive Elektrode besteht meistens aus einem Oxid, das bei der Entladung durch Elektronenaufnahme reduziert wird. Beim Laden verlaufen diese Reaktionen in umgekehrter Richtung.

Im Lauf der Lade-Entladezyklen von Akkumulatoren sind die Elektroden ständig chemischen Umwandlungsprozessen ausgesetzt, wodurch sie sich mit der Zeit irreversibel verändern. Aktive Masse und/oder Reaktionsprodukte werden inaktiv oder sammeln sich im Boden der Batterie an, was einen Leistungsabfall (Alterung) bewirkt. Die in der Batterie gespeicherte Energiemenge ist durch die Masse der Elektroden gegeben. Ein „mechanisches Nachladen" durch Ersatz der Elektroden ist im Prinzip möglich, und wurde im Fall der Metall-Luft-Batterien eingehend untersucht. Es hat sich aber in der Praxis als zu wenig benutzerfreundlich erwiesen.

Die sog. Redoxbatterien (Bild 19.1) umgehen die obigen Nachteile. Sie bestehen aus inerten Elektroden (z. B. aus Graphit) und einem in 2 Kammern aufgeteilten Elektrolytraum. Darin befinden sich wässerige Lösungen von Salzen in verschiedenen Oxidationszuständen. Beim Entladen werden an der negativen Elektrode Ionen des einen Salzes in einen höheren Oxidationszustand gebracht (z. B. Cr^{2+} zu Cr^{3+}), während an der positiven Elektrode Ionen des anderen Salzes reduziert werden (z. B. Fe^{3+} zu Fe^{2+}). Man geht also nie bis zur metallischen Stufe, sondern alterniert zwischen verschiedenen Oxidationszuständen von Ionen. Die beim Entladen energieliefernden und beim Laden energiespeichernden Prozesse laufen alle in der Lösung ab, genauer gesagt an der Grenzfläche Elektrode/Elektrolyt. Die Elektroden nehmen aber nicht an den elektrochemischen Reaktionen teil, sie dienen lediglich zur Stromabnahme bzw. -zufuhr.

Die oben skizzierte Eisen-Chrom-Redoxbatterie speichert Energie in Form verschiedener Oxidationszustände der Eisen- und Chromionen. Ihre Kapazität ist im Prinzip nur durch das verfügbare Volumen der Elektrolytlösungen beschränkt; zudem kann man Reserveelektrolyte außerhalb der Batterie lagern und bei Bedarf, zum Laden oder Entladen, durch das Zellsystem pumpen. Solange die Elekrolyte verfügbar sind, kann Strom erzeugt werden. Eine voll entladene Batterie läßt sich durch Füllen mit frischen Elektrolyten sofort wieder aktivieren. Der stets lange dauernde Ladeprozeß konventioneller Batterien kann auf diese Weise zeitlich und räumlich verlagert werden.

Das „mechanische Laden" der Redoxbatterie ist also problemlos durchführbar, weil lediglich Flüssigkeiten nachbezogen werden. Dies entspricht dem Tanken von Benzin; die Redoxbatterie bietet aber den Vorteil, daß sie beim Entladen keine gasförmigen Reaktionsprodukte abgibt. Beim Tanken von „Redoxenergie" kann gleich auch der verbrauchte Treibstoff zur elekrolytischen Wiederaufbereitung abgegeben werden. Auf einen weiteren Unterschied wird noch zurückgekommen; während man nämlich beim Tanken von Autobenzin 12 000 Wh/kg einkauft, sind es bei den Redoxelektrolyten gut 500 mal weniger, d. h. nicht viel mehr als 20 Wh/kg.

Die beiden Elektrolyte in der Redoxzelle müssen durch eine selektiv ionendurchlässige Membran getrennt werden, damit die Ionen nicht in die andere Elektrolytkammer dringen. Diese Membran erhöht den Widerstand der Zelle und ist auch einer gewissen Alterung unterworfen. Heute sind aber langlebige, mikroporöse Ionenaustauschermembranen hoher Leitfähigkeit verfügbar, die Tausende von Lade-Entladezyklen aushalten.

Die bisher am besten untersuchte Redoxbatterie basiert auf den verschiedenen Oxidationszuständen des Eisens bzw. des Chroms. Vereinfacht dargestellt laufen darin folgende Reaktionen ab:

$$\text{Anode: } Cr^{2+} \xrightarrow{\text{Entladen}} Cr^{3+} + e^-$$

$$\text{Kathode: } Fe^{3+} + e^- \xrightarrow{\text{Entladen}} Fe^{2+}$$

Dieses System wurde zuerst von der NASA in den USA aufgegriffen und in den 80er Jahren in Japan weiterentwickelt. Dort wurden im Rahmen des Projekts „Moonlight", das die Versorgung mit Spitzenlast mittels diverser Typen von Batterien zum Ziel hat, große Chrom-Eisen-Redoxbatterien mit einer Leistung von 60 kW gebaut. Im praktischen Betrieb enttäuschten sie, denn über die für Metallionen nicht ganz undurchlässige Trennmembran vermischten sich die Elektrolyte der beiden Zellenkammern, was das Aufladen mit der Zeit unmöglich machte. Zudem erwies sich die Redoxreaktion Cr^{2+}/Cr^{3+} als schlecht reversibel: beim Laden wird nicht nur das dreiwertige Chrom reduziert, sondern es entsteht auch Wasserstoff. Dies kann nur durch Verzicht auf Tiefentladungen verhindert werden. Schließlich war die spezifische Energie mit 6,1 Wh/kg unhaltbar gering, liefert doch schon eine gewöhnliche Bleibatterie 20–30 Wh/kg.

Aussichtsreicher Vanadium-Elektrolyt

Wissenschaftler an der University of New South Wales (Australien) entwickelten in den letzten 10 Jahren einen neuartigen Redoxakkumulator, der die verschiedenen Oxidationszustände des Vanadiums (V) nutzt. An der negativen Elektrode (Anode) wird beim Entladen zweiwertiges Vanadium V^{2+} zur dreiwertigen Stufe

V^{3+} oxidiert, an der positiven Elektrode (Kathode) wird fünfwertiges Vanadium V^{5+} zu vierwertigem Vanadium V^{4+} reduziert. Beim Laden werden diese Reaktionen umgekehrt

$$\text{Anode: } V^{2+} \underset{\text{Laden}}{\overset{\text{Entladen}}{\rightleftarrows}} V^{3+} + e^-$$

$$\text{Kathode: } V^{5+} + e^- \underset{\text{Laden}}{\overset{\text{Entladen}}{\rightleftarrows}} V^{4+}$$

Vorteilhaft ist, daß in beiden Halbzellen Ionen des gleichen Metalls eingesetzt werden, die Diffusion in das jeweils andere Abteil also keine Kontamination bedeutet, sondern nur die Selbstentladung zur Folge hat. Die beiden Elektrolyte haben im Prinzip eine unbeschränkte Lebensdauer, weil bei der Regeneration die elektrochemische Oxidation bzw. Reduktion zum gewünschten Vanadiumion von jeder Oxidationsstufe ausgehend problemlos abläuft. Die elektrolytische Aufbereitung der gebrauchten Elektrolyten erfolgt wesentlich schneller als das Aufladen einer Bleibatterie. Die Zahl der Tiefentladungen ist unbeschränkt, die vollständige Entladung schadet der Batterie in keiner Weise. Ihre Lebensdauer wird jedoch durch die beim Überladen auftretende Oxidation der Graphitfilzelektrode begrenzt.

Beim ersten Ladevorgang wird in beiden Halbzellkammern von einer je einmolaren Lösung von Vanadium(III)sulfat und Vanadium(IV)sulfat ausgegangen, die zu den Redoxpaaren V^{2+}/V^{3+} und V^{5+}/V^{4+} reduziert bzw. oxidiert werden. Zur Erhöhung der Leitfähigkeit werden die Vanadiumsalze in 2,5molarer Schwefelsäure gelöst. Unter diesen Bedingungen beträgt die Klemmenspannung der voll aufgeladenen Zelle 1,6 V. Alle Zellen einer Batterie weisen stets den gleichen

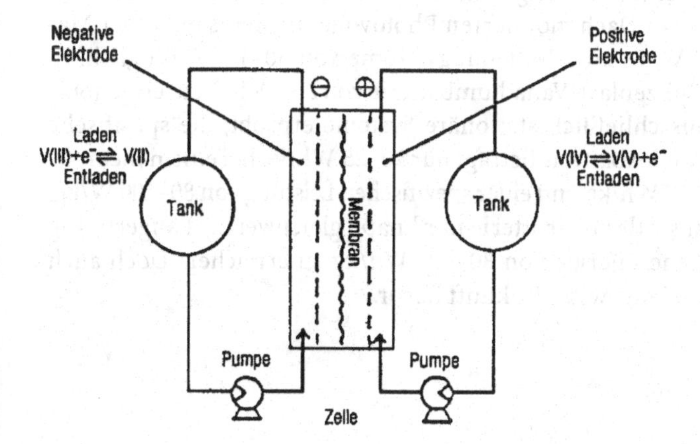

Bild 19.1 Prinzip der 2 Kammern umfassenden Redoxzelle. Beim Entladen wird in der linken Kammer zweiwertiges Vanadium zur dreiwertigen Stufe oxidiert, während in der rechten Kammer fünfwertiges Vanadium zur vierwertigen Stufe reduziert wird

Ladungszustand auf, wenn sie von einem gemeinsamen Elektrolytreservoir gespeist werden. Von Zeit zu Zeit ist es günstig, die beiden Helbzellenkammern gründlich zu durchmischen und die Batterie dann neu aufzuladen. Interessant ist die Möglichkeit, in der kathodischen Halbzelle durch Einpressen von Luft das Ion V^{4+} wieder zum fünfwertigen Vanadium zu oxidieren. In diesem Fall könnte man auf einen Vorrat des V^{4+}/V^{5+} Elektrolyten verzichten.

Erprobung im Solarhaus

Die Elektroden bestehen aus einem Filz von Graphitfasern auf einem Träger aus graphitgefülltem Kunststoff, die Trennmembran (Separator) wird aus sulfoniertem Polystyrol gefertigt. Der Stromkreis schließt sich im Elektrolyten, indem Wasserstoff- und Sulfationen durch die Trennmembran diffundieren. Der Wirkungsgrad über den kompletten Lade-Entladezyklus ist mit 87–88 % (unter Berücksichtigung der zum Betrieb der beiden Elektrolytpumpen erforderlichen Energie) dem aller konventionellen Batterien überlegen.

Schon mit einer einfachen Regelung der Ladespannung läßt sich die Bildung von Wasserstoff verhindern. Das Verhältnis der Ionen in den beiden Halbzellen kann leicht gemessen werden; es ist ein exaktes Maß für den Ladezustand der Batterie und die verbleibenden Energiereserven. Die Zellspannung hängt jedoch stark vom Ladezustand ab. Die Fabrikationskosten sind ausgesprochen günstig, denn Vanadium ist ein relativ preiswertes Metall, das in der Erdkruste häufiger vorkommt als Zink, Nickel oder Kupfer. Es wird vor allem zum Auflegieren von Stählen verwendet. Die größten Lagerstätten befinden sich in Südafrika.

Im Laboratorium wurden bereits umfassende Erfahrungen mit Prototypen der Vanadium-Redoxbatterie von 1–3 kW und einer Speicherkapazität von 5 kWh gewonnen. In Thailand wird eine solche Batterie von 36 Zellen mit einer Klemmenspannung von 48 V und einer Leistung von 3 kW in einem Solarhaus erprobt, als Pufferspeicher des auf dem Dach montierten Photovoltaiksystems mit einer Maximalleistung von 2,2 kW. Es sind Entladungsströme von 30–120 A möglich. In Japan wurde 1996 eine Spitzenlast-Vanadiumbatterie von 2 MW in Betrieb genommen. Bisher wurden ausschließlich stationäre Systeme erprobt; die spezifische Energie der Vanadium-Redoxbatterie beträgt nur 20–25 Wh/kg bei einem theoretischen Maximum von 270,7 Wh/kg und einer spezifischen Leistung von 80–100 W/kg. Für Traktionszwecke ist sie der Bleibatterie nur knapp gleichwertig. Längerfristig hofft man eine spezifische Energie von 80–100 Wh/kg zu erreichen. Doch auch diesem System steht eine ungewisse Zukunft bevor.

Kapitel

20

Kondensatoren

Physikalische oder elektrochemische Energiespeicherung

Den Kondensator gibt es seit 250 Jahren; vor der Erfindung der Batterie war er der einzige mobile Speicher für elektrische Energie. Heute gehört der Kondensator zu den wichtigsten Bauteilen der Elektrotechnik und der Elektronik. Jede integrierte Schaltung enthält Tausende von mikroskopischen Kondensatoren, tonnenschwere Kondensatoren dienen als Zwischenkreisspeicher in Lokomotiven. Grenzschichtkondensatoren mit mässiger Speicherkapazität, aber sehr hoher Leistungsdichte könnten in Kombination mit Akkumulatoren beim Elektromobil der nächsten Generation eine wichtige Rolle spielen.

Der Kondensator ist definiert als ein System oder Bauelement, mit dem Energie in der Form eines elektrischen Feldes gespeichert wird. Letzteres wird zwischen Schichten positiver und negativer Ladungen aufgebaut. Bei der Entladung fließen die negativen Ladungsträger (Elektronen) durch den äußeren Stromkreis zur positiven Elektrode, wo sie die positiven Ladungen neutralisieren. Genau das gleiche geschieht bei der Batterie. In beiden Fällen sind die Ladungsträger im externen Stromkreis Elektronen.

Es gibt aber grundlegende Unterschiede. Bei der Batterie entsteht der nutzbare Elektronenstrom unter der Wirkung elektrochemischer Reaktionen, wobei chemische Energie direkt in elektrische Energie umgewandelt wird. Beim Kondensator sind die positiven und negativen Ladungsträger – zumindest im Idealfall – rein physikalisch (elektrostatisch) gespeichert und durch das Dielektrikum (Isolator) getrennt. Beim Laden und Entladen ändert sich die Spannung des Kondensators linear mit der elektrischen Ladung. Die Spannung einer Batterie steigt während des Ladens kontinuierlich oder stufenweise an, während der Entladung sinkt sie kontinuierlich oder stufenweise wieder ab.

Nun gibt es aber Kondensatoren, an deren Elektroden chemische Reaktionen (sog. Redoxreaktionen) ablaufen, ähnlich wie bei einer Batterie. Andererseits weist jede Batterie eine recht hohe Kondensatorkapazität auf. Die Batterie ist ein langfristiger Speicher, während der Kondensator elektrische Ladung nur relativ kurzfristig speichern kann – immerhin kommt man im Grenzfall auf einige Wochen. Schließlich trägt der Kondensator nur Ladungen, wenn er zuvor an eine Spannungsquelle angeschlossen wurde. Dies ist zumindest bei der von Anfang an aktiven Primär- oder Wegwerfbatterie nicht der Fall. Auch Akkumulatoren kommen meistens im geladenen Zustand in den Handel.

Aufbau des Kondensators

In seiner einfachsten Ausführung besteht der Kondensator aus zwei Metallplatten, die durch ein Dielektrikum (Isolator) voneinander getrennt sind. Dabei kann es sich um Luft oder ein beliebiges Isoliermaterial handeln, z. B. Schwefelhexafluorid, Öl, Papier, Kunststoff, Metalloxid, Glimmer, Keramik. Legt man eine Gleichspannung an dieses System, so fließen positive Ladungen zur einen Elektrode, negative Ladungen zur anderen; im Dielektrikum entsteht ein elektrisches Feld. Die vom Kondensator gespeicherte Ladung ist gleich der angelegten Spannung multipliziert mit seiner Kapazität. Es gilt $Q = C \cdot V$, wobei Q die Ladung, C die Kapazität und V die Spannung bezeichnet.

Die Kapazität ist die wichtigste Kenngröße des Kondensators: sie ist proportional zur Fläche der Platten und umgekehrt proportional zu ihrem Abstand, ihre Einheit ist das Farad (F). Die Kapazität hängt aber auch von den Eigenschaften des Dielektrikums ab, insbesondere von der Dielektrizitätskonstante. Bei Luft ist dieser Parameter 1, bei Wasser 80, bei gewissen Keramiken, insbesondere den Titanaten der Erdalkalimetalle, kann er 10 000–20 000 erreichen. Die in einem gegebenen Kondensator speicherbare Energie ist proportional zum Produkt der Kapazität nd dem Quadrat der angelegten Spannung: $E = CV^2/2$.

Wenn es in der Elektrotechnik darum geht, große Energiemengen zu speichern, müssen Dielektrika mit hoher elektrischer Spannungsfestigkeit benutzt werden. Ein gutes Beispiel ist Polypropylen: an eine 15 µm dünne Polypropylenfolie kann eine Spannung von etwa 3 000 V angelegt werden. Dies entspricht einem elektrischen Feld von 200 V/µm. Bei wesentlich höheren Spannungen bzw. Feldern entstehen elektrische Durchschläge durch die Folie und damit elektrische Kurzschlüsse zwischen den Metallplatten.

Die Leidener Flasche

Der Kondensator wurde 1745 fast gleichzeitig in den Niederlanden und in Deutschland erfunden. Ein halbes Jahrhundert war er der einzige mobile Speicher für elektrische Energie, bis zum Siegeszug der Voltaischen Säule und der davon abgeleiteten Batterien. Der erste Kondensator war die sog. Leidener Flasche. Sie bestand aus einer wassergefüllten, geschlossenen Glasflasche, durch deren Korken ein das Wasser berührender Kupfernagel getrieben war. Das Wasser wirkte als eine der „Kondensatorplatten"; hielt man die Flasche in der Hand, so wirkte letztere als 2. Platte. Berührte man den Nagel mit einer Elektrisiermaschine, so konnte dieser primitive Kondensator auf eine hohe Spannung aufgeladen werden.

Die Kapazität der Leidener Flasche betrug nur einige pF, also 10^{-12} F. Doch weil Glas ein sehr hochohmiges Dielektrikum ist, war die Selbstentladung gering. Auf diese Weise konnte eine kleine Ladung gespeichert werden: mit der Leidener Flasche war man von der Elektrisiermaschine zumindest kurzzeitig unabhängig, Elektrizität wurde „tragbar". Eine verbesserte Version kam 1747 in England auf; dabei wurde die Flasche innen und außen mit Zinnfolien belegt. In dieser Ausführung erkennt man die Leidener Flasche schon klar als Kondensator.

Im 19. Jh., als die ersten Batterien verfügbar wurden, verschob sich das Interesse der Wissenschaftler von den spektakulären Erscheinungen der Hochspannung zu den potentiell nützlichen Wirkungen hoher elektrischer Ströme bei tiefer Spannung. Die Leidener Flasche wurde fast vergessen, doch mit dem Aufkommen der Wechselstromtechnik und der Elektronik um die Jahrhundertwende feierte der Kondensator ein spektakuläres Comeback: er wurde zum unentbehrlichen Bauteil.

Anwendungen in der Elektrotechnik und Elektronik

Gegenüber Gleichstrom wirkt der Kondensator wie ein (theoretisch) unendlich großer Widerstand; beim Anlegen einer Wechselspannung andererseits werden die Elektroden periodisch positiv bzw. negativ geladen. Durch den Kondensator fließt ein sog. Verschiebungsstrom. Seine Intensität ist proportional zur Frequenz und zur Amplitude der Wechselspannung sowie zur Kapazität des Kondensators. In der Elektrotechnik wird der Kondensator vor allem zum Ausgleichen der induktiven Last im Netz (Blindleistungskompensation) benötigt, als Phasenschieber zur Speisung von Motoren und zum Glätten gleichgerichteten Wechselstroms. In der Elektronik ist er Bestandteil von Schwingkreisen und Filtern. Des weiteren dient er zum Trennen und Koppeln.

Je nach dem Verwendungszweck sind Kondensatoren ganz verschiedenartig gebaut. Ihre Dimensionen reichen von einer nur im Mikroskop sichtbaren Chip-Metallisierung bis zur meterhohen Kondensatorbank für Lokomotiven. Am preiswertesten ist der Papierkondensator, mit dem abwechselnd Lagen von Aluminiumfolien und ölimprägniertem Papier zu runden oder quaderförmigen Formen gewickelt werden. Um Platz zu sparen, kann man sich die etwa 5 µm dicken Aluminiumfolien sparen und dafür das Papier mit einer sehr dünnen Metallschicht (meistens Zink-Aluminium) bedampfen. In den meisten Fällen genügt eine Schichtdicke von einem Bruchteil eines Mikrometer.

Weil die Isolationseigenschaften des imprägnierten Papiers nicht überwältigend gut sind, ersetzt man es besonders in kleinen Kondensatoren durch Kunststoffolien, vorwiegend Polyester, Polypropylen oder Polycarbonat, deren Schichtdicke einige 1 000stel mm beträgt. Das dünnste standardmäßig verwendete Dielektrikum hat eine Dicke von 2 µm. Für hohe Ansprüche kommen Kunststoffe mit besonders guten dielektrischen Eigenschaften zur Anwendung, z. B. Polyphenylensulfid oder Polyethylennapthalat. Kondensatoren mit aufgedampften Metallschichten sind gegenüber Kondensatoren mit Aluminiumfolien nicht nur leichter und kleiner, sie sind auch selbstheilend. Bei einem elektrischen Durchschlag durch das Polymer bewirkt der Kurzschlußstrom das lokale Verdampfen des Metalls. Es entsteht ein Ausbrennhof, der die elektrische Verbindung zum Durchschlagskanal unterbricht.

Bei vollflächiger Bedampfung der Folie kann der Kurzschlußstrom aber sehr groß sein, so daß trotz der selbstheilenden Eigenschaften der Metallschichten massive Schäden auftreten, z. B. das Verschmelzen mehrerer Folien. Um solche Schäden zu vermeiden und gleichzeitig gut zu lokalisieren, werden bei Kondensatoren für die Elektrotechnik neuerdings segmentierte Metallbeläge verwendet. Dabei handelt es sich um quadratische Segmente, die an den Ecken mit sog. Stromtoren untereinander leitend verbunden sind. Diese Stromtore oder Gates wirken als „Sicherungen". Entsteht als Folge eines Defekts im Polymer ein elektrischer Durchschlag, dann wird das betreffende Segment durch Verdampfung seiner 4 Stromtore vom Rest des Kondensators elektrisch abgekoppelt. Wegen der im Vergleich zur Gesamtfläche des Kondensators sehr kleinen Segmentfläche ist der dabei entstehende Kapazitätsverlust vernachlässigbar.

Elektrolyt- und Keramikkondensatoren

Sehr hohe Kapazitätswerte werden mit den sog. Elektrolytkondensatoren erreicht. Ihr Dielektrikum besteht aus sehr dünnen Schichten hochwertiger Isolationsmaterialien wie Aluminiumoxid oder Tantaloxid, die man elektrolytisch durch anodische Oxidation auf dem hochreinen Metall aufwachsen läßt. Die Stärke des Oxidfilms (0,2–0,5 μm) hängt direkt von der beim Oxidieren der Elektrode angelegten Spannung ab. Der Aluminium-Elektrolytkondensator besteht stets aus 2 Aluminiumfolien (Kathode und Anode), die durch einen Abstandhalter oder Separator voneinander getrennt sind. Sie werden zu zylindrischen Einheiten gewikkelt. Die positive Metallfolie wird stark geätzt, um die wirksame Oberfläche bis um das 100fache zu erhöhen, und so eine möglichst große Kapazität zu erzielen.

Der Separator besteht meist aus saugfähigem Papier oder Filz; er wird mit einem Elektrolyt (Natriumborat, Borsäure, Schwefelsäure in Glycol oder γ-Butyrolacton) getränkt. Die Aufgabe des Elektrolyts besteht darin, den regenerierbaren Oxidfilm auf der stark aufgerauten Anode innig zu kontaktieren. Mit anderen Worten fungiert der Elektrolyt als „verlängerte" Kathode, fast die gesamte Spannung liegt am Oxidfilm. Die auf niedrige Spannungen formierten Aluminium-Elektrolytkondensatoren können Kapazitätswerte bis zu einigen 1000 μF aufweisen.

Die Lebensdauer des Elektrolytkodensators ist durch das allmähliche, aber unvermeidliche Austrocknen des Elektrolyten begrenzt. Bei 105 °C kann mit einer Betriebszeit von mind. 2000 h gerechnet werden, bei 70 °C sind es 6000 h. Um Überdrücke bei hohen Betriebstemperaturen zu vermeiden, ist der Kondensator mit einer gasdurchlässigen Membran abgedichtet. Dieses Problem wird beim Trokken-Elektrolytkondensator umgangen. Er besteht aus einer geätzten Aluminiumanode, einem Aluminiumoxid-Dielektrikum sowie Mangandioxidimprägniertem Graphit als Kathode: die Kontaktierung erfolgt über silberhaltiges Epoxidharz. Es werden trockene Elektrolytkondensatoren mit Kapazitäten bis zu mehreren 100 μF gefertigt, allerdings nur für Spannungen von 4–10 V.

Seit 1992 gibt es eine neue, in Japan entwickelte Variante des Elektrolytkondensators, bei dem der Elektrolyt durch ein leitendes Polymer wie Polypyrrol oder

Bild 20.1 Rasterelektronenmikroskopisches Bild der aus versinterten Tantalpartikeln bestehenden Anode eines Tantal-Elektrolytkondensators; Vergrößerung 12 000fach

Butylisoquinolin ersetzt ist. Man erzielt damit stark verbesserte Frequenzeigenschaften; insbesondere ist der Wechselstromwiderstand (die sog. Impedanz) bei höheren Frequenzen geringer, als bei den konventionellen Elektrolytkondensatoren. Zudem sind die neuen Kondensatoren wärme- und feuchtigkeitsfest, die Kapazität ist weitgehend temperaturunabhängig. Das Laden und Entladen kann ohne strombegrenzenden Schutzwiderstand erfolgen.

Ebenfalls trocken sind die seit Beginn der 60er Jahre bekannten Tantalkondensatoren, deren eine Elektrode eine hochporöse Tablette (Pellet) aus gesintertem Tantalpulver ist. Das aus Tantalpentoxid bestehende Dielektrikum wird durch anodisches Oxidieren des Metalls in Schwefelsäure erzeugt. Die Stärke des Films ist der angelegten Spannung proportional. Anschließend tränkt man das Pellet mit einer Lösung von Mangannitrat und zersetzt dieses thermisch bei 300 °C zu elektrisch leitendem Braunstein, der alle Poren füllt und im Kondensator als Gegenelektrode zum oberflächlich oxidierten Metallpellet dient. Der äußere Kontakt zum Braunstein erfolgt über eine elektrisch leitende, silberhaltige Paste.

Bei den Keramikkondensatoren dient eine Schicht aus Barium- oder Strontiumtitanat, deren Stärke im Grenzfall nur 5 µm beträgt, als Dielektrikum. Solche Titanate sind durch eine sehr hohe Dielektrizitätskonstante gekennzeichnet. Das Material wird im ungebrannten „grünen" Zustand mit Metall beschichtet (meist mit Palladiumsilber nach dem Siebdruckverfahren). Es muß extremen Ansprüchen in bezug auf Feinkörnigkeit und Homogenität genügen. Bis zu 60 solcher Schichten werden übereinander gestapelt und dann zusammen gebrannt.

Die Platten dieser quaderförmigen Vielschichtkondensatoren reichen abwechslungsweise bis zum seitlichen Anschluß und werden dort durch Verlöten elektrisch miteinander verbunden. Es gibt mehrere Konstruktionsvarianten unter Nutzung der Dünn- oder Dickschichtfertigungsverfahren der Mikroelektronik. Die

Kapazitätswerte reichen vom pF-Bereich bis 1 µF; 10 und mehr µF wurden im Laboratorium erreicht, für den Einsatz bei Spannungen bis 500 V. Wie alle modernen Elektronikkomponenten werden die Keramik-Vielschichtkondensatoren vorwiegend in Chipform (ohne Drahtanschlüsse) für die Oberflächenmontage (SMD-Technik) gefertigt.

Superkondensatoren

Zur Speicherung von größeren Mengen elektrischer Energie ist die Kapazität gewöhnlicher Kondensatoren ungenügend; liefern sie doch nur einen Bruchteil einer Wh/kg. So erreicht man mit Polymer-Folienwickel- und Keramikkondensatoren etwa 0,03 Wh/kg. Der Aluminium-Elektrolytkondensator bringt es auf knapp das 3fache (0,08 Wh/kg). In den letzten Jahren kam aber eine neue Generation von Kondensatoren auf den Markt, die sogenannten elektrochemischen Kondensatoren. Sie werden auch als Superkondensatoren oder „Super Caps" (Bild 20.2) bezeichnet, am bekanntesten sind die „Gold Caps" der japanischen Firmen NEC und Panasonic. Sie sind in rechteckiger, zylindrischer und knopfartiger Form erhältlich, mit Kapazitäten von 0,022–10 F und für Spannungen von 2,5 oder 5 V (Bild 20.3).

Solche Kondensatoren bestehen aus 2 porösen Elektroden; man stellt sie durch Verpressen elektrisch leitender Kohlenstoffpartikeln her. Sie sind durch einen ebenfalls porösen Separator aus Polypropylenvlies voneinander getrennt. Das ganze ist mit einem Schwefelsäure-Elektrolyt getränkt. Die Kontaktierung der Kohlenstoffelektroden erfolgt über Titan- oder Tantalfolien. Der heute bevorzugte Kohlenstofftyp ist auf 70 % der theoretischen Dichte komprimierter Ruß mit Zusätzen von Kohlenstoffasern, dem 10 % eines Bindemittels wie Teflon- oder Polypropylendispersion zugegeben wird. Der Kohlenstoff muß durch eine oxidative Behandlung aktiviert werden, was die Bildung von Oberflächenoxiden zur Folge hat, vorwiegend in Form von chinoiden Gruppen. Sie wirken wie eine sehr dünne Batterieelektrode (z. B. aus Braunstein). Beim Entladen des Kondensators werden Proto-

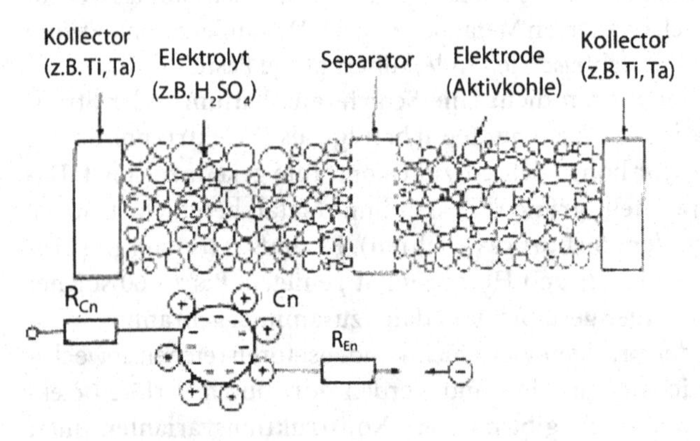

Bild 20.2 Prinzipaufbau des „Super Cap"

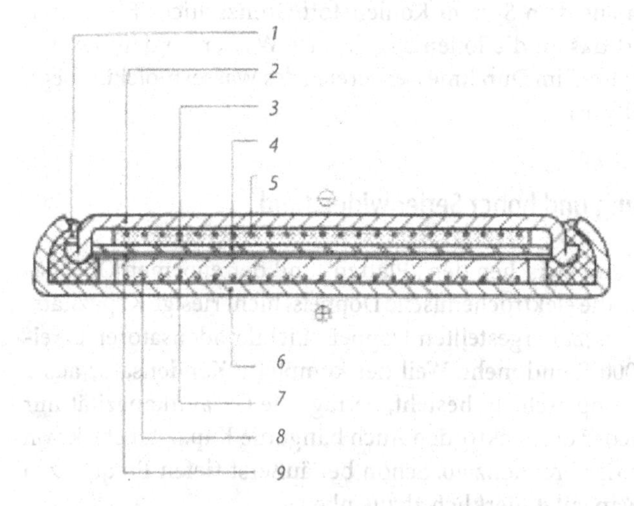

Bild 20.3 Schematischer Schnitt eines Knopfsuperkondensators. *1* Dichtung *2* Deckel *3* negative Elektrode *4* Separator/Elektrolyt *5* Aluminiumschicht *6* Becher *7* positive Elektrode *8* Aluminiumschicht *9* Separator

Bild 20.4 Superkondensatoren des Typs „Gold Cap". Die großen Einheiten weisen eine Kapazität von 3,3 F auf, die kleine von 0,47 F

nen in die Oberflächenoxide eingelagert, wobei letztere elektrochemisch reduziert werden.

Kohlenstoffelektroden aus Ruß weisen eine enorme spezifische Fläche von 1000–1500 m^2/g auf. Die Kapazität ergibt sich durch die Anlagerung hydratisierter, mit einer Hülle von Wassermolekülen umgebenen Ionen an die Elektroden. Man spricht von einer elektrischen Doppel- oder Grenzschicht, die aus einer Schicht Elektronenladung im Festkörper und einer angrenzenden Schicht Ionenladung im Elektrolyt besteht. Die spezifische Kapazität der Elektrode liegt bei 200 F/g. Der Kondensator besteht grundsätzlich aus dem System Kohlenstoff/Grenzschicht/Elektrolyt. Als Dielektrikum fungiert das an die Ionen angelagerte Wasser, so daß der Abstand der „Kondensatorplatten" im Durchmesserbereich des Wassermoleküls liegt, d. h. 0,1–1 nm (10^{-9} bis 10^{-10} m).

Geringe Betriebsspannung und hoher Serienwiderstand

Dank dem winzigen Abstand zwischen den „Platten" und der enormen Oberfläche der Rußpartikeln weist die elektrochemische Doppelschicht riesige Kapazitätswerte auf. Die größten bis jetzt hergestellten Doppelschichtkondensatoren erreichen Kapazitäten von 1 000 F und mehr. Weil der komplette Kondensator aus 2 Elektroden mit je einer Doppelschicht besteht, beträgt die Gesamtkapazität nur die Hälfte der Kapazität jeder der Elektroden Auch hängt die Kapazität stark von der Temperatur und von der Frequenz ab. Schon bei äußerst tiefen Frequenzen von 0,01 Hz beginnt die Kapazität merklich abzusinken.

Eine weitere Begrenzung des Supercaps mit wässerigem Elektrolyt ergibt sich aus der geringen Betriebsspannung von etwa 1 V pro Einheit. Höhere Betriebsspannungen führen zur Elektrolyse, d. h. zur Zersetzung des Wassers im Elekrolyt, denn die theoretische Zersetzungsspannung des Wassers beträgt 1,23 V. Diese Grenze läßt sich beim Einsatz organischer, wasserfreier Elektrolyte auf 3–4 V anheben, doch muß dann eine weitere Erhöhung des gegenüber gewöhnlichen Kondensatoren schon 1–3 Größenordnungen höheren Serienwiderstands in Kauf genommen werden. Durch Serieschaltung von identischen Zellen kann im Prinzip jede beliebige Spannung erreicht werden. Dies stellt jedoch hohe Anforderungen an die innere elektrische Symmetrie des Gesamtsystems, d. h. die Gleichmäßigkeit der einzelnen Elektroden. Der Spannungsabfall an jeder der Zellen muß praktisch identisch sein, um ein stabiles Verhalten zu gewährleisten. Mit Hilfe der sog. Bipolartechnik wurden Superkondensatoren mit einer Spannung von bis zu 250 V gebaut.

Erhebliche Vorteile gegenüber Ruß, dem üblichen Superkondensator-Elektrodenmaterial, bietet der sog. Glaskohlenstoff, eine hochporöse, amorphe Substanz ohne Korngrenzen. Sie wird durch thermische Zersetzung (Pyrolyse) von billigen Ausgangsmaterialien wie Phenolharze oder Furfurylalkohol bei 1000 °C hergestellt, wobei man Filme mit einer Stärke von 10–30 μm erhält. Beim Aufladen bilden sich an- und eingelagerte Oxidgruppen und es können Kapazitäten bis 1 F/cm^2 gemessen werden. Der spezifischer Widerstand von Glaskohlenstoff ist nur etwa 3 mal höher als der von Graphit, die Frequenzabhängigkeit der Kapazität ist deutlich geringer als die der Rußelektroden in den „Gold Caps".

Die Pseudokapazität von Redoxreaktionen

Die Kapazität des Doppelschichtkondensators läßt sich durch einfache, an der Oberfläche sehr schnell ablaufende und reversible, chemische Reaktionen noch um eine Größenordnung weiter erhöhen. Eine Platinelektrode z. B. bedeckt sich bei kathodischer Belastung mit atomarem Wasserstoff und wird dabei elektrisch negativ aufgeladen, weil sie für jedes neutralisierte Proton ein Elektron aufnehmen muß. In einem solchen Fall addieren sich die Doppelschichtkapazität und die chemisch bedingte, sog. Faraday- oder Pseudokapazität, doch ist der Effekt der letzteren rund 10 mal größer. Besonders gute Ergebnisse erhält man mit den Elektronenleitern Ruthenium- und Iridiumoxid, die sehr leicht und reversibel zwischen den Oxidationszuständen +3 bis +4 hin- und herpendeln. Diese Elektronentransferreaktion läuft sehr rasch ab, und es können dabei hohe Ströme fließen, nach dem Schema

$$RuO_2 + H^+ + e^- \leftrightarrow RuO(OH)$$

In diesem Fall werden beim Laden und Entladen Protonen in das RuO_2-Kristallgitter eingelagert, bzw. aus dem Kristallgitter entfernt. Ein „Teppich" von OH-Gruppen bildet das Dielektrikum der Doppelschicht. Dank der Redoxreaktion ist die an der Elektrodenoberfläche gespeicherte Ladung sehr hoch, was zu spektakulären Kapazitätswerten führt. Ein Metalloxidkondensator hat ähnliche Eigenschaften wie eine Batterie, doch Lade- und Entladevorgänge laufen fast so schnell ab, wie bei einem elektrostatischen Kondensator. Die Frequenzabhängigkeit solcher Metalloxidelektroden ist viel geringer als diejenige von Kohleelektroden; sie sind bis etwa 1 000 Hz brauchbar.

Zur Herstellung des Rutheniumoxids gibt es eine Reihe von Methoden wie Direktoxidation, thermische Zersetzung des Fluorids, Oxidation der metallischen Schmelze, Hydrolyse einer Lösung von Rutheniumsalzen. Letztendlich erhält man ein hochdisperses Pulver, mit dem ein Trägermaterial wie Titan, Stahl oder Graphit beschichtet wird. Man erreicht eine Energiedichte von etwa 6 Wh/l und eine spezifische Energie 2,6 Wh/kg; der Frequenzgang ist bis über 1 000 Hz annehmbar. Es wird ein anorganischer Elektrolyt hoher Leitfähigkeit eingesetzt, z. B. Schwefelsäure.

Die Selbstentladung des Metalloxid-Superkondensators ist relativ hoch, die Ladung wird nur über Minuten bis Stunden gehalten. Dies spielt aber bei Wechselstromanwendungen keine Rolle; bei 50 Hz erreicht man noch Leistungsdichten um 300 kW/l. Prototypen von Metalloxidkondensatoren für höhere Spannungen wurden in Bipolartechnik gebaut. Sie ertragen Hunderttausende von Lade-Entladezyklen, was einer Lebensdauer von 20 Jahren entspricht. Nachteilig ist natürlich der hohe Preis des Rutheniums, der bei 5 000 DM/kg liegt.

Superkondensatoren mit Polymer-Elektrolyt

Beim Einsatz von elektrisch leitendem Polymer anstelle eines flüssigen Elekrolyts können spezifisch für Traktionsanwendungen bestimmte Superkondensatoren auf sehr einfache Weise in Form eines folienförmigen Laminats hergestellt werden. Dabei bestehen die Stromanschlüsse aus Aluminiumfolie und die Elektroden aus Ruß. Der Polymer-Elektrolyt ist auch für die mechanische Kohäsion des Laminats verantwortlich; es besteht z. B. aus Polyethylenoxid, Weichmacher und Salzen wie

Lithiumhexafluorarsenat und Lithiumcarbonat. Der Anteil des als Lösungsmittel fungierenden Weichmachers ist mit 70 % sehr hoch. Der Elektrolyt ist also ein Gel, das auf einfache Weise durch Extrusion verformt und beliebig geschnitten werden kann.

Der spezifische Widerstand des Polymerelektrolyts ist relativ hoch: er beträgt bei Raumtemperatur etwa 1000 Ohm cm, bei –20 °C steigt er noch knapp um eine Zehnerpotenz. Prototypkondensatoren dieser Bauart mit einer Dicke von 0,46 mm oder 0,27 mm und einer zulässigen Spannung von 2,5–5 V weisen eine spezifische Energie von knapp über 1 Wh/kg auf; die Leistung bei der Entladung während 1 s beträgt 1800 W/kg. Solche Zellen können zu bipolaren Stacks für beliebige Spannungen zusammengebaut werden. Die Selbstentladung ist relativ langsam, der Abfall auf 60 % der Spannung nach voller Ladung erfolgt innerhalb von 50 h.

Anwendungen in der Elektrotechnik

Superkondensatoren des Typs „Gold Cap" haben in der Mikroelektronik die Funktion, eine längere Trennung vom Netz über Stunden und Tage hinweg zu überbrücken, insbesondere als Memory-backup im Computer und als Speicherelement für batterielose Solarzellenuhren. Mit kommerziellen Superkondensatoren noch nicht erschlossen ist der Minutenbereich, wie er für den Lastausgleich bei Solarzellenanlagen benötigt wird. Im Sekundenbereich geht es um die Überbrükkung von kurzen Netzausfällen und die Stabilisierung von Stromnetzen. Dies schließt das Bordnetz von Motorfahrzeugen und Flugzeugen ein. Im ms-Bereich benötigt man den Superkondensator zum Pumpen von Lasern. Der Anstoß zu seiner Entwicklung kam denn auch vom amerikanischen SDI-Programm, bei welchem extrem starke Laser zur Zerstörung von nuklearen Gefechtsköpfen im Weltraum benötigt wurden.

Spezifisch in der Elektrotechnik gibt es noch keine Anwendungen von Superkondensatoren, doch ist das diesbezügliche Potential sehr groß. Dabei geht es nicht nur um die klassischen Anwendungen des Kondensators zum Ausgleichen der induktiven Last im Netz (Blindleistungskompensation), als Phasenschieber zur Speisung von Motoren und zum Glätten gleichgerichteten Wechselstroms. Neue, potentielle Anwendungen gibt es für Superkondensatoren zur Stabilisierung des Netzes und in der elektrischen Traktion, vorwiegend in Verbindung mit Batterien. Dies setzt aber erhebliche, technische Fortschritte voraus.

Superkondensatoren mit Kohleelektroden erreichen heute spezifische Energien von 1–2 Wh/kg. Das Ende des Entwicklungspotentials dürfte bei 3–5 Wh/kg liegen; damit wäre man noch um einen Faktor 10 vom Blei- bzw. Nickel-Cadmium-Akkumulator entfernt. Superkondensatoren mit sog. Aerogel-Elektroden, bei denen anstelle von porösem Kohlenstoff ein leitendes, extrem leichtes Kohlenstoff-Aerogel verwendet wird, erreichen 4–8 Wh/kg. Bei den Redoxsystemen liegt die Obergrenze des im Prinzip Machbaren bei etwa 15 Wh/kg, was bereits der halben, spezifischen Energie einer Bleibatterie entspricht. Von solchen Werten ist man heute nicht mehr weit entfernt.

Die oben erwähnten Werte für die spezifische Energie sind zwar für Elektromobile immer noch sehr unbefriedigend. Doch weil sich der Kondensator sehr schnell laden und entladen läßt, ist seine Leistungsdichte sehr hoch: sie liegt (wie bereits erwähnt) im Bereich von 10 000 W/l bis weit über 100 000 W/l bei der Ausführung mit Metalloxidelektroden. Die Kombination eines Kondensators sehr hoher Kapazität und Leistungsdichte mit einer Batterie hoher spezifischer Energie ist für Traktionszwecke besonders vielversprechend. So ließe sich die Leistung eines Elektromobils kurzzeitig stark erhöhen, was ein viel besseres Beschleunigungsvermögen ermöglicht, als mit der Batterie allein. Zudem ist der Kondensator ideal geeignet zur kurzzeitigen Speicherung von rekuperierter Bremsenergie.

Kapitel

21

Solarzellen

Direkte Umwandlung von Licht in elektrische Energie

Solarzellen gehören nicht zu den elektrochemischen Energiespeichern, denn sie wandeln Lichtenergie direkt in elektrische Energie um. Dies ist im Prinzip ein physikalischer Vorgang; er kann, muß aber nicht auf chemischen Reaktionen basieren. Der Zusammenhang mit der Batterietechnik liegt darin, daß Solarzellen in sehr vielen Fällen im Verbund mit Sekundärbatterien eingesetzt werden. So kann man Blei- oder Nickel-Cadmium-Akkumulatoren tagsüber mittels Solarzellen aufladen, um die elektrochemisch gespeicherte Energie nachts zu nutzen.

Die Energieversorgung über Solarzelle ist auch nach einem Vierteljahrhundert intensiver Forschungs- und Entwicklungsarbeit weiterhin äußerst kostspielig. Man wendet sie an, wenn man keine andere Wahl hat und/oder die Kosten keine Rolle spielen. Dies ist insbesondere bei fast allen Satelliten, vielen Raumsonden sowie den heutigen und künftigen Weltraumstationen der Fall. Bei den Apollo-Missionen zum Mond waren Wasserstoff und Sauerstoff in flüssiger Form die Energieträger. Sie wurden in Brennstoffzellen zu elektrischer Energie und Trinkwasser umgesetzt. Dies ist auch bei den Flügen der „Space Shuttle"-Raumfähre der Fall. Mit Solarzellen könnte der massive Energiebedarf selbst relativ kurzer Flüge nur mit einem extravaganten Aufwand gedeckt werden; zudem braucht die Besatzung natürlich Wasser. Bei der russischen Weltraumstation „Mir" und der künftigen internationalen „Space Station Freedom" die jahrelang im Orbit bleiben wird, erfolgt die Energieversorgung wiederum größtenteils über Solarzellen, mit denen großflächige Ausleger bedeckt sind. Wasser bringen die regelmäßigen Versorgungsflüge. Der Transport von Flüssiggasen zur Speisung von Brennstoffzellen wäre zu aufwendig.

Konventionelle Solarzellen sind sog. Sperrschicht-Photodioden; sie lassen sich aus verschiedenen Materialien verwirklichen, doch nimmt Silicium die mit Abstand dominierende Stellung ein. Nur für hochspezialisierte Zwecke werden Galliumarsenid, Galliumarsenid auf Germanium oder noch exotischere Materialien wie Cadmiumtellurid bzw. Kupfer-Indiumdiselenid verwendet. Das Prinzip der direkten Umwandlung von Sonnenlicht in elektrische Energie durch Photodioden ist aber stets das gleiche.

Zur Herstellung von Solarzellen aus kristallinem Silicium geht man von rechteckigen oder runden, 0,1–0,3 µm dicken Plättchen aus, die durch eine Dotierung mit 10^{15}–10^{16} Boratomen/cm^3 p-leitend gemacht werden. In diesem Material erfolgt die Leitung durch sehr bewegliche Elektronenfehlstellen, die sich wie punktförmige, positive, elektrische Ladungen verhalten. Der spezifische Widerstand von dotiertem Silicium liegt zwischen 1 und 10 Ohm · cm.

Durch Eindiffundieren oder Ionenimplantieren von Phosphor oder Arsen erzeugt man im p-dotierten Halbleiter eine 0,1–0,3 mm dicke, stark n-leitende Schicht. Die Phosphoratome bringen überschüssige Elektronen in das Kristallgitter, das dadurch einen negativen Ladungsüberschuß erhält. Die Grenzfläche der zwei verschiedenartigen Dotierungen bildet einen sog. pn-Übergang. Er besteht aus einer elektrischen Doppelschicht, in welcher positive Ladungen zur n-Seite, negative Ladungen zur p-Seite gezogen werden. Wird ein solches Halbleitersystem mit Licht ausreichend hoher Energie bestrahlt, so können Elektronen angeregt werden. Man sagt, daß sie vom Valenzband ins Leitungsband gehoben werden, wo sie eine sehr hohe Mobilität aufweisen. Zusammen mit jedem angeregten Elektron entsteht ein Defektelektron oder Loch, das eine positive Ladung aufweist.

Driftet ein solches Ladungsträgerpaar in den Bereich des pn-Übergangs, so wird es dort getrennt: Elektronen werden zur p-Region gezogen, Löcher zur n-Region. Auf Grund dieser Ladungstrennung verändert sich die Spannung der Doppelschicht. Sind beide Seiten des Siliciumplättchens metallisiert, so können Elektronen über einen externen Stromkreis unter Arbeitsleistung von der n- zur p-Schicht fließen, wo sie mit Löchern rekombinieren.

Bewährtes Silicium

Die Solarzelle erzeugt Strom, solange durch Einstrahlung von Licht laufend neue Elektron-Loch-Paare entstehen. Die Stromstärke hängt primär von der Intensität des Lichts ab, wie auch von der Rekombinationsrate der Ladungsträgerpaare vor ihrer Trennung am pn-Übergang. Als Elektrode dient auf der Rückseite des Halbleiters ein ganzflächig aufgedampfter Metallbelag. Auf der vorderen, dem Licht ausgesetzten Seite besteht die Elektrode aus aufgedampften Kontaktstreifen oder -fingern, die an einer Seite elektrisch miteinander verbunden sind. Die durch Metallisieren beschattete Fläche sollte natürlich möglichst klein gehalten werden. Diese Stromabnehmer bestehen aus einer aufgedampften Doppelschicht aus Titan-Silber, die verzinnt wird, damit sie tauchverlötet werden können. Es gibt auch Schweißverfahren für Zellen, die im Betrieb so heiß werden, daß gewöhnliches Lot seine Festigkeit verliert.

Silicium ist nicht nur im Bereich der Integrierten Schaltungen, sondern auch für Solarzellen ein bemerkenswertes „Geschenk" der Natur. Es spricht auf den Spektralbereich von 0,3–1,2 µm an, d. h. vom Ultraviolett bis weit ins Infrarot hinein; das Absorptionsmaximum liegt bei 0,45 µm im blauen Bereich. Die starke Reflexion von Sonnenlicht durch das spiegelglänzende Silicium kann mit einer einfachen Antireflexschicht auf wenige Prozent gesenkt werden. Überschüssige Photonenenergie, die nicht zur Paarerzeugung genutzt werden kann, wird in Wärme umgewandelt; sie beeinflußt die Quantenausbeute nur geringfügig.

Die stärksten Verluste bringt die Rekombination der Ladungsträger, bevor sie zum pn-Übergang gelangen, vor allem an Gitterstörstellen. Darum bringt man den pn-Übergang möglichst nahe bei der Oberfläche an und geht von störstellenfreiem, monokristallinem, ultrareinem Silicium aus, wie es für Integrierte Schaltungen benötigt wird. Bei dem wesentlich billigeren, polykristallinen und amorphen Silicium nimmt man bewußt einen durch die Gitterstörstellen bedingten, erheblich kleineren Wirkungsgrad in Kauf.

Im Lauf der Zeit verringert sich die Quantenausbeute von siliciumbasierten Solarzellen, vor allem im Weltraum. Dies ist auf die Bestrahlung mit Ultraviolettlicht und den Beschuß mit hochenergetischen Partikeln des Sonnenwinds und der kosmischen Strahlung zurückzuführen. So werden Störstellen im Kristallgitter erzeugt, an denen Elektron-Lochpaare rekombinieren. Abhilfe bringt ein Schutzplättchen aus Quarz, das die Partikeln absorbiert, ohne dabei nachzudunkeln.

Bei der Fabrikation von Solarzellen der höchsten Qualitätstufe wird wie im Fall von Integrierten Schaltungen von Silicium-Einkristallen ausgegangen, die nach dem Czochralsky-Ziehverfahren gezüchtet werden und einen Durchmesser von 200 mm aufweisen können. Diese Kristalle werden zu dünnen Scheiben zersägt (sog. Wafers) und anschließend poliert. Die Dotierung erfolgt nach den üblichen Verfahren der Halbleitertechnik zuerst mit Bor, dann mit Phosphor oder Arsen. Schließlich werden die Wafers zur gewünschten „Chipgröße" zersägt; die Kontakte bringt man durch Vakuummetallisieren auf. Die kompletten Zellen werden meist auf ihre Tragstruktur aufgeklebt. Die gewünschte Spannung und Stromstärke erzielt man durch eine Kombination von Parallel- und Serienschaltung der Zellen.

Der theoretische Wirkungsgrad monokristalliner Silicium-Solarzellen beträgt 25 %; heute sind kommerzielle Zellen mit einem Wirkungsgrad um 18 % verfügbar. Mit dem billigeren polykristallinen Silicium erreicht man 10–15 %, beim sehr preiswerten amorphen Material sind es nicht 7–8 %, doch sinkt in diesem Fall die Ausbeute im Lauf der Zeit signifikant weiter ab. Amorphe Zellen (die aus wasserstoffhaltigem Silicium bestehen) werden vor allem zur Speisung von Rechnern, Uhren und Spielzeug verwendet. Bei Solarzellen des Kaskadentyps werden mit 2 übereinander angebrachten Zellen verschiedener spektraler Empfindlichkeit zuerst das blaue, dann das längerwellige rote Licht genutzt. So erreicht man 15 % Ausbeute, doch sind die Fabrikationskosten sehr hoch.

Dünnfilmzellen

Den höchsten bisher gemessenen Wirkungsgrad erhielt man mit monokristallinen Solarzellen aus Galliumarsenid. Ohne Lichtkonzentration liefern sie 20 %, bei 500facher Konzentration des Sonnenlichts mit fokussierenden Spiegeln wurden 27,5 % erreicht. Das theoretische Maximum für Galliumarsenid liegt bei 30 %. Nachteilig ist, daß solche Zellen mittels aufwendiger Mechanismen der Sonne nachgeführt und auch gekühlt werden müssen. Bei diffusem Licht sind sie nicht brauchbar, weil dann keine optische Konzentration möglich ist.

Dünnfilmzellen bestehen aus einer Metallfolie oder leitend gemachten Glasplatten (z. B. mit Indium-Zinnoxid ITO), auf die eine Halbleiterschicht von 10–50 µm aufgebracht wird. Letztere besteht aus Clustern von Teilchen im Durchmesserbereich von einigen Nanometern, die durch chemische oder elektrochemische Reaktionen direkt auf das Substrat niedergeschlagen und in gewissen Fällen durch Erhitzen versintert werden. Man verwendet exotische Halbleiter wie Kupfer-Indiumdiselenid, Cadmiumsulfid, Cadmiumselenid oder deren Kombinationen.

Die einzelnen Teilchen sind so klein, daß ohne Dotierung, nur auf Grund von Quanteneffekten, zwischen Innenteil und Oberfläche Ladungsunterschiede auftreten, mit einer ähnlichen Wirkung wie beim pn-Übergang. Beim Belichten werden die dabei induzierten Elektron-Lochpaare getrennt; an der Oberfläche können die Elektronen zur Arbeitsleistung abgezogen werden. Wegen der geringen Dimensionen der halbleitenden Bereiche beeinträchtigt die Rekombination der Ladungsträger den Wirkungsgrad nur wenig: er erreicht 10–12 %, läßt aber mit der Zeit nach. Zudem sind solche Zellen kostspieliger als Siliciumzellen; aus diesen Grund wurden sie bisher nicht kommerzialisiert.

Ladungstransferkomplexe

Eine elektrochemische Variante dieses Systems ist die an der ETH Lausanne (Schweiz) entwickelte Grätzel-Zelle. Ihre aktive Schicht besteht aus nanokristallinen, miteinander versinterten, halbleitenden Titandioxidpartikeln (Anatas) mit einem mittleren Durchmesser von 20 nm. Das hochporöse Aggregat von Partikeln weist gegenüber den geometrisch vorgegebenen Dimensionen eine um das 1000fache vergrößerte innere Oberfläche auf. Es ist mit einem organischen Elektrolyt imprägniert, in welchem Iodid- und Triiodid-Ionen (I^- bzw. I^-_3) gelöst sind. Die Anatas-Teilchen sind mit einer monomolekularen Schicht eines organischen Rutheniumkomplexes beschichtet.

Dieser organometallische Farbstoff wirkt als Ladungstransferkomplex, ähnlich wie dies beim Chlorophyll bei der pflanzlichen Photosynthese der Fall ist. Er absorbiert Photonen im sichtbaren Bereich (bis 800 nm) und emittiert dabei Elektronen. Der Rutheniumkomplex wird dabei oxidiert; die Energie reicht aus, um das Leitungsband des Anatas zu „bevölkern". Auf diese Weise werden die nanokristallinen Partikeln an der Oberfläche elektrisch leitend. Mit nur geringen Verlusten werden die Elektronen zur negativen Elektrode aus Indium-Zinnoxid transportiert, die auf eine Glasplatte aufgedampft ist. Der rutheniumhaltige Ladungstransferkomplex wird durch das Iodidion I^- wieder zum elektrisch neutralen Zustand reduziert, wobei Iodid zu Triiodid I_3^- oxidiert wird. An der Gegenelektrode wandelt sich das Triiodid wieder in Iodid um, wobei Elektronen aus dem äußeren Stromkreis aufgenommen werden. Das System Iodid-Triiodid pendelt also zwischen dem reduzierten und dem oxidierten Zustand und wird nicht verbraucht.

Der Wirkungsgrad von 10–12 % ergibt sich primär aus dem Unterschied der Kinetik der photoneninduzierten Elektronenemission und der unerwünschten Rekombination des Rutheniumkomplexes mit den freigesetzten Elektronen. Solche Zellen funktionieren auch bei diffusem Licht und sind sehr einfach aufgebaut. Sie bestehen aus 2 mit ITO innen leitend gemachten Glasplatten, zwischen denen das nanokristalline, mit dem Rutheniumkomplex beschichtete Titandioxid sowie der Elektrolyt mit dem Iodid-Triiodidsystem eingeschlossen sind.

Wirtschaftlichkeitsberechnungen zeigen, daß Grätzel-Zellen grundsätzlich billiger produziert werden können, als konventionelle Solarzellen aus Silicium-Einkristallen. Weil sie durchsichtig und durch den Rutheniumkomplex rot gefärbt sind, lassen sie sich zur Sonnenschutzverglasung von Gebäuden und für dekorative Zwecke einsetzen. Nachteilig ist vor allem, daß sie eine flüssige Phase in Form des organischen Elektrolyts enthalten. Es muß also das schwierige Problem der langfristig wirksam bleibenden Dichtung einwandfrei gelöst werden. Zudem wird nur das Sonnenlicht im sichtbaren Bereich genutzt, während Siliciumzellen auch auf Infrarotstrahlung ansprechen; sie weisen darum einen um 50 % höheren Wirkungsgrad auf.

Teure Elektrizität

Die Photovoltaik ist ein außerordentlich elegantes Verfahren, um das überall kostenlos verfügbare Sonnenlicht in elektrischen Strom umzuwandeln. Dem stehen aber mehrere handfeste Nachteile gegenüber. So kann an der Erdoberfläche unter normalen Bedingungen mit einer mittleren Solarzellenbetriebsdauer von nur 7,5 h/Tag und einer Leistung von 70 W/m^2 gerechnet werden. Auch müssen Solarzellensysteme auf massiven, wind- und wetterfesten Trägerstrukturen aufgebaut werden, die erhebliche Mengen Stahl, Glas und Kunststoff benötigen. Der Landbedarf ist sehr hoch, weil es sich um eine reine Flächentechnologie handelt und pro Quadratmeter wenig Leistung anfällt. Die Lebensdauer von Solarzellen beträgt 20–25 Jahre. Je nach Berechnungsbasis werden 7–18 Jahre benötigt, um die bei der Fabrikation investierte, „graue" Energie zurückzugewinnen.

Aus allen diesen Gründen setzt man Solarzellen heute nur dort ein, wo kein Netzanschluß verfügbar ist, d. h. in den Bergen, in der Wüste und generell in schwer zugänglichen Gebieten. Auch Segeljachten sind häufig mit Solarzellenpanelleen ausgerüstet, um die Bordbatterien aufzuladen. Im Gebirge werden viele Alphütten, Maiensässe und elektrische Weidezäune von Solarzellen versorgt, wobei die Energie in Bleiakkumulatoren zwischengespeichert wird. Eine große Anlage mit über 11000 Solarzellen und einer Leistung von 17 kW steht in der Schweiz in der Nähe des Grimselpasses und sorgt für die Beleuchtung des 100 m langen Summeregg-Tunnels. Es ist dort zwar Hochspannung der Grimsel-Wasserkraftwerke verfügbar, doch wäre deren Anzapfung viel teurer gewesen, als der Bau einer Solaranlage.

Weltweit wurden zahlreiche experimentelle, photovoltaische Kraftwerke gebaut, entweder zentralisiert oder auf Hausdächern verteilt. Sie sind hoffnungslos unwirtschaftlich doch geht es darum, Erfahrung mit dieser Technologie zu gewinnen.

Beim heutigen Stand der Technik sind Solarzellen ideale stationäre oder mobile Ladegeräte für elektrochemische Batterien. Sie funktionieren geräuschlos und fast wartungsfrei, weil sie keine mechanisch bewegten Teile enthalten, doch sie sind trotz aller technischen Fortschritte weiterhin teuer. Darum ist die Einspeisung solar erzeugter Elektrizität ins Netz beim heutigen Stand der Technik nicht sinnvoll: die Stromkosten sind auch unter optimistischen Voraussetzungen immer noch um einen Faktor 10 zu hoch.

In den klimatisch gemäßigten Gebieten der Erde fällt Solarstrom größtenteils genau zur falschen Zeit an, nämlich im Sommer und in der Mitte des Tages. Zudem ist solcher Strom auch bei schönem Wetter nur während weniger Stunden pro Tag verfügbar. Ein Solarkraftwerk braucht darum stets noch ein thermisches Kraftwerk oder Pumpspeicherwerk gleicher Leistung als „Backup" während den sonnenarmen bzw. dunklen Stunden. Schließlich sind die pro Leistungseinheit extravagant viel Fläche beanspruchenden Kollektorfelder vielerorts mit dem Landschaftschutz schwer vereinbar. Bei der Integration von Solarzellen in Gebäude ergeben sich aber interessante architektonische Möglichkeiten. Auch Schallschutzwände entlang von Autobahnen und Flachdächer bieten sich als kostengünstige Substrate für Solarzellenpaneele an.

Kapitel

22

Isotopenbatterien

Nuklear-thermoelektrische Generatoren

Satelliten, interplanetare Sonden, Raumfähren und Weltraumstationen werden je nach Dauer der Mission und der jeweiligen Aufgabenstellung mit ganz verschiedenartigen Energiequellen ausgerüstet. Die ersten Satelliten verfügten lediglich über chemische Batterien, hauptsächlich Nickel-Cadmium Akkumulatoren. Später kam der Turbogenerator dazu, bei dem eine kleine, mit einem elektrischen Generator gekoppelte Turbine durch die Gase angetrieben wird, die bei der katalytischen Zersetzung von Hydrazin enstehen. Man kann auf diese Weise hohe Leistungen erzeugen (bis zu mehreren 100 kW), aber nur während einiger Stunden, solange Treibstoff verfügbar ist. Wasserstoff-Sauerstoff-Brennstoffzellen mit einer Leistung von etwa 10 kW haben sich bei den Flügen zum Mond gut bewährt, und werden in der Weltraumfähre „Space shuttle" routinemäßig eingesetzt. Die Mission kann ohne weiteres mehrere Wochen dauern, das aufbereitete Reaktionsprodukt der Brennstoffzellen dient den Astronauten als Trinkwasser.

Künstliche Erdsatelliten sind heute durchweg mit Solarzellen aus Silicium, Germanium-Silicium oder Galliumarsenid bedeckt; die aktive Fläche läßt sich mit flügelartigen Auslegern weiter erhöhen. Solarzellen weisen im Weltraum eine Lebensdauer von etwa 10 Jahren auf; sie werden heute vorwiegend in Verbindung mit Nickel-Wasserstoffakkumulatoren eingesetzt. Während vieler Jahre lag die Obergrenze der Solarzellenleistung bei 5 kW; die internationale Weltraumstation wird aber mit Solarzellenpaneelen von 75 kW ausgerüstet sein. Als weitere, im Weltraum ganz neuartige Energiequelle wurden in Rußland dynamische Solargeneratoren entwickelt. Sie konzentrieren die Strahlung der Sonne mittels Spiegeln auf einen Druckbehälter, der ein Gemisch aus Helium und Xenon enthält. Beim Erwärmen erhöht sich der Druck; man entspannt das Gas im geschlossenen Kreislauf unter Arbeitsleistung in einem Turbogenerator. Anschließend wird es wieder komprimiert und geht zum Wärmetauscher zurück.

Das Gas wird über einen Lithiumfluorid-Calciumfluorid-Wärmespeicher geführt und dabei erhitzt; das Salzgemisch wird geschmolzen. Während der Okkultation durch die Erde, wenn die Spiegel kein Sonnenlicht erhalten, erstarrt es und gibt latente Wärme an den Gaskreislauf ab. Der erste Generator dieser Art weist eine Leistung von 2 kW auf. Mit einem Wirkungsgrad von 15–20 % sind dynamische Solargeneratoren den mit Batterien gekoppelten Silicium-Solarzellen deutlich überlegen. Nach den verfügbaren Angaben sind sie auch wesentlich leichter und kostengünstiger. Nachteilig ist jedoch die Verwendung mechanisch bewegter Teile.

Die solare Leistungsdichte beträgt außerhalb der Erdatmosphäre 1 360 W/m^2; dies genügt um die überwiegende Mehrzahl der Erdsatelliten mit Energie zu versorgen. Entfernt man sich aber von der Sonne, so nimmt die Leistungsdichte mit dem Quadrat des Abstands ab; in der Nähe des Mars verfügt man nur noch über 600 W/m^2. Dies ist heute die untere Grenze für den Einsatz von Solarzellen, da sonst die Kollektorfläche zu groß wird. In noch größerer Entfernung von der Sonne ist man auf nuklear-thermoelektrische Generatoren angewiesen, sog. RTG (RTG steht für Radioisotope Thermoelectric Generator). Man bezeichnet sie gelegentlich auch als „Isotopenbatterien". Sie nutzen die Zerfallswärme eines radioaktiven Isotops, wobei die Leistung einige Watt bis zu einigen 100 W beträgt. Ihre Autonomie beträgt 10–20 Jahre, was der Missionsdauer der Sonde Voyager 1 zu den äußeren Planeten entspricht.

Kernreaktoren im Weltraum

Wenn im Weltraum sehr hohe Leistungen im Bereich von Hunderten von kW benötigt werden, insbesondere zum Betrieb von Radargeräten für die Erderkundung (und die Spionage), so bleibt nichts anderes übrig, als den betreffenden Satelliten mit einem miniaturisierten Kernreaktor auszurüsten. Genau wie die Reaktoren unserer Kernkraftwerke, erzeugt er Wärme durch neutroneninduzierte, in einer kontrollierten Kettenreaktion ablaufenden Fission von Plutoniumkernen. Wie bei der Isotopenbatterie wird diese Wärme mittels Thermoelementen in elektrische Energie umgewandelt.

Bisher hat jedoch nur die frühere Sowjetunion diese Energiequelle im Weltraum genutzt. Seit 1967 hat sie zur Energieversorgung militärischer Überwachungsatelliten gut 30 Reaktoren auf erdnahe Umlaufbahnen gebracht. Solche Satelliten werden im Lauf der Jahre durch die atmosphärische Reibung abgebremst. Um den Absturz auf die Erde zu verhindern, werden sie nach Ablauf ihrer nützlichen Lebensdauer mit einem bordeigenen Triebwerk auf eine sehr hohe, langfristig stabile Umlaufbahn gebracht. Dieses Manöver mißlang in mindestens 2 Fällen; dies hatte zur Folge, daß der Minireaktor in der Kanadischen Arktis bzw. im Indischen Ozean abstürzte.

Plutonium für RTG

Zur Energieversorgung interplanetarer Sonden wurde schon in den 60er Jahren mit verschiedenen Radioisotopen experimentiert, insbesondere mit Plutonium ^{238}Pu. Letzteres erwies sich als ideal geeignet; alle sog. „SNAP"-Energiequellen (SNAP ist die Abkürzung von System for Nuclear Auxiliary Power) enthalten ^{238}Pu. Das Isotop wurde 1940 von Glenn T. Seaborg (Jahrg. 1912) und Mitarbeitern als erstes Plutoniumisotop durch Bombardieren von Uran ^{238}U mit 16 MeV-Deuteronen am Zyklotron der Universität von Kalifornien in Berkeley erhalten. Dabei entstand zuerst Neptunium ^{238}Np (unter Abspaltung von 2 Neutronen), das sich durch

Betazerfall zu ^{238}Pu umwandelte. Heute wird ^{238}Pu im Reaktor durch Neutronenbestrahlung von Neptunium ^{237}Np oder von Americium ^{241}Am hergestellt.

^{238}Pu ist ein α-Strahler; es emittiert 623 Mrd. α-Teilchen (d. h. Heliumkerne) pro Gramm und pro Sekunde und zerfällt dabei zu Uran ^{234}U. Es gibt 3 Energieniveaus des beim radioaktiven Zerfall des Plutoniumkerns entstehenden Urankerns. Deshalb fallen die α-Teilchen mit 3 verschiedenen Energien an: 5,358 MeV, 5,457 MeV und 5,499 MeV, wobei die höchste Energie in 71,6 % der Fälle auftritt. Die Halbwertszeit beträgt 87,7 Jahre. Urankerne in höheren Energieniveaus zerfallen in den Grundzustand unter Abgabe von γ- Strahlung (43,5 keV und 99,8 keV). Das Isotop ^{238}Pu unterliegt der spontanen Fission (2560 Zerfälle/g und s), wobei Neutronen von 2 MeV emittiert werden.

RTG auf dem Mond

Wegen der geringen Bedeutung der spontanen Spaltung sind für RTG nur die α-Teilchen von Bedeutung. Infolge ihrer äußerst geringen Reichweite bleiben sie größtenteils im Kristallgitter des Plutoniumdioxids stecken und erhitzen es. Die

Bild 22.1 Die Sonnensonde Ulysses mit nuklear-thermoelektrischem Generator (links); die Leistung betrug beim Start 285 W

thermische Leistung beträgt 0,56 W/g. Weil die Röntgen- und g Strahlung von ^{238}Pu problemlos abgeschirmt werden kann und der Neutronenfluß schwach ist, können RTG wie gewöhnliche Batterien gehandhabt werden. Allerdings erreicht der heiße Teil Temperaturen von über 700 °C. So brachten die Astronauten der Expedition Apollo 14 im Januar 1971 einen RTG mit einer elektrischen Leistung von 64 W auf den Mond und ließen ihn in der Nähe des Kraters Fra Mauro zur Stromversorgung der wissenschaftlichen Meßstation „ALSEP" zurück.

Nahezu identische Generatoren plazierten die Astronauten der Apollo-Expeditionen 15, 16 und 17 in der Nähe ihres jeweiligen Landeplatzes, zur langfristigen Stromversorgung von ALSEP-Systemen. Bisher haben die USA insgesamt 41 RTG in den Weltraum gebracht, das letzte Mal 1990, als die europäische Sonnenpolsonde Ulysses (Bild 22.1) gestartet wurde. Sie wurde mit dem bisher leistungsfähigsten RTG von 285 W ausgerüstet; nach Abschluß der 5jährigen Mission betrug die elektrische Leistung immer noch 250 W. Ohne Kühlrippen handelte es sich um ein zylindrisches Gebilde von 1,14 m Länge und 21 cm Durchmesser mit einem Gewicht von 56 kg. Um das Gewicht möglichst gering zu halten, werden Hülle und Kühlrippen von RTG aus Beryllium gefertigt.

In den RTG der neuesten Bauart erhitzt sich das Plutoniumdioxid auf 730 °C. Durch Strahlung, ohne direkten Kontakt erhitzt es zahlreiche Molybdänsilicidplättchen ($MoSi_2$), auf denen je 32 n- und p-leitende Thermoelemente (78 % Si, 22 % Ge) paarweise angelötet sind (heiße Lötstelle). Die Thermoelemente sind an ihrem anderen Ende mit Plättchen eines Wolfram-Kupfer-Wolfram-Sandwich verbunden, die in thermischem Kontakt mit den Kühlrippen stehen (kalte Lötstelle). Eine elektrische Spannung (Thermospannung) erscheint auf Grund des Seebeck-Effekts zwi-

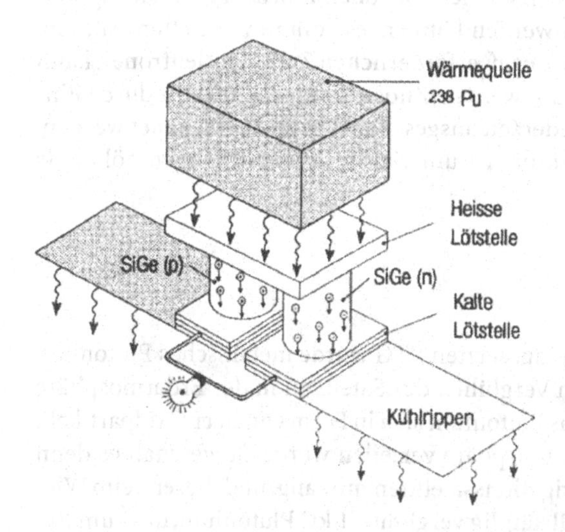

Bild 22.2 Prinzip des thermoelektrischen Generators mit hochdotiertem, p- und n-leitendem Silicium zwischen der heißen und der kalten Lötstelle. Die Glühbirne zeigt an, wo der elektrische Strom abgezogen wird. In der Praxis werden Hunderte solcher Elemente zusammengeschaltet, um die gewünschte Leistung und Spannung zu erreichen

schen den einzelnen Sandwichelementen; sie beträgt einige mV/° Temperaturunterschied zwischen heißer und kalter Lötstelle. Hochdotiertes Silicium liefert den besten Umwandlungs-Wirkungsgrad von Wärme in Elektrizität; es ist den früher verwendeten Thermolementen aus Bismut- oder Bleitellurid überlegen. Mit der Zeit verringert sich die elektrische Leistung des RTG; zum einen klingt die Radioaktivität ab, zum anderen altern die Silicium-Germanium-Elemente (Bild 22.2).

RTG versus Kernreaktor

RTG und Kernreaktor werden immer wieder verwechselt, obwohl es sich um völlig andersartige Energiequellen handelt. Dazu trägt wohl die Tatsache bei, daß beide Systeme Plutonium in Form des Oxids PuO_2 verwenden. Allerdings handelt es sich um ganz andersartige Isotope. Das im RTG eingesetzte ^{238}Pu, ein ganzzahliges Isotop, kann als nicht spaltbar bezeichnet werden. Genutzt wird die naturgegebene Radioaktivität, d.h die Emission von α-Strahlen (Heliumkerne), durch welche ein wesentlich stabileres Uranisotop entsteht (^{234}U). Weil der radioaktive Zerfall mit irdischen Mitteln in keiner Weise beeinflußbar ist, läßt sich das RTG niemals abschalten. Wenn es einmal fertig montiert ist, muß die Kühlung über die eingebauten Rippen jederzeit gewährleistet sein, sonst könnten die Thermoelemente überhitzt werden und Schaden nehmen.

In den russischen Weltraum-Kernreaktoren nutzt man die Eigenschaft des ungeradezahligen, spaltbaren Plutoniumisotops ^{239}Pu, unter Neutronenbeschuß in 2 kleinere Atomkerne zu zerfallen. Die mit großer Geschwindigkeit wegfliegenden Fragmente werden im Kristallgitter des Plutoniumoxids rasch abgebremst und erhitzen es. Gleichzeitig werden einige Neutronen frei, die zur Spaltung weiterer Plutoniumkerne verwendet werden können, es kommt zur Kettenreaktion. Durch Regelung der für den Spaltprozeß erforderlichen Zahl von Neutronen kann die Leistung des Reaktors beeinflußt werden. Zudem kann der Reaktor durch Ein- und Ausfahren der Steuerstäbe jederzeit ausgeschaltet bzw. eingeschaltet werden. Die Leistungsdichte des Kernreaktors ist um viele Größenordnungen höher als diejenige der Isotopenbatterie.

Die Sicherheit der RTG

In den zwischen 1961 und 1964 eingesetzten RTG wurde metallisches Plutonium eingesetzt. Beim unfallbedingten Verglühen des Satelliten in der Erdatmosphäre wurde in Kauf genommen, daß das Plutonium sich in Form winziger Oxidpartikeln in den obersten Schichten der Atmosphäre verteilen würde. So geschah es denn auch 1964, als der Start eines Navigationssatelliten mißlang, und dieser beim Wiedereintritt in die Atmosphäre vollständig verglühte. 1 kG Plutonium, das zum Betrieb eines RTG von 27 W an Bord war, wurde auf diese Weise freigesetzt. Bei den früheren Tests von Kernwaffen geriet zwar ungleich viel mehr Plutonium in die Atmosphäre, doch sollte jede unnötige Verstrahlung vermieden werden.

In der Folge wurde die amerikanische Sicherheitsphilosophie vollständig umgestaltet. Als Energiequelle für RTG wurde nur noch das extrem schlecht wasserlösliche Plutoniumdioxid verwendet. Zudem wurde das Material nach dem Konzept der mehrfachen Barrieren mit Platin, Graphit und Kohlenstoff-Verbundwerkstoff so verkapselt, daß es auch unter den ungünstigsten Umständen nicht freigesetzt wird. Dies bestätigte 1968 ein weiterer Unfall: damals erfolgte der ungeplante Wiedereintritt eines Wettersatelliten des Typs Nimbus, der mit 2 RTG mit je 2,2 kg Plutonium ausgerüstet war. Der Satellit verglühte weitgehend, doch die RTG „überlebten" intakt, und konnten bei einer späteren Mission wiederverwendet werden. ^{238}Pu eignet sich weder für den Bau von Kernwaffen noch als Reaktorbrennstoff. In Anbetracht seiner Radiotoxizität hat man sich aber für RTG eine obere Grenze von etwa 30 kg Plutonium gesetzt; damit könnte eine elektrische Leistung von 1000 W erzeugt werden. In der Praxis wurden aber noch nie mehr als 15 kg eingesetzt.

Ein Handikap der Isotopenbatterie ist der nur etwa 7 % betragende Wirkungsgrad des thermoelektrischen Generators, mit welchem Wärme in elektrische Energie umgewandelt wird. Nahezu dreimal besser wären die DIPS (Dynamic isotopic power source) genannten Stromquellen. Allerdings muß man hier den Nachteil mechanisch bewegter Teile in Kauf nehmen. Mit der vom α-Zerfall des Plutoniums stammenden Wärme wird beim DIPS ähnlich wie bei den dynamischen Solargeneratoren eine organische Flüssigkeit bei 350 °C unter einem Druck von 100 kPa erhitzt und verdampft. Der Dampf wird unter Arbeitsleistung in einer Turbine entspannt, anschließend kondensiert und wieder komprimiert. Solche Systeme wurden im Weltraum bisher noch nicht eingesetzt.

Heizelemente von 1 W

Neben den RTG gibt es noch kleine, nukleare Wärmequellen; man bezeichnet sie als Radioisotopic Heater Unit RHU. Sie erzeugen keinen Strom, vielmehr haben sie den alleinigen Zweck, elektronische Schaltungen und Meßgeräte in der extremen Kälte des interplanetaren Raums auf einem annehmbaren Temperaturniveau zu halten. RHU werden punktuell eingesetzt, eine gegebene Sonde kann mehrere Hundert davon enthalten. Ihre thermische Leistung von 1 W ist äußerst gering, doch genügt dies, um in ihrer Umgebung eine Temperatur von 20–30 °C zu erzeugen.

Alle RHU sind genau gleich aufgebaut: es handelt sich um Zylinder von 32 mm Höhe und 25 mm Durchmesser, in deren Zentrum ein mit Platin-Rhodium verkapseltes Plutoniumdioxidpellet von 2,5 g angeordnet ist. Auf einer Seite besteht die Edelmetallhülle aus porösem, gesintertem Platin; auf diese Weise kann das aus den α-Strahlen entstehende Helium entweichen, ohne daß Überdruck in der Hülle entsteht. Die Kapsel ist von 3 konzentrisch angeordneten Hüllen aus pyrolitischem Graphit umgeben. Das Material ist für Helium durchlässig und weist nur eine geringe radiale Wärmeleitfähigkeit auf. Bei einem möglichen Absturz der Sonde während des Starts wird auf diese Weise eine übermässige Erhitzung des Plutoniumdioxids verhindert. Die äußere Hülle des RHU besteht aus dreidimensional verwobenem Kohlenstoff-Kohlenstoff-Verbundwerkstoff, der eine extrem hohe Zähigkeit und thermische Schockbeständigkeit aufweist. Er übersteht unbeschädigt einen allfälligen Wiedereintritt in die Erdatmosphäre.

Nuklear-thermoelektrische Herzschrittmacher

RTG werden heute nur noch für die Versorgung von Raumsonden verwendet. Früher gab es auch medizinische Anwendungen. So erhielten in den 70er Jahren weltweit etwa 3000 Patienten einen Herzschrittmacher, dessen Energiequelle ein RTG mit einer Leistung von knapp 0,1 W war. Die Wärmequelle dieser Isotopenbatterie war eine Kapsel aus Plutonium-Scandiumlegierung oder Plutoniumdioxid mit 150 mg Plutonium. Der thermoelektrische Wandler bestand aus Bismuttellurid-Elementen in Serieschaltung, die eine Spannung von 6 V lieferten. Die plutoniumhaltige Kapsel und die Thermoelemente waren in einem Titangehäuse von 1 mm Wandstärke untergebracht.

Hauptvorteil war die Gangautonomie von 10 und mehr Jahren, während die seit 1952 eingesetzten Schrittmacher mit Quecksilberbatterien alle 2 Jahre ersetzt werden mußten, in manchen Fällen sogar schon nach wenigen Monaten. Dazu war ein chirurgischer Eingriff unter Narkose erforderlich; der Spitalaufenthalt betrug mind. 5 Tage. Dies war für die Patienten unangenehm, kostspielig und natürlich nicht ganz risikofrei.

Mit der Isotopenbatterie erübrigte sich in fast allen Fällen der Ersatz des Herzschrittmachers während der verbleibenden Lebenszeit des Patienten. Dafür mußten extreme Sicherheitsanforderungen erfüllt werden, falls der Träger in einen schweren Unfall geriet, ertrank oder sein Körper ohne vorhergehende Entfernung des Herzschrittmachers kremiert wurde. Man mußte ja unter allen Umständen verhindern, daß das Plutonium in die Umwelt geriet.

Wichtig war auch, daß die Konstruktion absolut dicht blieb: das als α-Strahlung emittierte Helium wurde darum in einer kleinen Druckkammer im Inneren des RTG aufgefangen. Dabei nahm man eine Druckerhöhung bis auf 30 kg/cm^2 im Lauf von 10 Jahren in Kauf. Um das bei 640 °C schmelzende Plutonium bei einer unfallbedingten Erhitzung aufzunehmen, wurde es in Tantal eingeschweißt, das seinerseits mit einer Platin-Iridium-Legierung beschichtet war. Das RTG wurde in Form einer zylindrischen, elektronenstrahlgeschweißten Kapsel von 9 mm Durchmesser und 10 mm Höhe in die Herzschrittmacher eingebaut.

Die mit einem RTG gespeisten Herzschrittmacher waren eine bemerkenswert erfolgreiche Entwicklung. Es gab keinen einzigen durch die Radioaktivität des Plutoniums bedingten Unfall. Dennoch verzichtete man nicht ungern auf diese exotische und sehr kostspielige Energiequelle, als Mitte der 70er Jahre chemische Lithium-Iodbatterien verfügbar wurden. Sie weisen eine Lebendsdauer von 7–10 Jahren auf, und haben sich in Hunderttausenden von Herzschrittmachern bewährt.

Teil V

Rohstoffe und Recycling

Rohstoffe der aktiven Batteriekomponenten

Preiswerte, weit verbreitete Elemente und Verbindungen

Mit ganz wenigen Ausnahmen werden für die Fabrikation von Primärbatterien und Akkumulatoren nur häufig vorkommende und preiswerte Materialien benötigt. Allerdings werden in vielen Fällen besondere Legierungen und/oder ein sehr hoher Reinheitsgrad oder spezielle kristallographische Modifikationen benötigt. Nachfolgend wird die Rohstoffbasis der aktiven Materialien heute im Handel erhältlicher oder in der Entwicklung befindlicher Batterien und Akkumulatoren in alphabetischer Ordnung besprochen.

Blei

Die Erdkruste enthält durchschnittlich 18 ppm Blei, es ist also seltener als das viel teurere Wolfram. Dennoch beträgt die weltweite Bleiproduktion 6 Mio. t/a, weil sich das Element in Form des ubiquitären Sulfids (Bleiglanz) geochemisch stark anreichert. Über die Hälfte der heutigen Bleiproduktion stammt aus dem Recycling. Etwa 70–75 % des von den westlichen Industrieländern produzierten Bleis wird zur Fabrikation von Akkumulatoren eingesetzt. Bleilagerstätten (die unweigerlich mit Zink- und Kupfererzen assoziiert sind) findet man auf allen Kontinenten. Besonders große Vorkommen liegen in Australien, Alaska und Missouri. Rußland, Peru, Mexiko, China, Südafrika, Spanien, Marokko und Schweden sind ebenfalls wichtige Produktionsländer.

Bleiglanz ist das universelle Mineral zur Herstellung von Blei. Es wird nach dem Aufkonzentrieren aus dem gemahlenen Erz zum Oxid geröstet und im Schachtofen mit Koks zu Rohblei reduziert. Aus letzterem werden in mehreren Stufen die wichtigsten Verunreinigungen ausgefällt, nämlich Zink, Kupfer, Arsen, Antimon, Bismut und Silber. Das reinste Blei erhält man durch elektrolytische Raffination. Für die Platten von Bleiakkumulatoren wurde früher Antimon-Hartblei mit bis zu 10% Antimon verwendet. Heute werden Legierungen mit niedrigem Antimongehalt (weniger als 2 %) oder Blei-Calcium-Zinn-Legierungen vorgezogen.

Braunstein

Das Mineral Braunstein besteht aus Mangandioxid, das als solches in feucht-tropischen Erzlagerstätten vorkommt, insbesondere in Nordaustralien, im äquatorialen Afrika (Ghana) sowie in Brasilien und Mexiko. Die größten Manganreserven liegen in Form stark manganhaltiger Eisenerze vor, besonders in Südafrika, Rußland, Indien und Brasilien. Noch nicht genutzt werden die riesigen Vorräte in der Form von Tiefsee-Manganknollen; ihr Mangangehalt wird auf 400 Mrd. t geschätzt. Die Erdkruste enthält durchschnittlich 0,1 % Mangan, nach Eisen ist es das zweithäufigste Schwermetall. Die weltweite Manganerzförderung beträgt etwa 25 Mio. t, über 90 % davon werden von der Eisen- und Stahlindustrie benötigt.

Sehr reiner Braunstein wird durch thermische Zersetzung von Mangannitrat oder Mangancarbonat gewonnen; er ist jedoch für Batterieelektroden ungeeignet, da er die Kristallstruktur von Pyrolusit (β-MnO_2) aufweist. Das für Batteriekathoden verwendete Mangandioxid muß die Struktur des Groutits (γ-MnO_2) aufweisen, in dessen Kristallgitter ein Teil der Mn^{4+}-Ionen fehlt und eine entsprechende Anzahl von O^{2-}-Ionen durch OH^--Ionen ersetzt sind. Dadurch entsteht die benötigte Protonenleitfähigkeit. Protonen können dann von einem O^{2-}-Ion zum anderen wandern.

Natürliche Lagerstätten des für Batterien geeigneten Braunsteins (es handelt sich um das Mineral „Nsutit") findet man in Ghana, Mexiko und Brasilien. Der weitaus größte Teil des in Batterien verwendeten Mangandioxids wird heute jedoch künstlich hergestellt, und zwar durch Elektrolyse (Electrolytic Manganese Dioxide EMD) oder chemisch (Chemical Manganese Dioxide CMD). Elektrolytisches Mangandioxid erhält man durch anodische Abscheidung auf Graphit- oder Titanelektroden aus sauren Mangansulfatbädern bei 95 °C. Die weltweite Produktion von elektrolytischem Mangandioxid liegt bei über 200 000 t/a. Der Prozeß für die Herstellung von chemischem Mangandioxid umfaßt das Ausfällen von Mangancarbonat aus einer Mangansulfatlösung mittels Ammoniumcarbonat. Das Mangancarbonat wird durch Rösten in Luft, eine Säurebehandlung, Oxidation mit Chlorgas sowie Waschen und Trocknen zu Mangandioxid umgesetzt.

Brom

Brom ist neben Quecksilber das einzige Element, das unter Normalbedingungen flüssig ist. Man gewinnt es vielerorts direkt aus Meerwasser, das 65 ppm Brom enthält. Dazu wird einfach Chlorgas eingeleitet: es oxidiert das gelöste Bromid zum leichtflüchtigen Brom, das im Abluftstrom weggetragen, weiter verarbeitet und schließlich kondensiert wird. Große Mengen Brom werden aber auch aus geologisch sehr alten Solen im US-Staat Arkansas gewonnen, die 0,4–0,6 % Brom enthalten. Die reichste Bromquelle ist das Tote Meer, dessen Wasser 5,4 g Bromid/l enthält. Man extrahiert dort Brom aus den Restlaugen der Kalisalzgewinnung. Das Verfahren ist grundsätzlich das gleiche wie bei der Gewinnung aus Meerwasser, nämlich Austreiben durch das stärker oxidierende Chlor. Die weltweite Bromproduktion beträgt etwa 160 000 t, 60 % stammen aus dem Toten Meer.

Cadmium

Cadmium ist ein seltenes Element, von dem die Erdkruste nur 0,5 ppm enthält. Doch alle Erze des Zinks, d. h. vor allem Sphalerit, enthalten zwischen 0,01 und 0,5 % des chemisch verwandten Cadmiums. Man gewinnt es als Nebenprodukt bei der chemischen Raffination des Zinks; dabei fällt eine Lösung von Zinksulfat an, aus der Cadmium mit Zinkpulver ausgefällt wird. Das sog. Zementat wird in Schwefelsäure aufgelöst; aus dieser Lösung fällt man Verunreinigungen wie Kupfer und Thallium als Sulfid bzw. Bichromat aus. Die gereinigte Lösung geht zur Elektrolyse, wo Cadmium auf Aluminiumkathoden abgeschieden wird. Man erhält dabei eine Reinheit von 99,5 %. Das Metall wird gewaschen, getrocknet, aufgeschmolzen und zu den handelsüblichen Barren oder Ballen vergossen. Das toxische Schwermetall Cadmium, von dem weltweit etwa 30 000 t/a anfallen, wird heute fast nur noch zum Bau von Akkumulatoren benötigt, und zwar in der Form einer Legierung mit 20–25 % Eisen. In allen anderen, früher wichtigen Anwendungen (Pigmente, Rostschutz, Kupferlegierungen) wurde es durch andere Materialien substituiert.

Eisen

Eisen ist mit großem Abstand das technisch wichtigste Metall: es werden davon weltweit etwa 800 Mio. t/a produziert. Oxidische Eisenerze sind weit verbreitet, besteht doch die Erdkruste zu fast 5 % aus Eisen. Doch nur sehr hochwertiges Erz läßt sich angesichts des Überangebots und der scharfen internationalen Konkurrenz gewinnbringend abbauen. Die wichtigsten Förderländer sind Rußland, Brasilien, Australien, China, die USA, Indien und Südafrika. Bauwürdig sind heute nur Vererzungen mit mindestens 55 % Eisen; dieses Material muß auf einen Eisengehalt von 65 % gebracht werden, um im Hochofen mit Koks zu stark kohlenstoffhaltigem Roheisen reduziert zu werden.

Durch Behandlung mit Luft oder Sauerstoff werden überschüssiger Kohlenstoff sowie andere flüchtige Elemente im flüssigen Roheisen oxidiert und abgeblasen bzw. verschlackt. Es gibt mehrere 1000 Eisenlegierungen, die als Stähle bezeichnet werden. Sie enthalten 0,02–2 % Kohlenstoff; je nach Anwendungszweck werden die verschiedensten Metalle zulegiert, die wichtigsten sind Chrom, Nickel, Mangan, Vanadium, Molybdän und Wolfram. Hochreines Eisen erhält man durch Komplexierung mit Kohlenmonoxid, Destillation des leichtflüchtigen Carbonyls und thermische Zersetzung zu Eisen und Kohlenmonoxid, das in den Prozeß zurückgeführt wird.

Kohlenstoff

Für den Bau von Batterien wird Kohlenstoff in 3 Formen eingesetzt: Graphit, Ruß und Aktivkohle. Graphit ist die weiche, elektrisch gut leitende Form des Kohlenstoffs, von dem die Erdkruste etwa 0,09% enthält. In Batterien des Alkali-Mangan-Typs wird es der Braunsteinmasse zugegeben, um deren Leitfähigkeit zu erhöhen.

In der positiven Elektrode von Leclanché-Batterien verwendet man als leitfähigkeitssteigernden Zusatz Kohlenstoff mit sehr großer innerer Oberfläche, nämlich Acetylenruß. Die Teilchen sind so klein, daß sie röntgenographisch amorph erscheinen.

Aktivkohle mit ebenfalls sehr hoher spezifischer Oberfläche wird als teflongebundener Preßkörper in gewissen Lithiumbatterien verwendet, in welchen Thionylchlorid oder Schwefeldioxid als Depolarisator (aktives Material) dient. In anderen Typen von Lithiumbatterien verwendet man Graphit-Ruß-Mischungen als leitfähigen Zusatz. In den Leclanché-Batterien dient ein Stab aus verpreßtem Kohlepulver als Elektrodenanschluß der Kathode. Als Ausgangsmaterial dient Kokspulver und ein organisches Bindemittel. Die heiße Mischung wird zu Stangen extrudiert; anschließend wird das Bindemittel unter Luftausschluß durch Erhitzen carbonisiert.

China und Korea decken zusammen die Hälfte des weltweiten Jahresbedarfs von etwa 700 000 t Naturgraphit. Große Lagerstätten befinden sich zudem in Indien, Kanada, Madagaskar, Rußland und Simbabwe. Bergmännisch abgebaut wird Graphit auch in Deutschland, Norwegen, Rumänien und Tschechien. Aufgrund der hohen Reinheitsanforderungen an die modernen, quecksilberfreien Batterien wird dem Synthesegraphit der Vorzug gegeben. Davon werden weltweit 1 Mio. t produziert: die Rohmaterialien sind Petrolkoks, Teer und Schweröl. Das gepreßte Gemisch wird durch direkten Stromdurchgang auf 3 000 °C erhitzt, wobei ein polykristallines Gemenge feiner Graphitplättchen entsteht.

Iod

Die Erdkruste enthält nur 0,3 ppm Iod; dennoch ist das Element erstaunlich preiswert. Dies ist auf seine starke biochemische Anreicherung in Meeresalgen und Seetang zurückzuführen, die früher zur Iodgewinnung direkt genutzt wurde. Heute extrahiert man Iod in Japan und vor allem in Oklahoma (USA) aus iodhaltigen, fossilen Solen. Zudem fallen große Mengen Iod bei der Aufbereitung von Chilesalpeter an. Die weltweite Produktion beträgt etwa 15 000 t/a. Aus iodhaltigen Lösungen wird das Iodid mit Chlor zum leichtflüchtigen elementaren Iod oxidiert. Die Ioddämpfe werden in einer Mischung von Schwefelsäure und Iodwasserstoff absorbiert. Dabei entsteht Wasserstofftriiodid, das zu Iodwasserstoff umgesetzt wird. Beim Einleiten von Chlor fällt Iod in feinverteilter Form aus. Es wird in konzentrierter Schwefelsäure aufgeschmolzen; man läßt es auf einer gekühlten Walze erstarren, von der laufend technisch reines Iod abgekratzt wird.

Lithium

Die Erdkruste enthält durchschnittlich 0,06 % Lithium: es ist das 27häufigste Element. Geochemisch angereichert ist Lithium vor allem in granitischen Pegmatiten, die in den USA, Kanada, Australien und Simbabwe abgebaut werden. Am einfachsten ist jedoch die Gewinnung aus Solen, die in den Salzpfannen Chiles und Nevadas vorkommen. Dieses Lithium wurde aus dem Gestein der umliegenden Gebirge ausgewaschen und sammelte sich zusammen mit riesigen Mengen Kochsalz in abflußlosen Tälern an. Der Lithiumgehalt der daraus abgepumpten Sole kann 0,15 % erreichen. Man fällt das Lithium als Carbonat aus; das Metall wird elektrolytisch aus einer Lithiumchlorid/Kaliumchloridschmelze gewonnen. Die weltweite Produktion liegt bei 50 000 t/a, könnte aber bei Bedarf leicht um ein Vielfaches vergrößert werden.

Mischmetall

Bei den heute als Alternative zu den Nickel-Cadmium-Akkumulatoren rasch an Bedeutung gewinnenden Nickel-Metallhydrid-Akkumulatoren wird als Wasserstoffspeicher eine intermetallische Verbindung von Mischmetall mit Nickel verwendet. Mischmetall ist eine Mischung von Seltenerdmetallen (d. h. der 14 Elemente der Lanthanidenreihe), das man bei der Verhüttung der Mineralien Monazit (ein Phosphat der Seltenerdmetalle) und Bastnäsit (ein Fluorocarbonat der Seltenerdmetalle) erhält. Hauptkomponenten sind Cer, Lanthan, Praseodym und Neodym. Bastnäsithaltiges Erz wird nur in Südkalifornien, unweit von der Grenze zu Nevada im Tagebau gewonnen. Monazit ist ein Verwitterungsprodukt von granitischen Gesteinen, das an vielen Küsten durch die Strömung und den Wellengang angereichert wird. So entstehen die sog. Mineralsande, die vor allem zur Gewinnung des Eisentitanats Ilmenit gewonnen werden. Abbauwürdigen Mengen von Mineralsanden gibt es in Westaustralien, Indien, Südafrika und Brasilien.

Monazit ist ein Begleitmineral des Ilmenits und ist nicht sehr beliebt. Es enthält bis 8 % des schwach radioaktiven Thoriums, für das es z. Z. nur ganz wenige Anwendungen gibt. Schon aus diesem Grund zieht man heute die nahezu thoriumfreien chinesischen oder amerikanischen Seltenerdmetall-Erzkonzentrate für die Herstellung von Mischmetall vor. Dazu wird das Erzkonzentrat zu Chloriden der Selterdmetalle umgesetzt, die durch Schmelzflußelektrolyse zur metallischen Form reduziert werden. Die Seltenerdmetalle sind keineswegs selten, doch sind sie vorwiegend diffus in der Erdkruste verteilt. In der Häufigkeitsliste der Elemente nehmen sie die Ränge zwischen 25 (Cer) und 63 (Thulium) ein. Cer ist demnach häufiger als Kupfer und Zink, das seltene Thulium ist häufiger als Silber. Die weltweite Produktion an Seltenerdmetallen beträgt 50 000 t/a.

Natrium

In der Erdkruste beträgt der mittlere Anteil des Natriums 2,6 %, es ist das sechsthäufigste Element und das häufigste Alkalimetall. Natrium hat sich wegen der hohen Wasserlöslichkeit seiner Salze in den Meeren und Ozeanen angereichert; verdampft Meersalz, das einen Salzgehalt von insgesamt 3,5 % aufweist, so besteht der Rückstand vorwiegend aus Natriumchlorid, d. h. Kochsalz. In ausflußlosen Senken können sich extreme Konzentrationen aufbauen, z. B. 230 g Salz pro Liter

Wasser im Toten Meer. Metallisches Natrium ist nur ein Nischenprodukt für die chemische Industrie, die Weltproduktion liegt bei 100 000 t/a. Man gewinnt es durch Elektrolyse einer bei 600 °C schmelzenden Mischung von Natriumchlorid, Calciumchlorid und Bariumchlorid. Zur Produktion von 1 t Natrium sind etwa 2,7 t Salz und 10 000 kWh elektrischer Energie erforderlich. Das Metall fällt in flüssiger Form an; es muß lediglich filtriert und zu Barren extrudierr werden. Für den Transport wird das Metall in verlöteten Blechdosen oder Stahlfässern verpackt.

Nickel

Nickel gehört mit Cobalt und Eisen zur Triade der sog. Eisenmetalle und ist bemerkenswert korrosions- und oxidationsfest. Die Erdkruste enthält 0,015 % Nikkel; es ist das 22häufigste Element, die Weltproduktion liegt bei 700 000 t/a. Die wichtigsten Lagerstätten liegen in Kanada, Kuba, Rußland, Neukaledonien, Indonesien, den Philippinen und Australien. Man unterscheidet zwischen sulfidischen und oxidischen Nickelerzen. Erstere sind magmatischen Prozessen zu verdanken, wobei vorwiegend das Nickel-Eisensulfid Pentlandit entstand. Oxidische Erze entstanden durch Verwitterung des Peridotit genannten Gesteins unter tropischen Klimabedingungen zu Laterit; dabei wird Nickel zum Mineral Garnierit aufkonzentriert.

Aus sulfidischen Erzkonzentraten wird durch Einblasen von Luft der sog. Nickelstein gewonnen. Man kann ihn mit Wasserstoff unter Druck zum Metall reduzieren, oder zum Oxid umsetzen, das mit Säure gelaugt wird. Das Erzkonzentrat kann aber auch umweltschonend unter Druck direkt mit Schwefelsäure gelaugt werden. Aus der Nickelsulfatlösung wird das Metall elektrolytisch abgeschieden. Die Raffination zu Reinnickel (99,8 %) erfolgt durch eine weitere Elektrolyse. Die Alternative ist der Carbonylprozeß, wobei das Metall zu einem leichtflüchtigen Komplex mit Kohlenmonoxid umgesetzt wird. Nickelcarbonyl läßt sich durch Destillation zu hoher Reinheit bringen; anschließend wird es durch Erhitzen zu Nickel und Kohlenmonoxid zersetzt.

Quecksilber

Das bei Normaltemperatur flüssige und schon bei 357 °C siedende Quecksilber wird auf Grund seiner Toxizität nur noch in einigen besonderen Batterietypen eingesetzt. Die Erdkruste enthält 0,5 ppm Quecksilber, es ist etwa gleich häufig wie Iod. Es reicherte sich aber an einigen wenigen Stellen der Welt zu großen Lagerstätten des scharlachroten Quecksilberoxids Zinnober an. Die reichsten Vorkommen liegen in Spanien, Kirgisien, Italien, China, Kalifornien und Mexiko. Um Quecksilber zu gewinnen, muß das zinnoberhaltige Erz lediglich gebrochen und auf etwa 800 °C erhitzt werden. Man kondensiert den Quecksilberdampf in vertikalen, luftgekühlten Rohren aus Edelstahl. So erhält man bereits 99,99 %iges Metall; eine 2. Destillation liefert eine Reinheit von mehr als 99,999 %. Die weltweite

Quecksilberproduktion ist in der letzten Dekade stark gesunken und beträgt nur noch etwa 3 000 t/a. Das in den Quecksilberoxid-Zink-Batterien eingesetzte Quecksilberoxid wird durch thermische Zersetzung von Quecksilbernitrat hergestellt. Dabei muß dafür gesorgt werden, daß keine Spuren von Nitrat zurückbleiben.

Schwefel

Der durchschnittliche Anteil des Schwefels in der Erdkruste liegt bei 0,05 %, er ist das 10häufigste Element. Anhydrit (Calciumsulfat) und die Sulfide zahlreicher Metalle gehören zu den häufigsten naturgegebenen Verbindungen des Schwefels. Man gewinnt ihn nach dem Claus-Verfahren aus saurem, d. h. Schwefelwasserstoff enthaltendem Erdgas durch Umsetzen mit Schwefeldioxid. Die Hauptquelle sind jedoch die riesigen Offshore-Lagerstätten im Golf von Mexiko, die mit heißer Sole in situ aufgeschmolzen werden. Den flüssigen Schwefel bringt man mit Preßluft zur Oberfläche (sog. Frasch-Verfahren). In beiden Fällen ist der Schwefel biogeochemischen Ursprungs. Die weltweite Produktion beträgt 60 Mio. t/a, davon gehen 80 % in die Schwefelsäureproduktion.

Silber

Zur Herstellung des in Uhrenbatterien als Kathode benötigten Silberoxids wird von hochreinem Silber ausgegangen. Von diesem weißen Edelmetall kommen jährlich etwa 15 000 t auf den Markt, fast 40 % davon stammen vom Recycling. Weit über die Hälfte der weltweiten Silberproduktion stammt aus Nord-, Zentral- und Südamerika. Der Rest verteilt sich auf etwa 50 Länder, wobei nur Australien, Polen, Rußland und Südafrika auf mehr als 1 000 t/a kommen. Der größte Teil des Minensilbers (weit über 80 %) wird als Nebenprodukt der Blei-, Zink-, Kupfer-, Nickel- und Goldraffination gewonnen.

An sich ist Silber ein seltenes Metall; die Erdkruste enthält davon nur 0,1 ppm, somit ist es 20 mal häufiger als Gold. Es reichert sich aber in Blei- und Zinkmineralien stark an: Bleiglanz und Sphalerit enthalten häufig einige Zehntelprozent Silber. Die Silberproduktion ist darum an die Produktion der Buntmetalle gebunden: es fällt zwangsläufig an und kann zu geringen Extrakosten gewonnen werden. Aus diesem Grund ist es erstaunlich preiswert. Bei der Entsilberung von Blei gewonnenes Rohsilber muß lediglich noch elektrolytisch raffiniert werden, um eine Reinheit von 99,99 % bzw. 99,999 % zu erreichen.

Silicium

Silicium, das als Halbleiter vor allem zur Herstellung von Elektronikchips und Solarzellen benötigt wird, gehört wie Eisen und Aluminium zu den unerschöpflichen Elementen. In der Erdkruste beträgt sein Anteil knapp 26 %; auf den ganzen

Erdball bezogen nimmt Silicium nach Eisen und Sauerstoff den dritten Rang in der Häufigkeitsliste der Elemente ein. Man gewinnt es aus weißem Quarzsand oder mikrokristallinem, sehr reinem Quarz. Dazu wird Koks zugegeben, die Reduktion erfolgt im Lichtbogenofen. Die Herstellung von Rohsilicium ist darum sehr energieaufwendig; zu seiner Gewinnung werden 14 kWh/kg benötigt. Die Jahresproduktion liegt bei 500000 t. Ultrareines Silicium wird aus Trichlorsilan durch 2fache Destillation und anschließende thermische Zersetzung gewonnen.

Aus dem geschmolzenen Material werden nach der Methode von Czochralski ultrareine Silicium-Einkristalle „gezogen", wobei Kristalldurchmesser von 200 mm und Gewichte von über 50 kg erreicht werden. Aus solchen Kristallen werden runde Scheiben (Wafers) gesägt und dann zu Elektronikchips oder Solarzellen verarbeitet. Die weltweite Produktion von Reinstsilicium mit einem Verunreinigungsgrad von weniger als 30 ppm entspricht einer Waferfläche von etwa 1 km^2. Der überwiegende Teil davon geht in die Mikroelektronik, 10–20 % werden für Solarzellen benötigt, doch genügt dazu meist das weniger effiziente aber preiswertere polykristalline oder amorphe Silicium.

Zink

Der mittlere Zinkgehalt der Erdkruste beträgt 120 g/t. In der Häufigkeitsliste der Elemente steht Zink an 27. Stelle, es ist etwa gleich häufig wie Kupfer. Man gewinnt Zink ausschl. aus sulfidischen Erzen, in denen es vorwiegend in der Form des Zink-Eisensulfids Sphalerit vorkommt. Infolge des ähnlichen geochemischen Verhaltens von Zink und Blei ist Sphalerit fast unweigerlich mit Bleiglanz, häufig auch mit Kupfersulfiden assoziiert. Die wichtigsten Förderländer sind Nord- und Mittelamerika, Rußland und Australien. Mittelgroße Lagerstätten gibt es auch in Europa, insbesondere in Skandinavien, Irland, Spanien und Polen. Die weltweite Förderung beträgt rund 7 Mio. t/a.

Für die Produktion des Metalls werden 2 verschiedene Technologien eingesetzt: die Elektrolyse und das pyrometallurgische „Imperial Smelting"-Verfahren. Letzteres liefert aus dem gemischten Erzkonzentrat sowohl Zink als auch Blei; nach dem Rösten erfolgt die Reduktion zu Zink und Blei mittels Koks. Dabei wird das Zink dank seinem relativ niedrigen Siedepunkt von 907 °C herausdestilliert und in einem Sprühregen von flüssigem Blei kondensiert. Die Zinkelektrolyse geht von einem Sphalerit-Konzentrat aus, das nach dem Rösten mit Schwefelsäure gelaugt wird.

Die wichtigste Verunreinigung im Zink ist Eisen, es wird daraus meist in unlöslicher, oxidischer Form abgeschieden. Aus der gereinigten Sulfatlösung wird das Zink elektrolytisch an Aluminiumkathoden abgeschieden und anschließend zu Blöcken oder Brammen vergossen. Der als negative Elektrode (Anode) dienende Zinkbecher der Leclanché-Batterie enthält korrosionshemmende Legierungszusätze, insbesondere Blei. In quecksilberfreien Alkali-Mangan-Batterien wird Zinkpulver mit Zusätzen von Blei, Bismut, Indium und/oder Gallium eingesetzt.

Das Recycling von Haushaltbatterien

Das thermische Verfahren „Sumitomo-Batrec"

Seit 1986 sind Schweizer Batterieverkäufer verpflichtet, gebrauchte Batterien unentgeltlich zurückzunehmen. Die Rücklaufquote beträgt heute etwa 50 %, man hofft längerfristig etwa 80 % zu erreichen. Die Schweizer Konsumenten bezahlen Entsorgungs- und Recyclingkosten von 4.75 Fr./kg Batterien durch die vorgezogene Entsorgungsgebühr. Weil gebrauchte Batterien weder deponiert noch exportiert werden dürfen, mußte ein Konzept zur Wiederverwertung im Inland gefunden werden. In den 80er Jahren verfügte nur die japanische Firma Sumitomo Heavy Industries (SHI) über ein Verfahren zum Recycling von Haushaltbatterien jeglicher Art.

Eine Pilotanlage des metallurgisch-thermischen Prozesses von Sumitomo mit einer Kapazität von 500 t/a war seit 1988 auf der japanischen Insel Shikoku in Betrieb. Sie wurde mit dem Ziel entwickelt, den Metallgehalt von Haushaltbatterien zurückzugewinnen. Aus 1 t dieses Altstoffs können etwa 390 kg Ferromangan, 200 kg Zink, 15 kg Nickel, 10 kg Kupfer und 1,5 kg Quecksilber gewonnen werden. Letztere Menge nimmt aber rasch ab, denn die heute in den Verkauf kommenden Batterien sind extrem quecksilberarm oder sogar völlig quecksilberfrei.

Eine auf dem SHI-Verfahren basierende, von der Schweizer Firma Batrec auf dem Gelände der Eidg. Pulverfabrik Wimmis errichtete industrielle Anlage zum Recycling von Haushaltbatterien (Bild 24.1) wurde Ende 1992 dem Betrieb übergeben. Dort wird ein Batteriengemisch von je etwa 50 % Kohle-Zink Batterien (sog. Leclanché-Elemente) und Alkali-Mangan-Batterien verarbeitet. Andere Batterietypen (Nickel-Cadmium-Akkumulatoren, Silberoxid-Kleinbatterien, kleine Bleiakkumulatoren) werden aussortiert. Der Anteil von Nickel-Wasserstoff-Kleinakkumulatoren und Lithiumbatterien ist noch gering, doch könnte sich diese Situation mittel- bis langfristig ändern. Die Kapazität von 3 000 t/a reicht zur Entsorgung der in der Schweiz anfallenden Altbatterien.

Die bei der Batrec ankommenden Altbatterien (Bild 24.2) werden in Metallcontainer mit einer Kapazität von 1 t abgefüllt. Ein Palettenlift fördert sie in ein Silo, von wo sie über einen Becherförderer zum Kopf des Schachtofens gelangen; er wird etwa alle 12 min über ein Schleusensystem mit einer Charge von 50 kg Batterien beladen. Die Schleusen verhindern den Austritt der heißen, bei der Zersetzung der Batterien entstehenden toxischen Gase. In dem vertikal angeordneten Ofen rutschen die Batterien allmählich nach unten und werden immer stärker erhitzt, von 350 °C am Eingang bis 850 °C am Ausgang.

Bild 24.1 Die thermische Batterie-Recyclinganlage Sumitomo-Batrec in Wimmis (Schweiz)

Bild 24.2 Dem Recyclingwerk angelieferte Altbatterien

Während der 4 h betragenden Durchlaufzeit im Schachtofen werden Papier und Kunststoff in sauerstoffarmer Atmosphäre thermisch zu Kohlenmonoxid, Kohlendioxid und Wasser zersetzt. Es handelt sich nicht um eine Verbrennung, sondern um eine sog. Pyrolyse. In deren Verlauf werden Quecksilberverbindungen zu metallischem Quecksilber reduziert; das bei 357 °C siedende Metall verdampft und wird mit dem brennbaren Abgas abgeführt.

Nach Passieren des Schachtofens werden die Batteriereste kontinuierlich in den elektrischen Induktions-Schmelzofen befördert, wo sie unter Zugabe von Koks und Silicat-Flußmittel bei 1 450–1 500 °C aufgeschmolzen und zu Ferromangan (55 % Eisen, 35 % Mangan, 10 % andere Metalle) reduziert werden, während metallisches Zink verdampft und in einem Kondensator zurückgewonnen wird. Die Ferromangan-Schmelze wird über ein Syphonsystem abgezogen und mit einer Gießmaschine zu den von Stahlwerken als Legierungskomponente verwertbaren Ferromangan-Masseln vergossen.

Das Ferromangan nimmt die in gewissen Batterietypen enthaltenen Metalle Nickel, Chrom, Kupfer und Seltenerdmetalle auf, während sich evtl. vorhandenes Silber im Zink anreichert. Der Kupfergehalt im Ferromangan muß streng kontrolliert werden, alle anderen Metalle wirken sich neutral bis positiv auf die Qualität des damit hergestellten Stahls aus. Die auf der Schmelze schwimmende Schlacke (ca. 5 kg/h) wird abgezogen und granuliert. Es handelt sich um eine glasartige Masse, die nur 2 % des Batteriegewichts darstellt. Sie kann wie Bauschutt deponiert oder sogar beim Straßenbau verwendet werden.

Zwei Drittel des Anlagevolumens werden zur Reinigung des Abwassers und der im Prozeß anfallenden Gase beansprucht. Bei den Gasen des Schachtofens

Bild 24.3 Die aus Altbatterien erhaltenen Produkte; links Zink, dahinter Quecksilber, rechts Ferromangan, im Vordergrund problemlos deponierbare, nichttoxische Schlacke

handelt es sich vor allem um Kohlenmonoxid und Kohlendioxid, welche die Metalloxidstäube und das leichtflüchtige, gasförmige Quecksilber und seine Verbindungen mitreißen. Das vom Schmelzofen abgegebene Gas enthält Zinkdampf, der im nachgeschalteten Zinkbad kondensiert und direkt zu Platten vergossen wird. Im Zink sammelt sich auch das von Nickel-Cadmium-Akkumulatoren stammende Cadmium an.

Kondensation des Quecksilbers

Das Abgas des Zinkkondendsators wird einem Heißgasgenerator zugeführt, wo das Kohlenmonoxid verbrannt wird. Die dabei entstehende Wärme wird zum Vorheizen der Batterien verwendet. Die Abgase des Schachtofens werden auf über 1 000 °C erhitzt, um mögliche Dioxine zu zersetzen; verbleibende Quecksilberverbindungen werden dabei zu Quecksilber reduziert. Um eine Rückbildung von Dioxin zu verhindern, wird das Gas sehr schnell mit Wasser gekühlt. Dies bewirkt auch das Auswaschen der Stäube und des Quecksilbers; mitgerissene Tröpfchen werden anschließend abgeschieden. Letzte Spuren von Feuchtigkeit und Quecksilber kondensieren beim Abkühlen des Abgasstromes auf 2 °C aus. Schließlich durchströmt das vorwiegend aus Kohlendioxid und Stickstoff bestehende Abgas nacheinander 1 Sackfilter und 2 Aktivkohlefilter, bevor es in den Kamin geleitet wird.

Das von der Gaswäsche kommende Abwasser enthält feinverteilte Metalloxide und Quecksilber, die dekantiert und durch Zentrifugieren entwässert werden. Aus dem anfallenden Schlamm wird das Quecksilber durch Destillieren entfernt und auskondensiert. Nach einer weiteren Destillation entspricht es qualitativ dem handelsüblichen Metall (99,99 %) und wird in Metallflaschen abgefüllt. Die vom Quecksilber befreiten Schlämme werden weiter entwässert und gehen in Stahlkapseln mit dem Batteriealtgut vermischt in den Prozeß zurück.

Das leicht salzhaltige Abwasser wird in einer konventionellen Anlage gereinigt; die dabei anfallenden Schlämme gehen ebenfalls in den Prozeß zurück. Das Wasser wird zwischengespeichert, täglich auf Schadstoffe und pH analysiert und in die Kanalisation abgelassen, wenn es die gesetzlichen Vorschriften erfüllt. Sonst wird es als Prozeßwasser verwendet und intern rezykliert. Keinerlei Probleme stellen die Lithiumzellen dar, deren Anteil im Altbatteriesammelgut unter 1 % liegt. Mit experimentellen Chargen, die bis zu 5 % Lithiumbatterien enthielten, traten keine schädlichen Wirkungen auf die Ofenausmauerungen auf.

Der Bau der Batrec-Anlage und ihre Infrastruktur kostete insgesamt 40 Mio. Fr. Die Betriebskosten betragen 4 000-6 000 Fr./t Batterien – 4 mal mehr als das geordnete Deponieren in einem Salzbergwerk, 10 mal mehr als der Wert der zurückgewonnenen Materialien. Zink, Mangan und Eisen sind sehr preiswerte Rohstoffe, deren heute bekannte Reserven für viele Jahrhunderte bzw. Jahrtausende ausreichen. Zudem ist der Energieverbrauch der Batrec-Anlage relativ hoch und beträgt 2 000 kWh/t Batterien, 80 % davon in Form von Elektrizität.

Die ursprüngliche Motivation zum Batterierecycling – hohe Quecksilberkonzentrationen in den Rauchgasen der Kehrichtverbrennungsanlagen – wird auf

Grund von Fortschritten in der Batterietechnologie in der Zukunft kaum mehr gegeben sein. Zink-Kohle- und Alkali-Mangan-Batterien sind heute in den Industrieländern extrem quecksilberarm, größtenteils sogar quecksilberfrei. Immerhin bringt das Recycling den Vorteil, daß die Flugasche der Kehrichtverbrennungsanlagen dadurch signifikant weniger Schwermetalle, insbesondere Zink enthält.

Das Pyrolyse-Verfahren

In Aclens (Kt. Waadt) 10 km nordwestlich von Lausanne betreibt die Firma Recymet SA eine Pyrolyse-Anlage für Haushaltbatterien. Nach der thermischen Zersetzung bei 650 °C sowie Mahlen und Sieben wird das Material magnetisch und induktiv in Stahl- und Nichteisenmetallschrott sowie in ein Gemisch von Zinkpulver, Braunstein und Graphit aufgetrennt. Letzteres wird exportiert und nach dem Wälzrohrverfahren unter Rückgewinnung des Zinks wiederaufbereitet.

Die z. Z. verkauften Batterien enthalten in den meisten Fällen überhaupt kein Quecksilber mehr. Eine Batterie ist aber normalerweise 4–5 Jahre, im Extremfall sogar 10 Jahre alt, wenn sie ins Recycling gegeben wird. Aus diesem Grund liegt der durchschnittliche Quecksilbergehalt von Altbatterien immer noch bei etwa 0,2 %. Mittelfristig sollten aber praktisch alle quecksilberhaltigen Batterien verschwunden sein. Dann wird sich die Frage stellen, ob „grüne" Batterien überhaupt noch als Sondermüll betrachtet werden sollen, denn keine ihrer Komponenten ist wirklich toxisch.

Das Recytec-Verfahren stützt sich auf ein 1987 gekauftes Patent sowie Vorversuche, die in der Genfer Sondermüllanlage durchgeführt wurden. Eine Pilotanlage wurde 1991 in Aclens in Betrieb genommen, um Erfahrung mit dem Prozeß zu gewinnen. Wichtigste Schritte waren die thermische Zersetzung (Pyrolyse), das Shreddern und das automatische Aussortieren der Batteriebestandteile. Dem folgte das chemische Auflösen des metallischen Anteils sowie die getrennte, elektrolytische Abscheidung von Zink und Kupfer.

Die Elektrolyse erwies sich jedoch als zu kompliziert und kostspielig. So wird heute aus den Altbatterien neben Metallschrott ein aus Zinkstaub, Braunstein, Graphit und Kohleelektroden bestehendes Gemisch gewonnen. Es wird in Spanien zusammen mit großen Überschüssen der zinkhaltigen, vorwiegend aus Eisenoxid bestehenden Stäuben von Elektrostahlwerken nach dem Wälzrohrverfahren aufbereitet. Dabei wird das Zink zurückgewonnen, während der Braunstein zusammen mit Eisenoxid verschlackt und die Kohle verbrannt wird.

Heute stehen in Aclens 2 Batterie-Pyrolyseanlagen. Einmal die bereits erwähnte Pilotanlage von 1991 mit einer Kapazität von 500 t Batterien pro Jahr. Sie umfaßt 2 mit Losen von jeweils 1 t Altbatterien beschickte, im Batchbetrieb arbeitende Pyrolyseretorten. Dazu kommt eine neue, kontinuierliche Anlage, deren Kapazität je nach Betriebsart 2000 t/a und mehr beträgt. Sie umfaßt 2 horizontale Drehrohröfen mit einer sich einmal alle 5 min drehenden Schnecke als internes Transport- und Mischsystem. Für die weiteren Prozeßschritte werden die pyrolysierten Batterierückstände auf beiden Öfen zusammengeführt.

Einzugsgebiet Westschweiz

Die Recymet rezykliert im Prinzip Batterien aus der ganzen Schweiz, doch auf Grund ihrer geographischen Lage ist ihr primäres Einzugsgebiet die Westschweiz. Die Altbatterien werden von spezialisierten Einsammelfirmen geliefert; ihre Aufgabe ist das Einsammeln, manuelle Vorsortieren und Verpacken von Altbatterien in Big Bags. Dann werden sie zur Recymet gebracht, die über Lager mit einer Kapazität von 3 000 t verfügt. Der Big Bag hat sich als idealer, stapelbarer Lagerbehälter erwiesen: das Gewebe „atmet", so daß keine Kondensation auftritt und die Batterien auch längerfristig trocken bleiben.

Die Sammel- und Konditionierunternehmen führen exakt Buch über die Herkunft des Materials. Jeder Big Bag trägt eine Codenummer, anhand derer lückenlos rekonstruiert werden kann, woher die Altbatterien kamen und welchen Anteil jeder Lieferant beisteuerte. Das zum Recycling freigegebene Material – es kann sich sowohl um Altbatterien als auch um Ausschußware der Batteriehersteller handeln – wird ein letztes mal manuell inspiziert. Dann werden die Knopfzellen mittels Sieben abgetrennt (es sind nur kleine Mengen) und in der Pilotanlage pyrolysiert, um das Quecksilber zu entfernen. Die Rückgewinnung des darin enthaltenen Silbers lohnt sich nicht. Die ganz großen, bis 4,5 kg wiegenden Weidezaunbatterien entfernt man manuell und füllt sie direkt in die Pyrolyseretorte, weil sie das Transportsystem stören. Anschließend werden die Batterien über eine Wasserschleuse in einen der Öfen geladen und bei 650 °C unter Stickstoff pyrolysiert. Dabei werden Papier, Kunststoffe und Quecksilber zersetzt bezw. verdampft. Batterien wirken thermisch isolierend, daher verläuft sowohl das Aufheizen als auch das Abkühlen sehr langsam.

Elektrisch beheizte Retorten

Die Pyrolyse dauert bei der alten, statischen Batch-Anlage unter Einschluß der Abkühlungsphase volle 16 h. Werden funktionstüchtige Ausschußbatterien verwertet, verkürzt sich diese Zeit um 8 h, weil die chemische Energie der Batterien zum Aufheizen beiträgt. Bei der neuen, kontinuierlichen Anlage können 375 kg pro Linie und Stunde durchgesetzt werden. Die aus Stahl gebauten Retorten sind elektrisch beheizt. Im Lauf des Erhitzens geben die Batterien Wasser, Gase wie Wasserstoff und niedrige Kohlenwasserstoffe, ölförmige Kunststoff-Abbauprodukte und Quecksilber ab.

Das Gas wird über einen Ölabscheider und einen Vorkühler in die Kondensationsanlage geführt. Sie besteht aus 3 in Serie geschaltete, in sog. Böden aufgeteilte Säulen, in die Wasser eingespritzt wird. Die brennbaren, nichtkondensierten Gase werden z. Z. abgefackelt, sollen aber künftig zur Erzeugung von Prozeßwärme intern verwertet werden. Quecksilber und Öl scheiden sich gemeinsam ab; das nur 10–20 ppm Quecksilber enthaltende Öl wird abzentrifugiert und in einem Zementwerk als Brennstoff eingesetzt. Das Rohquecksilber wird zur Destillation zu 99,999 %igem Metall nach Deutschland exportiert. Die beim Trennen und Shreddern abgegebenen Stäube werden im Filter der Abluftanlage aufgefangen und gehen periodisch zusammen mit Altbatterien in die Pyrolyseretorten.

Der von den Öfen kommende, abgekühlte Pyrolyserückstand ist ein rußschwarzes Gemenge von geborstenen Batterien und ihren Komponenten. Es wird nach der Zwischenlagerung im Sammelbunker in 2 Stufen auf einen Partikeldurchmesser von maximal 5 mm geshreddert und gesiebt. Das durch das Sieb laufende Gemisch besteht aus aktiver Batteriemasse, d. h. Braunstein, Zinkpulver und Fragmenten von Kohleelektroden. Der auf dem Sieb verbleibende Schrott besteht aus Stahl, Edelstahl, Nickel, Kupfer, Messing, Zinkblech und Kohle. Er wird auf einem Förderband der magnetischen Trennung zugeführt, wo der Stahl abgeschieden wird. Dem folgt die induktive Trennung durch ein intensives Magnetfeld, das in den Metallpartikeln einen Wirbelstrom und ein entsprechendes Magnetfeld induziert. Dies bewirkt die Umlenkung aller größeren Metallfragmente, die abgezogen werden.

Weiterverarbeitung im Wälzrohr

In seiner ursprünglichen Version umfaßte der Recytec-Prozeß das Auflösen der grobflockig anfallenden Metalle in Fluoroborsäure (HBF_4) und das getrennte elektrolytische Abscheiden von Zink und Kupfer. Weil aber nur 20–30 kg solcher Abfälle pro Tonne Batterien anfallen, verzichtet man heute auf diese Operation. So konnte der Energiebedarf des Batterierecycling von 4 800 kWh/t auf etwa 1 000 kWh/t gesenkt werden. Das mit Mangandioxid leicht verunreinigte Gemenge von Kupfer, Messing und Zink läßt sich direkt auf dem Schrottmarkt absetzen: es wird als Rohstoff zur Herstellung von Messing eingesetzt. Die Elektrolyseanlage wird heute für andere Zwecke verwendet, insbesondere zum Aufbereiten von Katalysatoren.

Der aus Braunstein, Kohle, Zink und Zinkoxid bestehende nichtmetallische Anteil wird vom Magnetfeld nicht beeinflußt. Dieses Pulver, das auch etwas Blei (aus Zinklegierungen) und Cadmium (aus Nickel-Cadmium-Akkumulatoren) enthält, kann zur pyrometallurgischen Herstellung von Zink genutzt werden, doch dazu darf es höchstens noch 10 ppm Quecksilber enthalten. Um diesen Wert zu erreichen, durchläuft das Gemisch den Pyrolyseofen bei 650 °C innerhalb von 4 h ein zweites Mal. Dabei wird der Quecksilbergehalt auf 2–3 ppm abgesenkt. Auf diese zweite Pyrolyse kann vermutlich in einigen Jahren verzichtet werden, wenn der durchschnittliche Quecksilbergehalt der Altbatterien wie erwartet auf 0,02 % sinkt. Der Pyrolyserückstand wird abgekühlt und ausgewaschen; dazu wird 1 m^3 Wasser pro Tonne Pulver benötigt. Das Auswaschen ist unumgänglich, denn man muß die vom Batterieelektrolyt (vorwiegend Kalilauge) stammenden Alkalisalze entfernen. Sie würden in der Wälzrohranlage die Ofenauskleidung aus feuerfestem Stein durch Umwandlung zu niedrigschmelzendem Glas auf katastrophale Weise erodieren.

Der feuchte Rückstand der Waschstufe wird direkt in Big Bags abgefüllt, wo er einer Autofiltration unterworfen wird. Nach dem Abtropfen kann er im feuchten

Zustand mit 15 % Wasser transportiert werden. Pro Tonne Altbatterien fallen etwa 700 kg dieses Rückstands an. Er wird als Sondermüll deklariert nach Spanien exportiert. Dort wird er im Wälzrohrofen zusammen mit den Filterstäuben von Stahlwerken reduzierend behandelt. Dabei entsteht Zinkdampf, der in der Gasphase oxidiert wird.

Die feinen Oxidpartikeln (die auch etwas Blei und Cadmium enthalten), können zusammen mit dem von Blei-Zink-Bergwerken gelieferten Erzkonzentrat zu Zink aufbereitet werden. Die Abtrennung des Cadmiums erfolgt bei der elektrolytischen Raffination des Zinks. Der Braunstein wird zusammen mit Eisenoxid unter Zugabe von Kalk und Sand zu einem äußerst stabilen, auslaugefesten Calcium-Eisensilicat verschmolzen. Die Schmelze wird in Wasser abgeschreckt und dabei granuliert; diese glasartige, chemisch inerte Schlacke enthält viel Eisenoxid und eignet sich für den Straßenbau und als Drainagematerial.

Kapitel

25

Recycling von Akkumulatoren

Einschmelzen von Bleibatterien

Es gibt viele Bereiche, wo das Recycling schon seit Jahrzehnten, wenn nicht seit vielen Jahrhunderten praktiziert wird, weil es sinnvoll und wirtschaftlich lohnend ist. So würde es niemandem einfallen ein Schmuckstück aus Gold wegzuwerfen, selbst wenn es gar nicht gefällt. Die Umwelt wird zwar nicht belastet, doch für das darin enthaltene Edelmetall bekommt man jederzeit bares Geld. Auch Stahl und Eisen werden seit jeher rezykliert; in der Antike, weil sie so wertvoll waren, heute, weil Schrott für die Stahlwerke ein wichtiger Rohstoff ist, von dem weltweit mehrere 10 Mio. t/a anfallen.

Altblei gehört ebenfalls zu den Stoffen, die seit jeher eingesammelt und wiederverwertet werden; gebrauchte Akkumulatoren sind die Hauptquelle von Recyclingblei. Das Aufarbeiten wird durch den tiefen Schmelzpunkt des Metalls stark erleichtert. Um ein nach modernen Industriestandards konzipiertes Recycling durchzuführen, ist eine Anlagekapazität von 12 000 t nasser, d. h. mit Säure gefüllter Bleiakkumulatoren pro Jahr erforderlich. Starterbatterien bestehen aus einem Polypropylenkasten (früher Hartgummi, sog. Ebonit), in welchem die gitterförmigen Bleiplatten stehen. Bei den negativen Platten sind die Gitterzwischenräumne mit Bleischwamm gefüllt, bei den positiven Platten handelt es sich um Bleidioxid, das bei den Traktionsbatterien in gewobene PVC-Röhrchen eingepreßt ist. Innerhalb des Röhrchens ist ein zentraler Bleistab als Kontaktelement angeordnet. Als Elekrolyt dient Schwefelsäure mit einer Dichte von 1,2–1,28 g/cm^3.

Beim Entladen eines Bleiakkumulators entsteht an beiden Platten Bleisulfat. Nach vielen Lade-Entladezyklen können die Platten nur noch teilweise wieder aufgeladen werden. Die aktive Fläche der Elektroden verringert sich, Speicherkapazität und Leistungsdichte nehmen ab. Altbatterien weisen im Durchschnitt die folgende Zusammensetzung auf: 28 % Blei- und Bleilegierungen, 22 % Bleioxid, 17 % Bleisulfat, 21 % Schwefelsäure, 6 % Polypropylen, 4 % PVC-Separatoren, 2 % „anderes" (vor allem Kupfer).

Gewinnung der Säure

Die größten Lieferanten der Recyclingwerke sind die Akkumulatorenfabrikanten, denn bei der Belieferung der Werkstätten mit neuen Batterien werden die ausgebauten Altbatterien gleich mitgenommen. Der Transport der Altbatterien erfolgt

Bild 25.1 Altbatterien werden in einen Bunker gekippt, wobei viele zerbrechen und auslaufen. Die Säure wird abgepumpt und zu Natriumsulfat aufbereitet

in Großcontainern, stapelbaren Kunststoffcontainern oder auf Paletten mit aufgeschrumpfter Folie. So erreichen sie das Recyclingwerk. Spezifisch für Bleiakkumulatoren bestimmte Anlagen, die von der Metallgesellschaft (Frankfurt/M) entwickelt wurden, sind heute Stand der Technik.

Bei diesem Verfahren werden Starter- und Industriebatterien zusammen in einen mit Edelstahl ausgekleideten Bunker gekippt. Dabei zerbrechen die Batterien, die Säure läuft aus, wird abgepumpt und in einem Tank gelagert. Vom Bunker hebt ein computergesteuerter Greifkran die Batterien in einen von drei Silos, von denen immer einer beladen wird, im zweiten tropft innerhalb von 2–3 Tagen die restliche Säure ab, der dritte wird entladen. Ein Förderband bringt die zerbrochenen Batterien zur Hammermühle. Auf dem Weg wird ein starker Magnet passiert, der Eisenteile und gelegentlich eine „verirrte" Nickel-Cadmium-Batterie abscheidet (Bild 25.1).

Zertrümmern und Sortieren

In der mit 980 U/min laufenden Mühle werden die Batterien zu Stücken von höchstens 50 mm zertrümmert. Ein Rüttelsieb mit einer Maschenweite von 1 mm trennt anschließend die pulverförmigen Bestandteile der Platten, d. h. Bleioxid und Bleisulfat (die zusammen als „Paste" bezeichnet werden) von der groben Fraktion.

Letztere besteht aus Batteriegittern und Kunststoff, die im hydrodynamischen Separator in 3 Produktströme aufgetrennt werden: Blei, Polypropylen sowie ein Gemisch aus Hartgummi, PVC und anderen Kunststoffen.

Der Separator ist eine turbulent nach oben strömende Wassersäule, in der nur das metallische Blei auf Grund seiner hohen Dichte von 11,4 g/cm^3 nach unten fallen kann. Polypropylen schwimmt oben auf, während die restlichen Kunststoffe zwischendurch abgezogen werden. Die Kunststoffe werden durch Waschen von der noch anhaftenden Paste befreit. Das sortenreine Polypropylen wird von Recyclingbetrieben übernommen, die es vor allem zur Fabrikation von Flaschenkästen und nichttragenden Autobestandteilen einsetzen. Batteriekästen lassen sich daraus nicht herstellen, denn dazu genügt die Qualität des Recyclingmaterials nicht. Höchste Ansprüche in Bezug auf Festigkeit und Lecksicherheit können nur mit unbehandeltem Polypropylen erfüllt werden. Die im Separator zusammen abgezogenen Kunststoffe Hartgummi, PVC usw. werden deponiert oder unter Gewinnung von Wärme thermisch entsorgt.

Die das Rüttelsieb passierende Paste mitsamt der dort anfallenden Säure bilden einen pumpbaren, braunen Schlamm. Er wird in ein Reaktionsgefäß verbracht, wo 50 %ige Natronlauge im Überschuß zudosiert wird. Dabei wird die Schwefelsäure neutralisiert, während Bleisulfat zu Bleioxid umgesetzt wird. Nach der Reaktion wird der aus einer Aufschlämmung von Bleioxid in Natriumsulfatlösung bestehende Schlamm filtriert. Die von der Filterpresse kommende Lösung ist stark alkalisch (pH 11,5) und wird mit der im Bunker anfallenden Säure auf den nahezu neutralen pH 8 gebracht. Dabei fällt weiteres Bleioxid aus, das auf einem Papierfilter zurückgehalten wird.

Die wässerige Phase wird im Kristallisator eingedickt, die dort entstehenden Natriumsulfatkristalle werden auszentrifugiert. Nach dem Trocknen kann das Material der Waschmittel- und Glasindustrie verkauft werden. Beim Recyclingprozeß der Metallgesellschaft wird sämtlicher Schwefel (in Form von Batteriesäure und Bleisulfat) vor dem Aufschmelzen des Schrotts abgetrennt. Dank dieser Maßnahme entsteht kein Schwefeldioxid, die kostspielige Rauchgasreinigung und das Deponieren des dabei anfallendes Gipses erübrigen sich. Allerdings ist das Eindampfen sehr energieintensiv, wird doch für diesen Zweck Erdgas mit dem Energieäquivalent von 385 kWh/t Natriumsulfat benötigt.

Gewinnung von Werkblei

Die vom Rüttelfeinsieb zurückgehaltenen Teile, insbesondere Bleigitter und Batterieanschlüsse (sog. Pole) werden nochmals grob gesiebt, um die viel Bleioxid enthaltende Fraktion im Durchmesserbereich von weniger als 6 mm abzutrennen. Die größeren Teile werden in einem kontinuierlich arbeitenden Ofen direkt eingeschmolzen, die Zusammensetzung des dort anfallenden Bleis entspricht etwa derjenigen von Batteriegittern.

Die das Sieb passierende Fraktion wird dem Filterkuchen zugegeben, der beim Filtrieren des Pastenschlamms anfällt. Man reduziert dieses Gemisch unter Zu-

Bild 25.2 Das aufbereitete Blei wird in einer Karussell-Maschine zu Barren vergossen

Bild 25.3 Recyclingblei

satz von Petrolkoks, feinem Eisenschrott, Soda und Glasbruch in einem rohrförmigen Drehofen batchweise in Chargen von 5 t innerhalb von 2½ h; zum Aufheizen dient ein Ölbrenner. Das durch Reduktion des Oxids entstehende Blei enthält nur wenig Antimon, das zum Härten des Gitterbleis dient. Restliches Sulfat wird reduziert und geht in Form von Eisensulfid in die Schlacke. Diese wird durch Zugabe von Glas und Soda nach dem Erstarren auslaugefest gemacht, eine Vorbedingung des Deponierens.

Das bei der Reduktion des Bleioxids entstehende sog. Werkblei ist ein „zufällig" legiertes Blei nicht voraussehbarer Zusammensetzung; es wird zu konischen Blöcken von 1–2 t vergossen. Es kann den Bleihütten verkauft werden, oder durch selektives Verschlacken der Verunreinigungen (vor allem Kupfer, Zinn und Antimon) auf die analytischen Spezifikationen der Kunden gebracht werden.

Auf prinzipiell die gleiche Weise wird das vom kontinuierlichen Schmelzofen kommende Blei raffiniert, das vorwiegend von den Akkumulatorplatten stammt, und darum etwa 3 % Antimon enthält. Aus dem antimonhaltigen Werkblei werden neue Blei-Antimon-Legierungen hergestellt. Als Rohstoff von Blei-Calcium-Legierungen dient das durch Reduktion der Paste erhaltene, nahezu antimonfreie Werkblei. In Form von automatisch in Gußeisenformen vergossenen 45 kg- und 25 kg-Barren werden diese Legierungen den Batteriefabrikanten zur Herstellung neuer Batteriegitter geliefert. Antimonfreies Weichblei dient vor allem zur Herstellung von Zinn-Blei-Weichloten (Bild 25.2 und 25.3).

Verwertung von Nickel-Cadmium-Akkumulatoren

Nickel-Cadmium-Akkumulatoren werden vorwiegend für die Notstromversorgung und als wiederaufladbarer Ersatz von Zink-Mangandioxid- und Alkali-Mangan-Batterien eingesetzt. Im Durchschnitt enthalten solche Akkumulatoren 10–15 % Cadmium. Das Metall wird beim Recycling ausgedienter Akkumulatoren bei 900 °C abdestilliert; übrig bleibt ein verkäuflicher, stark nickelhaltiger Stahlschrott.

Die heutige Weltproduktion von Cadmium beträgt etwa 18000 t/a, wovon über 60 % zum Bau von Akkumulatoren benötigt werden. Dieser Anteil wächst rasch, während andere Anwendungen des Cadmiums (PVC-Stabilisatoren, Pigmente, Korrosionsschutz) aufgrund der Toxizität dieses Schwermetalls „aussterben". Es wird geschätzt, daß Europa 5000–6000 t/a Industriebatterien und 10000–12000 t/a Kleinbatterien des Nickel-Cadmium-Typs verbraucht. Die Rücklaufquote der ausgedienten Batterien zwecks Recycling liegt gesamteuropäisch bei über 40 %; bei den Kleinbatterien beträgt sie lediglich etwa 5 %.

Es gibt 2 Typen von Nickel-Cadmium-Akkumulatoren. Die kleinen, gasdichten Zellen haben häufig genau das gleiche Aussehen und die gleichen Abmessungen wie Wegwerfbatterien (Primärbatterien). Sie sind zum Ersatz der letzteren konzipiert; Standardakkumulatoren wie auch Sondergrößen dienen u. a. der Versorgung von Laptop-Computern, Videorecordern, tragbaren Telefonen, Taschenlampen, Spielzeug usw. Im geladenen Zustand besteht die aktive Masse der positiven Elektrode aus cobaltdotiertem Nickel-Oxyhydroxid (NiOOH); sie ist üblicherweise in einem Träger aus gesintertem Nickelpulver, Nickelfilz oder Nickelschaum untergebracht.

Die negative Elektrode besteht im entladenen Zustand aus Cadmiumhydroxid. Dieses ist in einem Gerüst aus Nickel untergebracht, oder es wird durch ein organisches Bindemittel zusammengehalten. Beim Laden entsteht schwammartiges Cadmium. Zwischen den beiden Elektroden wird als Separator und Elektrolytträger ein saugfähiges Kunststoffvlies aus Polyamid- oder Polypropylenfasern angeordnet. Die 3 Folien werden zu einem Zylinder aufgerollt und in einem Gehäuse aus Stahl untergebracht. Der Elektrolyt besteht aus 10 %iger Kalilauge.

Die großen, industriellen Nickel-Cadmium-Akkumulatoren dienen vorwiegend zur Notstromversorgung. Sie bestehen aus parallel angeordneten, plattenförmigen Stahlgittertaschen, die abwechselnd die aus Eisen-Cadmium bzw. Nickelhydroxid bestehende aktive Masse enthalten. Sie sind meistens in einem rechteckigen, abgedichteten Kasten aus Stahl oder Kunststoff untergebracht. Solche Akkumulatoren werden u. a. in Frankreich im Eisenbahnbereich für den Betrieb von Signalen sowie für Beleuchtung, Türenantrieb und Klimatisierung der Züge benutzt. Man lädt sie mit dem wageneigenen Generator nach, wenn sich der Zug bewegt, oder von der Lokomotive aus. Weit verbreitet sind solche Batterien auch zum Starten von Dieselmotoren, Gasturbinen und Flugzeugtriebwerken. Eine weitere Anwendung ist der Antrieb von Elektrogabelstaplern. Zu den großen Abnehmern gehören auch Kernkraftwerke und Offshore-Plattformen.

Recycling in Schweden und Frankreich

Die in ausgedienten, industriellen Nickel-Cadmium-Akkumulatoren enthaltenen Wertstoffe Nickel, Eisen und Cadmium werden schon seit jeher zurückgewonnen. Dieser Geschäftsbereich ist stationär bis rückläufig, während bei den kleinen, gasdichten Zellen seit den 80er Jahren eine extrem hohe Wachstumsrate von 15–20 %/a zu verzeichnen ist. Dies zwang die beiden europäischen Nickel-Cadmium-Recycler – „Nife" in Schweden und die französische „S.N.A.M." (Société Nouvelle d'Affinage des Métaux) – zur Einführung neuer Technologien und zur Expansion ihrer Kapazität. Als die Anlage der S.N.A.M. bei Lyon voll ausgelastet war, mußte ein zweites Werk errichtet werden. Als Standort wurde Viviers bei Decazeville im Aveyron gewählt, 120 km nordöstlich von Toulouse.

Im Umkreis von Decazeville stand Mitte des 19. Jh. die Wiege der französischen Eisen- und Stahlindustrie und der Zink- und Bleiverhüttung. Beide Industrien mußten mangels Rentabilität aufgegeben werden, nur ein Kohlebergwerk ist dort noch in Betrieb. Zur Schaffung neuer Arbeitsplätze wurde die Errichtung des neuen S.N.A.M.-Werks von der EG zu 40 % subventioniert. Der Betrieb wurde 1988 aufgenommen, wobei die ursprüngliche Kapazität von 1000 t bald bis auf 3500 t/a erhöht werden mußte.

Heute verarbeitet die S.N.A.M. auch große Mengen der in Deutschland, der Niederlande und der Schweiz auf Grund starken umweltpolitischen Drucks eingesammelten Akkumulatoren. Es wird auch eng mit den Batteriefabrikanten zu-

Bild 25.4 Zum Recycling angelieferte Nickel-Cadmium-Akkumulatoren

sammengearbeitet, die Industrieakkumulatoren am Ende ihrer Lebensdauer routinemäßig zurücknehmen und dem Recycling zuführen. In Deutschland werden ausgediente Nickel-Cadmium-Batterien freiwillig eingesammelt; die Schweizer Recyclingwerke für Haushaltbatterien können durch magnetisches Aussortieren etwa die Hälfte der in ihrem Rohmaterial enthaltenen Nickel-Cadmium-Zellen aussortieren. Dieses Material wird der S.N.A.M. geliefert (Bild 25.4).

Vorkonditionierung durch Pyrolyse

Die Aktivitäten der S.N.A.M. sind heute im Werk Viviers konzentriert, das pro Tag 9 t Akkumulatoren und Abfälle verarbeiten kann. Das Werk bei Lyon dient zur Zwischenlagerung und Sortierung von Altbatterien, Ausschußware und Fabrikationsabfällen sowie zur Vorbehandlung von Batteriepacks. Letztere werden in einem ersten Prozeßschritt in einer Hammermühle so behandelt, daß die Kunststoffumhüllung aufbricht, ohne daß die Zellen selbst beschädigt werden. Nach Durchlaufen einer magnetischen Trennstufe erhält man cadmiumfreien, sauberen Kunststoff. Die Akkumulatoren sind nach dieser Vorbehandlung etwas „mitgenommen", bleiben aber dicht.

Anschließend werden jeweils 4 t Batterien pro Batch bei 350 °C während 14 h in einem gasbeheizten Ofen ohne Luftzufuhr pyrolysiert, wobei sich die Kunststoffteile zu Kohlenwasserstoffen zersetzen oder verkohlen. Die brennbaren Gase werden bei 850 °C mit Luft verbrannt. Die Abgase werden nach zweistufigem Filtrieren durch Tuch- und Aktivkohlefilter unter täglich mehrmaliger Kontrolle des Schwermetallgehalts in die Atmosphäre abgelassen. Der firmenintern festgelegte Grenzwert beträgt 30 µg Cadmium/m^3 Luft, weit unterhalb der EG-Normen von 50 µg pro Kubikmeter. Mit Dioxinen gibt es auch keine Probleme, denn die Pyrolyse erfolgt unter Luftabschluß bei alkalischen Bedingungen. Zudem enthält die

Charge der Pyrolyseöfen kaum PVC, denn die Kunststoffe werden größtenteils bei der magnetischen Entfernung der Metalle nach Durchlaufen der Hammermühle entfernt.

Destillation des Cadmiums

Die vorbehandelten Batterien wie auch Fabrikationsabfälle und Ausschußware werden auf dem Straßenweg nach Viviers gebracht. Weitere, dort wiederaufbereitete Materialien sind die bei der Fabrikation von Akkumulatoren anfallenden, cadmiumhaltigen Filterkuchen und Stäube. Direkt von europäischen Eisenbahngesellschaften sowie Spitälern, Supermärkten und Industrieunternehmen werden ausgediente, große Nickel-Cadmium-Akkumulatoren angeliefert, meist auf Paletten oder in Boxen. Sie werden aufgesägt und manuell demontiert, um die nickel- und cadmiumhaltigen Elektroden gleich voneinander zu trennen und den Kunststoff zu entfernen.

Alle cadmiumhaltigen Komponenten werden durch Pressen kompaktiert und in runde Metallkörbe geladen, von denen mehrere übereinander gestapelt werden können. Sie kommen in einen zylinderförmigen Destillationsofen von 1,6 m Durchmesser und 2,3 m Höhe mit einem nutzbaren Volumen von 600 l; die Charge kann je nach Abfalltyp 400–1200 kg betragen. Je nach Batterietyp wird mehr oder weniger Holzkohle zugegeben; sie ergänzt den durch Pyrolyse des Kunststoffseparators entstandenen Kohlenstoff sowie das ohnehin vorhandene Eisen, die beide zur Reduktion von Cadmiumoxid zu metallischem Cadmium dienen. Um den Prozeß optimal zu fahren, wird jede Ofencharge aus einem einheitlichen Typ von Batterien zusammengestellt (Bild 25.5).

Bild 25.5 Cadmiumdestillationsöfen; im Vordergrund die Glocke. Bei den Öfen im Hintergrund ist der Heizmantel übergestülpt

Bild 25.6 Aus dem Destillationsofen tropfendes Cadmium erstarrt gelegentlich zu kerzenartigen Strukturen

Die Destillationsöfen bestehen aus einer unten mit einer Öffnung versehenen Grundplatte, in welcher wasserdurchflossene Kühlelemente integriert sind. Darauf stapelt man die Körbe mit der Charge und stülpt eine Stahlglocke darüber; zur Abdichtung dient Keramikpulver. Dann wird ein mit Heizdrähten versehener, zylindrischer Heizmantel über die Glocke abgesenkt. Das Hochfahren des Stroms erfolgt nach einem der jeweiligen Charge angepaßten Programm. Cadmium siedet bei 767 °C; die Öfen werden langsam bis auf 900 °C erhitzt. Zuerst werden restliches Wasser und das bei der Zersetzung von Kunststoff entstehende Öl abgegeben und auskondensiert. Nach und nach werden Cadmium- und Nickeloxide zur metallischen Form reduziert, wobei das Cadmium verdampft, im Kühler kondensiert und aus dem Ofen abtropft (Bild 25.6).

Die Destillation dauert 24 h, dann läßt man die Charge während 8 h abkühlen. Im Ofen verbleibt ein nickelhaltiger Schrott, der noch 0,1–0,5 % Cadmium enthält. Er wird von den Edelstahlwerken gerne aufgekauft und dient zur analytischen Justierung ihrer Schmelzchargen. Die Menge des Batterieschrotts ist so gering, daß sich das Restcadmium im Edelstahl bis auf einige ppm verdünnt. Diese Konzentration ist bei vielen Legierungsrezepturen ausdrücklich erwünscht.

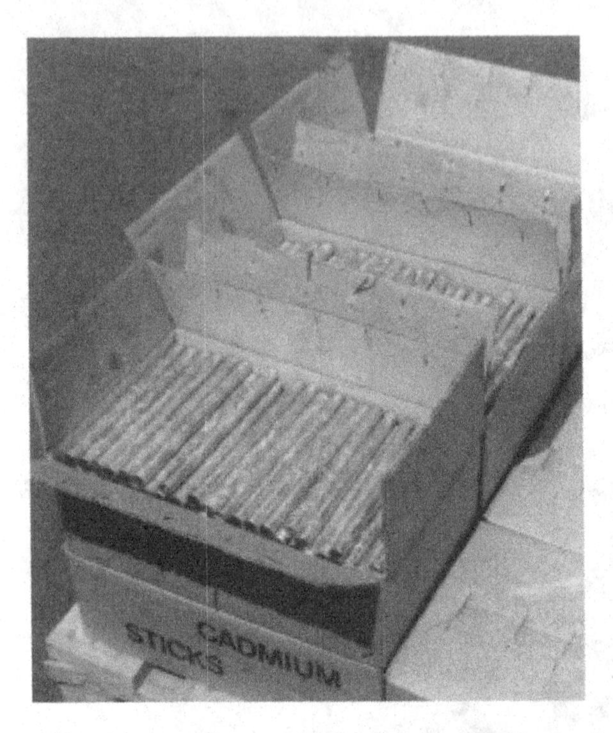

Bild 25.7 Das Recycling von Nickel-Cadmium-Akkumulatoren liefert hochreines Cadmium, das zum Bau neuer Akkumulatoren eingesetzt wird

Das rohe, aus dem Ofen tropfende Cadmium weist bestenfalls eine Reinheit von 99,95 % auf. Es wird durch eine zweite Destillation auf einen Verunreinigungsgehalt von 30–50 ppm gebracht und in die üblichen Handelsformen vergossen. Es handelt sich vorwiegend um 200 g wiegende Stäbe von etwa 20 cm Länge und 12 mm Durchmesser (Bild 25.7), sowie Kugeln von 45 oder 50 mm Durchmesser. Das Material kann vom „neuem", von den Zinkhütten geliefertem Cadmium analytisch nicht unterschieden werden; es wird vorwiegend zum Bau von Akkumulatoren verwendet. Für spezialisierte Anwendungen, insbesondere für den elektrolytischen Korrosionsschutz im Flugzeug- und Helikopterbau, werden entweder Kugeln, dünne Stäbe oder Sonderformen gegossen. Sie dienen als Anoden und gewährleisten bei kompliziert geformten Werkstücken einen homogenen Belag. Der Einsatz von cadmiumplattiertem Stahl ist zwar generell verboten, er erwies sich aber in der Luftfahrt als nichtsubstituierbar.

Anhang

Energie- und Leistungsdichte

Der Energieinhalt pro Gewichtseinheit (sog. spezifische Energie, ausgedrückt in Wattstunden pro Kilogramm, Wh/kg) oder pro Volumeneinheit (sog. Energiedichte, ausgedrückt in Wattstunden pro Liter, Wh/l) hängen nicht nur vom elektrochemischen System, sondern auch von der Batteriegröße, der Intensität der Entladung und der Temperatur ab. Angaben über die spezifische Energie oder die Energiedichte müssen deshalb immer im Zusammenhang mit diesen Faktoren betrachtet werden.

Je kleiner eine Batterie, desto größer wird normalerweise der Gewichts- und Volumenanteilanteil von Gehäuse und Ableitern, die nichts zur Energieproduktion beitragen. Deshalb sinken i. allg. die spezifische Energie und die Energiedichte mit abnehmendem Batterievolumen. Je höher der Entladestrom, desto geringer wird der Anteil der aktiven Masse der Elektroden, der effektiv genutzt werden kann. Mit zunehmender Stromdichte nimmt deshalb die Energiedichte ab.

Diese Abnahme hängt von Zellenaufbau ab. Zellen mit einer großen effektiven Elektrodenoberfläche, d. h. mit einer Vielzahl von dünnen Elektroden, weisen i. allg. eine höhere Strombelastbarkeit auf. Das heißt, daß spezifische Energie und Energiedichte mit zunehmendem Entladestrom weniger stark abfallen. Solche Zellen sind geeignet zur Abgabe hoher Leistungen. Die Verwendung einer Vielzahl von dünnen Elektroden kann jedoch infolge von erhöhtem Gewicht der Elektrodenträger und der dazugehörigen Stromableiter zu einer Erniedrigung der spezifischen Energie und der Energiedichte führen.

Ebenso wie die Energiedichte hängt auch die Leistungsdichte von Faktoren wie Batteriegröße, Temperatur und Entladestrom ab; ein weiterer Parameter ist der Ladezustand. Der Entladestrom spielt natürlich bei der Leistungsdichte eine zentrale Rolle. Die von der Batterie abgegebene Leistung ist das Produkt von Entladestrom und Spannung. Mit zunehmendem Entladestrom steigt die Leistung. Da jedoch die Spannung mit zunehmendem Strom abfällt, erreicht die Leistung ein Maximum und fällt bei noch kleineren Strömen wieder ab. Das Leistungsmaximum wird meist dann erreicht, wenn die Klemmenspannung auf etwa die Hälfte der Spannung bei offenem Stromkreis gesunken ist. Maximale Leistungen können der Batterie meist nur kurzzeitig entnommen werden. Je größer die Elektrodenoberfläche, d. h. je dünner die Elektroden, desto besser ist der Entladewirkungsgrad bei hohen Leistungen.

Die nachfolgende Tabelle enthält typische Werte für die in diesem Buch beschriebenen elektrochemischen Systeme. Sie beziehen sich auf praktische Anwendungen unter optimalen Bedingungen (relativ langsame Entladung, Raumtemperatur bzw. optimale Betriebstemperatur bei den Hochtemperaturbatterien). In der Spalte Leistungsdichte sind Maximalwerte aufgelistet.

	Spez. Energie (Wh/kg)	Energiedichte (Wh/l)	Leistungsdichte (W/kg)	(W/l)
Primärbatterien				
Zink-Kohle	70	180	20	50
Alkali-Mangan	130	320	30	75
Quecksilberoxid-Zink	100–120	400–450	10	40
Silberoxid-Zink	130–140	400	50–500	150–1500
Zink-Luft	200–350	500–850	30	75
Lithium-Iod	240–300	700–900	0,01	0,03
Lithium-Mangandioxid	270	600	20–100	40–200
Lithium-Schwefeldioxid	230	550	200	500
Lithium-Thionylchlorid	320–500	950	250	600–800
Thermalbatterien (Li/Al-Eisensulfid)	20–100	80–300	1000–5000	3000–20000
Brennstoffzellen (Wasserstoff-Sauerstoff)	500–800	100–500	30–200	15–200
Sekundärbatterien				
Blei-Bleidioxid	30–35	100	50–100	150–300
Nickel-Cadmium	45–50	130	150–200	400–500
Nickel-Metallhydrid	50–70	170–250	100–200	250–500
Nickel-Zink	75	120–150	120–200	250–400
Zink-Brom	70	100–120	30–80	50–120
Vanadium-Redox	20–25	30–50	80–100	120–200
Lithium-Cobaltoxid (Ionentransferbatterie)	100–120	200–300	100–200	250–500
Lithium-Polymerelektrode	85–140	50–170	120–200	150–400
Hochtemperaturbatterien				
Natrium-Schwefel	90–100	150	150	200
Lithium-Eisensulfid	100	150–200	100	200
Natrium-Metallchlorid (Zebra)	90–120	220	150	200
Kondensatoren				
Folienkondensator	0,03	0,06	300	600
Elekrolytkondensator	0,08	0,2	250	600
Superkondensatoren	1–15	2–30	3000–10000	6000–20000

Die wichtigsten Batterieanwendungen

(in alphabetischer Ordnung)

Zink-Kohle- und Alkali-Manganbatterien

Badezimmerwaagen
Diktiergeräte
Elektronische Waagen
Fernsteuerungen (Autotüren, Garagentüren, Fernsehgeräte)
Funkgeräte
Küchen- und Wanduhren
Leuchtbojen
Personensuchgeräte
Radioapparate
Signallampen (Strassenbau)
Spielzeug
Taschenlampen
Tonbandgeräte, Kassettengeräte
Walkman, Diskman, Game-Boy

Silberoxid-Zinkzellen

Elektroniksysteme in Militärflugzeugen
Flüssigkristall-Anzeigen
Hörgeräte
Klein-Unterseeboote
Lenkwaffen
Personensuchgeräte
Quarzuhren mit Analog- oder Digitalanzeige
Satelliten
Solarmobile
Torpedos

Lithium-Primärbatterien

Alarmgeräte
Bohrloch-Instrumente
Defibrillatoren
Elektronische Speicher (Memory-backup)
Fernerkundungsgeräte
Funkgeräte (Militär)
Herzschrittmacher
Instrumente
Kameras
Laser-Distanzmessgeräte
Munitionssprengköpfe (Proximity fuse)
Navigationsgeräte
Notsignalgeräte
Ozeanographische Geräte
Personensuchgeräte
Quarzuhren
Satelliteninstrumente
Signalbojen
Steuerschaltungen
Taschenrechner
Temperatursteuerungen
Verriegelungsschaltungen (Autotüren, Garagen)
Wetterballons
Wetterstationen
Wildtier-Telemetrie

Zink-Luft Primärbatterien

Funkgeräte (Militär)
Hörgeräte
Kameras
Laptop Computer
Personensuchgeräte

Thermalbatterien

Intelligente Munition
Lenkwaffen
Satelliten

Nuklear-thermoelektrische Generatoren

Herzschrittmacher
Interplanetare Sonden
Satelliten

Bleibatterien

Automobile (Anlasser, Beleuchtung, Zündung)
Bergwerklokomotiven
Dieselmotoren (Anlasser)
Elektrokarren
Elektromobile
Ferngesteuerte Fahrzeuge (Lagerhallen)
Flugzeuge (Start und Instrumente)
Gabelstapler
Lastwagen (Anlasser, Hebebühnen)
Leuchtbojen
Motorräder
Notbeleuchtung (Einkaufszentren, Kinos, öffentliche Gebäude)
Notstromversorgung (Telefonzentralen, Kraftwerke, Rechenzentren, Krankenhäuser)
Reinigungsmaschinen
Traktoren, Militärfahrzeuge
USV-Anlagen (Ununterbrochene Stromversorgung für Computer)
Speicherkraftwerke (Lastausgleich)
Zugbeleuchtung

Nickel-Cadmium und Nickel-Metallhydrid Akkumulatoren

Diktiergeräte
Elektromobile
Elektro-Fahrräder
Elektronische Bacup-Systeme
Funkgeräte
Hörgeräte
Instrumente
Laptop Computer
Mobiltelefone
Personensuchgeräte
Rasierapparate
Signallampen
Taschenleuchten
Tonbandgeräte
Tragbare Fernsehgeräte
Werkzeuge
Zugbeleuchtung (in Frankreich)

Aufladbare Lithiumbatterien

Elektromobile
Instrumente
Laptop Computer
Minidisk-Geräte
Mobiltelefone
Tragbare Fernsehempfänger
Uhren (mit Solarzellen)
Videokameras

Metall-Luft Batterien

Elektromobile
Funkgeräte
Laptop Computer
Notstromversorgung
Spitzenlast-Ausgleich

Brennstoffzellen

Elektromobile
Kleinkraftwerke
Raumfähren
Weltraumstationen

Kondensatoren

Blindleistungskompensation
Elektronische Schaltungen, Schwingkreise, Filter
Gleichrichter
Ladegeräte
Laser
Motorenspeisung
Phasenrichter
Mikroschweissgeräte

Literatur

Barak, M. (Hrs.): Electrochemical Power Sources – Primary & Secondary Batteries, Peter Peregrinus, Stevenage, 1980.

Berndt, D.: Maintenance-Free Batteries, John Wiley & Sons, New York, 1993

Bode, H.: Lead-Acid Batteries, Wiley, New York, 1977

Brodd, R.J.: Batteries for Cordless Applications, Research Studies Press, Letchworth, England, 1987

Conway, B.E.: Theory and Principles of Electrode Processes, Ronald, New York, 1965

Crompton, T.R.: Battery Reference Book, Butterworths, London, 1989

Drotschmann, C.: Beleiakkumulatoren, Verlag Chemie GmbH, Weinheim, 1951

Falk, S.U., Salkind, A.J.: Alkaline Batteries, Wiley, New York, 1969.

Fleischer, A., Lander, J.J. (Hrsg.): Zinc-Silver Oxide Batteries, Wiley, New York, 1971

Gabano, J.P.: Lithium Batteries, Academic Press, Ltd., London, 1983

Graham, R.W.: Secondary Batteries – Recent Advances, Noyes Data Corp., Park Ridge, N.J., 1978

Graham, R.W.: Rechargeable Batteries – Advances since 1977, Noyes Data Corp., Park Ridge, N.J., 1980

Heise, G.W., Cahoon, N.C (Hrsg.): The Primary Battery, I und II, Wiley, New York, 1971, 1976

Himy, A.: Silver-Zinc Battery, Vantage Press, New York, 1995

Jasinski, R.: High Energy Batteries, Plenum Press, New York, 1967

Kiehne, H.A.: Battery Technology Handbook, Dekker, New York, 1989

Kordesch, K.V. (Hrsg.): Batteries, I & II, Dekker, New York, 1974 und 1977

Linden, D.: Handbook of Batteries, McGraw-Hill, New York, 1994

Mantell, C.L.: Batteries and Energy Systems, 2. Aufl., McGraw-Hill, New York, 1983

Owens B.B.: Batteries for Implantable Biomedical Devices, Plenum Press, New York, 1986

Pistoia, G.: Lithium Batteries, Elsevier, New York, 1994

Sequeira, C.A.C. und Hooper, A.: Solid State Batteries, Martinus Nijhoff Publishers, Dordrecht, 1985

Tuck, C.D.S.: Modern Battery Technology, Ellis Horwood, Chichester, 1991

Venkatasetty, H.V.: Lithium Battery Technology, Wiley, New York, 1984

Varta Batterie A.G. (Hrsg.): Gasdichte Nickel-Cadmium-Akkumulatoren, Hannover, 1978

Vinal, G.W.: Primary Batteries, Wiley, New York, 1950

Vinal, G.W.: Storage Batteries, Wiley, New York, 1955

Bildnachweis

Die auf dem Buchumschlag verwendeten Bilder wurden von den Firmen IBM, Philips und Swatch-SMH zur Verfügung gestellt.

Weitere Bildquellen waren:

AEG-Anglo Batteries GmbH, D-Ulm. (17.2)

Argonne National Laboratory, USA-Argonne, IL. (17.3)

Asea Brown Boveri ABB, CH-Baden. (17.1)

Ballard Power Systems, CDN-North Vancouver, B.C. (18.4)

Batrec AG, CH-Wimmis. (24.1)

Daimler-Benz AG, D-Stuttgart. (18.1)

Duracell, USA-Needham, MA. (4.3)

ESA European Space Agency, F-Paris. (22.1, 22.2)

E-TEK, Inc., USA-Natick, MA. (16.2)

Heise, G.W. und Cahoon, N.C. (Herausg.): The Primary Battery, Vol. I, Wiley, New York, 1971. (2.1, 3.1, 3.2, 3.4, 3.5)

Hermann C. Starck GmbH, D-Goslar. (20.1)

Leclanché S.A., CH-Yverdon. (4.5, 4.6, 4.7, 7.1, 7.3, 8.2, 9.1, 9.2, 9.3, 9.4, 9.5, 9.6, 9.7, 12.2, 12.3, 12.4)

ONSI, Inc., USA-South Hartford, CT. (18.3)

Ovonic Battery Company , USA-Troy, MI. (12.5)

Paul-Scherrer-Institut, CH-Villingen. (12.1, 13.1, 14.2, 16.1, 20.2)

Ralston Energy Systems S.A, Genf. (4.4)

Renata AG, CH-Itingen. (5.1, 5.2, 5.3, 6.1, 6.2)

RuhrgasAG, D-Essen. (18.2)

Sandia National Laboratory, USA-Albuquerque, NM. (8.1)

Siemens-Matsushita Components, D-Heidenheim. (20.3)

SONY (Schweiz AG), CH-Schlieren. (14.1)

Southern California Edison, USA-Chino, CA. (10.1, 10.2)

Studiengesellschaft für Energiespeicher und Antriebssysteme GmbH, A-Mürzzuschlag. (15.1, 15.2)

S.N.A.M., F-Saint-Quentin-Fallavier. (25.4, 25.5)

Tadiran, Inc., Tel-Aviv, Israel (6.3)

University of New South Wales, School of Chemical Engineering and Industrial Chemistry, AUS-Kensington, NSW. (19.1)

University of Oxford, Clarendon Laboratory, GB-Oxford. (3.3)

Varta Batterie AG, D-Hagen. (11.1, 11.2, 11.3, 11.4, 11.5)

Wilson Greatbatch Ltd., USA-Clarence, NY. (6.4, 6.5, 6.6)

Alle anderen Bilder: Lucien F. Trueb und Paul Rüetschi (Autoren des vorliegenden Buches).

Register

A

B

C

D

E

S

T

U

V

W

Z